石油产品添加剂

SHIYOU CHANPIN TIANJIAJI

陈淑芬　张春兰　主编

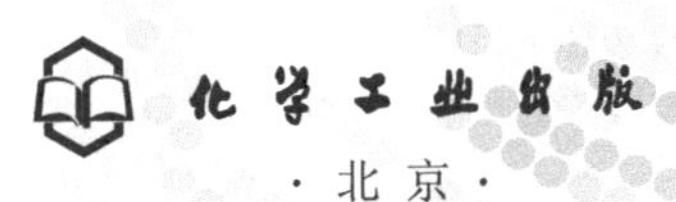

·北京·

《石油产品添加剂》一书详细、全面地介绍了石油产品添加剂的基本概念、发展概况；石油产品品种与添加剂的关系；石油产品添加剂的种类、作用机理和使用性能及主要品种；添加剂的复合使用及其在内燃机油、齿轮油、液压油等油品中的典型应用；添加剂在燃料油和润滑油中的应用。同时介绍了目前人们关注的环境对添加剂及油品的影响，以及基础油的性质、润滑剂和添加剂的生物降解性及其毒性。

本书可以作为高职高专院校炼油技术、石油化工、油品分析及相关专业的教学用书，也可作为相关专业的培训教材和同等学历读者自学参考用书，同时对从事润滑油和添加剂科研、生产、管理、销售及应用的人员也有一定的参考价值。

图书在版编目（CIP）数据

石油产品添加剂/陈淑芬，张春兰主编．—北京：化学工业出版社，2016.8
ISBN 978-7-122-27423-6

Ⅰ.①石… Ⅱ.①陈… ②张… Ⅲ.①石油添加剂
Ⅳ.①TE624.8

中国版本图书馆CIP数据核字（2016）第172533号

责任编辑：刘心怡　窦　臻　　装帧设计：王晓宇
责任校对：边　涛

出版发行：化学工业出版社（北京市东城区青年湖南街13号　邮政编码100011）
印　　装：北京七彩京通数码快印有限公司
787mm×1092mm　1/16　印张12½　字数307千字　2016年9月北京第1版第1次印刷

购书咨询：010-64518888　　售后服务：010-64518899
网　　址：http://www.cip.com.cn
凡购买本书，如有缺损质量问题，本社销售中心负责调换。

定　　价：40.00元

前言

随着机械、交通、航天、军事工业技术装备的飞速发展及环境法规的严格规定，人们对石油产品的性能要求越来越高，相应的质量指标要求也越来越苛刻。由于石油中天然组分的局限性，单靠炼油厂优化原料、改进工艺、深度加工而生产得到的石油产品，性能上远远不能满足机械设备等的使用需要。为了提高石油产品的质量、改善油品的使用性能，人们生产或选用多种具有特殊性能的化合物，并将其添加到石油产品中，以满足实际使用性能的要求，这不失为一种提高油品的使用性能、改善其质量既经济又有效的重要手段。

添加剂的出现和广泛使用，使石油产品的品种增加、质量提高，这对节约能源、维护设备、提高效率都具有重要的意义，故在油品中普遍加入各种添加剂。21 世纪以来，随着人们对环境保护日益重视，不仅要求添加剂本身应该是环境友好的产品，而且要求通过添加剂的使用使石油产品对环境的危害减至最小。可以说，环保要求是石油产品添加剂技术发展的重要推动力。

目前石油产品中所用的添加剂较多的还是润滑油，其次是燃料油，如汽油、柴油、喷气燃料等。石蜡、沥青等也需要添加剂，但数量和品种上不是很多。主要的石油产品添加剂有抗氧化剂、金属钝化剂、抗爆剂、降凝剂、清净分散剂、黏度指数改进剂及极压抗磨剂等。近年出现的复合添加剂发挥了添加剂的综合性能，减少了总剂用量，并给石油产品的使用和储运带来了方便。

近年来，有关燃料油添加剂、润滑油剂添加剂的专著已经出版了不少，但都偏向于理论研究，而不适于作为高职院校石油加工和石油化工方向的学生选修或一般工程技术人员自学。本书的编写基于高等职业教育的特点，将燃料油和润滑油中所用的各种添加剂的内容进行整合，力求突出“以应用为目的，以能力培养为目标”的教育理念，在理论上以“需要和够用”为度，较大幅度地缩减了理论阐述，重点突出体现添加剂在燃料油和润滑油中使用性能及作用。

《石油产品添加剂》全书分为六章，第一章为石油产品添加剂基础知识，第二章主要介绍石油产品品种与添加剂的关系，第三章主要介绍石油产品添加剂种类及其使用性能，第四章主要介绍复合添加剂及其应用，第五章主要介绍添加剂在燃料油和润滑油中的应用，第六章主要介绍环境和基础油对添加剂的影响。

本书由兰州石化职业技术学院教师陈淑芬和张春兰担任主编，颉林参与编写。其中陈淑芬编写第三章，张春兰编写第一章、第二章、第四章和第五章，颉林编写第六章。全书统稿工作由陈淑芬教授完成。全书在编写过程中得到学院油品分析专业带头人甘黎明副教授的悉心指导、帮助和支持，在此特表衷心感谢。

由于编者能力、水平、经验和时间有限，书中疏漏在所难免，恳请专家和读者批评指正。

编　者

2016 年 6 月

目录
Contents

第一章
石油产品添加剂基础知识

第一节　石油产品添加剂概论

随着现代科学技术的不断发展、技术水平的不断提高、机械设备的不断更新、石油产品应用范围的不断扩大，在人类生活中占重要地位的各种石油产品，展现出新的面貌。石油产品不仅是当前世界燃料动力的最大来源，而且在很多先进的技术领域里发挥着重要作用。例如，正是新型的燃料和润滑油赋予了现代飞机以巨大的推力，并保证其机件充分地润滑和在操纵中的能量传递；耐高温氧化的润滑油可使汽车在高速公路上连续数小时奔驰不止；性能优良的汽缸油使数万以至数十万吨的海轮，燃用廉价劣质的渣油燃料并以最低成本运送货物；品种繁多的专门油料满足着各种齿轮、金属加工中降低摩擦和磨损的性能要求；此外，在严寒的极地、湿热的赤道等气候条件下，需要使用具有特殊性能的特种油料。这些都说明机械设备对石油产品的质量和使用性能的要求也越来越高，即意味着在现代石油产品的构成中，有着非常丰富并正在不断发展的新内容和空间。

是什么东西赋予现代石油产品以如此巨大的能力呢？这主要有两个方面的原因：一是石油加工工艺的发展，特别是催化加氢工艺的发展；二是在石油产品中，外加了一种具有某些特殊性能的物质来改善它的性能。这个外加的物质，就是添加剂。

大自然提供给人类的石油资源尽管种类很多，如有的原油富含石蜡，有的含硫黄很多，有的则含有很丰富的沥青等等。由于石油中天然组分的局限性，单靠炼油厂优化原料、改进工艺、深度加工而生产得到的石油产品，性能上远远不能满足机械设备等的使用需要。为了提高石油产品的质量、改善油品的使用性能，以满足实际使用性能的要求，人们生产或选用多种具有特殊性能的化合物，并将其添加到石油产品中，这是一种提高油品的使用性能、改善其质量既经济又有效的重要手段。

所以，为了增加石油产品的品种、提高质量、改善使用性能，在油品中普遍加入各种添加剂。在炼油工业中，石油加工工艺所需要的催化剂和石油产品所需要的添加剂，占炼油工业工艺发展的主导地位。因此，了解石油产品添加剂的品种、作用、性能等，对进一步掌握石油产品质量是十分必要的。

一、石油产品添加剂的含义

添加剂的概念，人们在生活中并不陌生，诸如做菜用的各色调料如盐、酱油、味精等，都可以看作是用外加一种或几种物质来改善本体性能的“添加剂”。

在石油工业中，从原油生产如改善原油泥浆性能和提高原油采收率而采取的化学工艺措施和储运加工，直至最终的产品应用等过程中，都使用着各种各样的添加剂。特别是石油产品添加剂在汽油、煤油、柴油、润滑油中有广泛应用，在改善油的燃烧性或润滑性能，在保护机器设备，在防锈、抗氧化、防冰、抗静电方面也都有不可缺少的作用。

为了提高油品质量、改善油品的使用性能，需要加入一些具有不同性能的特殊油溶性或至少能均匀分散在油品中的有机化合物，这些可以改善油品一种或多种性能的物质，称之为石油产品添加剂。换句话说，石油产品添加剂是指这样的一些物质，当将其以相对少量加入石油产品中后，即可显著改善石油产品的某些性能，或赋予某些新的、原先并不显示的性能，并帮助合格产品以满足各种机械设备的更高需求。这种物质就是石油产品添加剂，用符号“T”表示。

1. 燃料中使用添加剂实例

石油产品中的汽油、煤油、柴油是当今世界主要能源，由于设备、机具需求以及环保的要求不断提高，单靠燃料加工工艺路线的改进已不能满足使用要求，而必须加入各种添加剂来改善油品的使用性能。许多燃料油加入添加剂，不仅改善了储存安定性，也改善了燃烧性能，同时改善了人类生存环境。

(1) 车用汽油中使用的添加剂　车用汽油中使用的添加剂主要有抗爆剂和清净剂等。抗爆剂是最早开始使用的汽油添加剂，主要作用是改善汽油的燃烧性能，提高燃料的利用率，防止爆震。最早采用四乙基铅来提高汽油的辛烷值，后来又推出四甲基铅。但遗憾的是铅系列的抗爆剂因含铅，毒性大，对人体有伤害，污染环境，最终退出了历史舞台。以后相继开发出锰系、铁系、碱金属类等金属抗爆剂和醇、醚、酯、胺等有机抗爆剂。目前，我国应用较为广泛的是醚类抗爆剂中的甲基叔丁基醚（MTBE），其辛烷值高（研究法辛烷值 *RON* 为 118）。因分子中含氧，可以有效提高汽油的燃烧效率，减少有毒废气的排放，因而以 MTBE 为抗爆剂的汽油被称为“清洁汽油”。

汽车在运行过程中，燃烧室产生的大量沉积物沉积在发动机的化油器、喷油嘴、进气阀上，会严重影响燃料的正常喷射、雾化、混合、燃烧，使汽车不能正常运行；与此同时，汽车排放的尾气中烃类、CO、NO_x 等有害物质的排放急剧增加，对大气环境构成严重的破坏。为了解决以上问题，人们在汽油中添加具有清洁保洁功能的清净剂，如酰胺、聚酰胺和聚醚胺、烯基丁二酰亚胺等。清净分散剂能减少油中的沉积物，保持燃料系统清洁，分散燃料油中已形成的沉渣，防止在发动机进气系统和喷油嘴上，因形成沉积物造成喷射、雾化、燃烧失常，提高汽车的运行性能，改善尾气污染状况。

(2) 航空煤油中使用的添加剂　航空煤油添加剂一般有抗静电剂、防冰剂、抗氧剂、金属钝化剂和抗磨剂等。航空煤油在输送、过滤、混合、喷出、加注等过程中，由于流体和固体的摩擦，在油面产生大量的静电荷，如果遇到可燃气体，将引起爆炸失火，酿成重大灾害。因此，为了防止静电荷造成的火灾爆炸事故，在航空煤油中加入适量的抗静电剂，使燃料的电导率增加。

飞机在高空中飞行时，环境温度较低，为了防止冰晶的生成、改善航空煤油的泵送性能和过滤性能，最有效的方法是在航空煤油中添加防冰剂。

抗氧化剂和金属钝化剂的主要作用是改善航空煤油的储存安定性和抗氧化安定性。为了延长喷气燃料系统中各个部件的使用寿命，人们还在航空煤油中加入抗磨剂，使航煤具有良好的润滑性能。

(3) 柴油中使用的添加剂　在柴油中使用的添加剂主要有十六烷值改进剂、降凝剂（低温流动改进剂)、抗磨剂、防锈剂、消烟剂等。柴油质量的改进取决于工艺改进，对添加剂要求最多的是十六烷值改进剂和柴油降凝剂（低温流动改进剂)。前者提高抗爆性能，改善柴油的燃烧性能；后者可降低倾点（凝固点)，改善低温流动性。

燃料油中除添加的少量上述添加剂外，有时需加入一些助燃剂。表 1-1 是燃料中使用的添加剂品种情况。

表 1-1 燃料中使用的添加剂品种情况

添加剂名称	汽油	喷气燃料	柴油	重质燃料油
抗爆剂	√			
金属钝化剂	√	√	√	
防冰剂	√	√		
抗氧防胶剂	√	√	√	
抗静电剂	√	√		
抗磨剂			√	
流动改进剂			√	√
消烟剂			√	
助燃剂				√
十六烷值改进剂			√	
清净剂	√		√	
防锈剂	√	√	√	

2. **润滑油中使用添加剂实例**

润滑油是广泛应用于机械设备的液体润滑剂。润滑油在金属表面上不仅能够减少摩擦、降低磨损，而且还能够不断地从摩擦表面上吸取热量，降低摩擦表面的温度，起到冷却作用，从而保持机械设备正常运转，减少故障和损坏，延长使用寿命。

润滑油的主要组分是基础油和添加剂。基础油是润滑油的最重要成分，其质量对于润滑油性能至关重要。基础油提供了润滑油最基本的润滑、冷却、抗氧化、抗腐蚀等性能，决定着润滑油的基本性质。基础油主要可通过炼油工艺生产过程，如常减压蒸馏、溶剂脱沥青、溶剂精制、溶剂脱蜡、白土或加氢工艺（加氢裂化、加氢异构化、加氢精制、催化脱蜡）等制得。

为了适应润滑要求与改善润滑油的某些性能、赋予油品新的特性，需在基础油中加入少量的添加剂，改善润滑油的润滑性能，大大改善某些质量指标。常用的添加剂一是影响润滑油物理性质的添加剂，如降凝剂、黏度指数改进剂、抗泡剂等；二是在化学方面起作用的添加剂，如清净剂、分散剂、抗氧剂、防锈剂、极压抗磨剂、防腐剂、摩擦改进剂、乳化剂和抗乳化剂等。

这些添加剂增强润滑油在极端工作条件下有效地进行工作的能力；推迟润滑油受环境影响而老化变质的时间，延长其使用寿命；保护机构表面不致受燃油破坏，不受燃烧产物沾污；改进润滑油的物理性能，并形成新的性能，如降低润滑油凝点、消除泡沫及提高黏度指数等。有些添加剂能加强油膜的强度，降低磨损率，赋予拉丝性和胶黏性等；

有些添加剂起钝化（增加惰性）或减活（中和）作用，以消除金属的催化影响；还有些添加剂能降低润滑油、脂本身的及其接触表面破坏的化学活力。表 1-2 列出了某些润滑油加入添加剂的品种。

表 1-2　某些润滑油加入添加剂的品种

油品名称		清净剂	分散剂	抗氧抗腐剂	抗氧剂	钝化剂	极压抗磨剂	防锈剂	降凝剂	黏度指数改进剂	抗泡剂	破乳剂
内燃机油	汽油机油	√	√	√	√	√			√	√	√	
	柴油机油	√	√	√	√				√	√	√	
齿轮油	工业齿轮油		√	√	√	√	√		√	√	√	
	车辆齿轮油				√	√	√	√	√	√		
液压油	抗磨液压油			√	√	√	√	√	√	√	√	√
	自动传动液	√	√	√	√	√	√	√	√	√	√	
金属加工油	防锈油(R)				√		√		√			
	淬火油(V)				√				√			√

二、石油产品添加剂的作用

石油产品添加剂一般为油溶性有机化合物，在油品中加入添加剂能够提高产品质量，赋予某些新的、原先并不显示的性能，增加品种，降低成本，减少油品消耗量。如对润滑油来说可以延长其使用周期，并可满足依靠基础油无法达到的要求。

简而概之，石油产品添加剂是为了提高油品的综合性能，也是提高油品的质量和增加油品品种的重要手段之一。但添加剂也不是万能的，它不能使劣质油品变成优质油品，添加剂只是提高油品质量的主要因素之一。添加剂的贡献不仅取决于它的特殊组分，而且取决于基础油的质量和要求加入油品的添加剂配方技术，这二者缺一不可。

每种油品所加添加剂种类和数量与原油性质、生产精制深度以及加入目的等多种因素有关，即使同一品种，不同炼厂所加添加剂品种和多少也都不完全一样。

石油产品添加剂品种繁多，现将一些常用添加剂的作用和代表性化合物列于表 1-3。

表 1-3　常用添加剂类型及其作用

添加剂类型	代表性化合物	主要作用
清净剂	磺酸盐、烷基酚盐、水杨酸盐、硫代磷酸盐	防止内燃机油形成烟灰、漆状物沉积，中和酸性物质，减少腐蚀磨损
无灰分散剂	丁二酰亚胺、丁二酸酯、酚醛氨缩合物	与清净剂复合，有协同作用，特别在防止低温油泥方面效果突出
抗氧抗腐剂	二烷基二硫代磷酸锌盐、二烷基二硫代氨基甲酸盐	具有抗氧化、抗腐蚀及极压抗磨作用，主要用于内燃机油及液压油、齿轮油
极压抗磨剂	硫化异丁烯、氯化石蜡、烷基磷酸酯铵盐、硫代磷酸酯铵盐、磷酸酯和有机硼化物	改善油品在高温高载荷下抗擦伤、抗磨损的性能

续表

添加剂类型	代表性化合物	主要作用
摩擦改进剂	脂肪酸及其皂类、动植物油或硫化动植物油、磷酸酯或油脂酸类、二烷基二硫代磷酸钼、烷基二硫代氨基甲酸钼	提高油品的润滑性，降低摩擦剂磨损
抗氧剂和金属钝化剂	屏蔽酚类、2,6-二叔丁基对甲酚、芳胺、β-萘胺等，苯三唑衍生物，噻二唑衍生物	抗氧剂能延缓油品氧化，延长油品使用期；金属钝化剂防止金属氧化的催化作用。二者复合后效果更显著，此类剂多用于工业润滑油
黏度指数改进剂	乙丙共聚物、甲基丙烯酸酯、聚异丁烯、苯乙烯与异戊二烯或丁二烯共聚物	能显著改善油品黏温性能，主要用于多级内燃机油、齿轮油、液压油和自动传动液
防锈剂	磺酸盐、烯基丁二酸及其酯类、羧酸盐、有机胺类	提高阻止油品水分和氧分子对金属的腐蚀作用，保护金属表面而延缓腐蚀
降凝剂	聚甲基丙烯酸酯、烷基萘、聚α-烯烃	使油品中的蜡晶细化，降低油品凝点，改善低温流动性
抗泡沫剂	甲基硅油、丙烯酸酯与烷基醚共聚物	降低油品油膜的表面张力，阻止泡沫形成
乳化剂及抗乳化剂	烷基磺酸盐、脂肪醇聚氧乙烯醚类、山梨醇月桂酸酯	是一类不同结构的表面活性剂，改变结构用于不同场合时，分别具有乳化及抗乳化性能
辛烷值改进剂	四乙基铅、MTBE、ETBE、MMT	增加汽油的抗爆能力，提高辛烷值，改善汽油的燃烧性能
十六烷值改进剂	硝酸酯类	增加柴油的抗爆能力，提高柴油的十六烷值，改善柴油的燃烧性能
防冻剂	乙二醇甲醚、乙二醇乙醚、脂肪胺类	防止喷气燃料出现冰粒，保证发动机燃料供应正常
抗静电剂	烷基水氧酸铬、聚砜、聚胺等高聚物	预防静电聚集并能排除静电荷，防止火灾或爆炸事故的发生

三、石油产品添加剂的一般性能

每种添加剂都有其特殊作用，但作为石油产品添加剂必须具有某些通性，才能有效地加入油、脂中发挥作用。石油产品添加剂具有的最主要性能概括如下。

(1) 添加剂易溶于基础油中　添加剂在储存及使用的温度范围内保持良好的油溶性，这种油溶性并不一定指添加剂真正溶解，但添加剂必须稳定均匀地分散在基础油中。

(2) 挥发性低　当润滑油暴露在高温中，如果添加剂挥发，在油中的有效成分将减少，使性能减弱。

(3) 稳定性好　添加剂在混合、储存与使用时必须十分稳定，在水溶液中应抗水解，对热稳定，温度升高时不分解。如高温下工作的极压剂，须有较高的化学稳定性；再如在曲轴箱或齿轮箱中的油液，若添加剂与水溶解，受水稀释，就会降低润滑油的润滑作用。

(4) 与其他添加剂间的相容性好　这是添加剂最重要的性质。两种或两种以上的添加剂复配使用时，各自的性质能得到充分发挥，不相互影响时，才能称为彼此相容、配伍性好。反之将有不溶物出现或引起油品色泽变化。

（5）色泽　在深度精制、纯洁清澈的基础油中使用的添加剂的颜色尤为重要，洁净而色浅的油品出售时有很强的竞争力；相反，由于添加剂的关系造成油品色泽不佳，使产品看上去像废油，必然缺乏竞争力。

（6）使用中对环境不产生或少产生污染　对环境有毒害的添加剂，如含铅物、稠环烃、亚硝基物、链烷胺等要减少使用直至禁用。

第二节　石油产品添加剂的分类和命名

一、石油产品添加剂的分类

我国现执行的石油产品添加剂行业标准是 SH/T 0389—92（98）。该标准将石油添加剂分为 4 大类，80 个组。四大类包括润滑剂添加剂、燃料添加剂、复合添加剂和其他添加剂，见表 1-4。

表 1-4　石油产品添加剂分组、组号和代号

组别		组号	代号
润滑油添加剂	清净剂和分散剂	1	T1××
	抗氧抗磨剂	2	T2××
	极压抗磨剂	3	T3××
	油性剂和摩擦改进剂	4	T4××
	抗氧剂和金属减活剂	5	T5××
	黏度指数改进剂	6	T6××
	防锈剂	7	T7××
	降凝剂	8	T8××
	抗泡沫剂	9	T9××
	抗乳化剂	10	T10××
燃料添加剂	抗爆剂	11	T11××
	金属钝化剂	12	T12××
	防冰剂	13	T13××
	抗氧防胶剂	14	T14××
	抗静电剂	15	T15××
	抗磨剂	16	T16××
	抗烧蚀剂	17	T17××
	流动改进剂	18	T18××
	防腐蚀剂	19	T19××
	消烟剂	20	T20××
	助燃剂	21	T21××
	十六烷值改进剂	22	T22××
	清净分散剂	23	T23××
	热安定剂	24	T24××
	染色剂	25	T25××

续表

组别		组号	代号
复合添加剂	汽油机油复合剂	30	T30××
	柴油机油复合剂	31	T31××
	通用汽车发动机油复合剂	32	T32××
	二冲程汽油机复合剂	33	T33××
	铁路机车油复合剂	34	T34××
	船用发动机油复合剂	35	T35××
	工业齿轮油复合剂	40	T40××
	车辆齿轮油复合剂	41	T41××
	通用齿轮油复合剂	42	T42××
	液压油复合剂	50	T50××
	工业润滑油复合剂	60	T60××
	防锈油复合剂	70	T70××
其他添加剂		80	T80××

迄今为止，应用最广泛、成效最显著的莫过于润滑油添加剂和燃料添加剂。本教材主要讨论的就是这两类添加剂，简介复合添加剂。

二、燃料添加剂的分类

燃料添加剂可分为通用保护性添加剂和专用性添加剂。

(1) 通用保护性添加剂　主要指能解决燃料储存和储运过程中出现的各种问题的添加剂，包括抗氧剂、金属钝化剂、分散剂等稳定剂以及抗氧抗腐蚀和防锈剂等。

(2) 专用性添加剂　主要指能解决燃料燃烧或使用过程中出现的各种问题的添加剂，包括各种改善燃烧性能及处理或改善燃烧生成物特性的添加剂，具体分类见表1-5。

表1-5　专用性添加剂分类

燃料添加剂	主要种类
车用汽油专用添加剂	辛烷值改进剂、清净分散剂、汽油防冰剂
柴油专用添加剂	十六烷值改进剂、低温流动改进剂、消烟剂、润滑性能改进剂
喷气燃料专用添加剂	抗静电剂、抗磨剂、杀菌剂、防冰剂
燃料油(重油)专用添加剂	灰分改性剂、分散剂、低温流动改进剂

我国燃料添加剂分类及产品见表1-6。

表1-6　我国燃料添加剂分类及产品

组号	组别	名称	代号	化学名称
11	抗爆剂	1101抗爆剂	T1101	四乙基铅
12	金属钝化剂	1201金属钝化剂	T1201	*N*,*N*-二亚水杨丙二胺
13	防冰剂	1301防冰剂	T1301	乙二醇甲醚
		1302防冰剂	T1302	乙二醇乙醚
14	抗氧防胶剂	1401抗氧防胶剂	T1401	含氮的复合物

续表

组号	组别	名　称	代号	化学名称
15	抗静电剂	1501 抗静电剂	T1501	有机酸铬钙盐混合物
		1502 抗静电剂	T1502	无灰型聚砜、聚胺等高聚物
16	抗磨剂	1601 抗磨剂	T1601	二聚亚油酸和磷酸酯混合物
		1602 抗磨剂	T1602	环烷酸
17	抗烧蚀剂	1733 抗烧蚀剂	T1733	33 号抗烧蚀剂
18	流动性改进剂	1804 流动性改进剂	T1804	聚乙烯醋酸乙烯酯
		1805 流动性改进剂	T1805	聚乙烯醋酸乙烯酯
		1805A 流动性改进剂	T1805A	聚乙烯醋酸乙烯酯
19	防腐蚀剂			石油磺酸铵、脂肪族胺、环烷酸铵、烷基氨基磷酸酯等
20	消烟剂			高碱性磺酸钡等
21	助燃剂			聚亚油酸、磷酸三甲苯酯、异丙基硫化磷酸酯、酚型、硼有机化合物、脂肪酸铜盐、环烷酸铜盐的混合物
22	十六烷值改进剂	2201 十六烷值改进剂	T2201	硝酸酯
23	清净分散剂	汽油清净剂	BJ-001	邦洁汽油清净剂
24	热安定剂			高分子胺类(C_{16}～C_{32}的脂肪族仲胺)、受阻酚类、共聚物(α-烯烃和马来酸酐的共聚物、丙烯酸酯或甲基丙烯酸酯的共聚物、三聚物或聚合物)
25	染色剂			偶氮化合物的衍生物

三、润滑油添加剂的分类

润滑油中加入添加剂的目的是为了改善或加强其本身具有的某方面性能，甚至赋予润滑油以崭新的特性而得到更满意的使用性能。按照不同的分类方式，润滑油添加剂可分为不同类型。

1. 根据功能分类

① 保护被润滑表面的添加剂，如油性剂、极压抗磨剂、清净分散剂、防锈剂等。

② 改善物理和化学性能的添加剂，如清净分散剂、油性剂、黏度指数改进剂、降凝剂，抗泡剂，乳化剂等。

③ 保护润滑剂本身的添加剂，如抗氧剂、金属减活剂、抗菌剂等。

2. 根据其对润滑油物理化学性能的改善分类

① 改善润滑油物理性能的添加剂，如黏度指数改进剂、油性剂、降凝剂和抗泡剂等，这些添加剂能使润滑油分子变形、吸附、增溶。

② 改善润滑油的化学性能的添加剂，如清净分散剂、极压抗磨剂、抗氧剂、抗氧化腐剂、防锈剂、金属钝化剂、抗泡剂、破乳化剂等。这些添加剂本身与润滑油产生化学反应，其效果通过某种工作性能特点加以衡量，如去垢、抗氧化、抗腐蚀、极压、抗磨损等。

3. 根据作用机理分类

① 靠界面的物理化学作用发挥其使用性能，有耐载荷添加剂（油性剂、抗磨剂、极压剂)、金属表面钝化剂、防锈防腐剂、清净分散剂、降凝剂、抗泡剂。

② 靠润滑油整体性质作用达到润滑目的，有抗氧剂、黏度指数改进剂等。

我国的润滑油添加剂，根据行业标准 SH/T 0389—92 石油添加剂的分类，按其作用分成十组，见表 1-7。

表 1-7　我国润滑油添加剂的分类及产品

组号	组别	名　称	代号	化学名称
1	清净剂和分散剂	101 清净剂	T101	低碱值石油磺酸钙(*TBN* 20～30)
		102 清净剂	T102	中碱值石油磺酸钙(*TBN* 130～140)
		103 清净剂	T103	高碱值石油磺酸钙(*TBN* 270～290)
		104 清净剂	T104	低碱值合成磺酸钙(*TBN* 20～30)
		105 清净剂	T105	中碱值合成磺酸钙(*TBN* 155～165)
		106 清净剂	T106	高碱值合成磺酸钙(*TBN* 295)(兰炼)
		106A 清净剂	T106A	高碱值合成磺酸钙(*TBN* 300)(锦州)
		106B 清净剂	T106B	高碱值合成磺酸钙(*TBN* 400)
		107 清净剂	T107	超碱值合成磺酸镁(*TBN* 400)
		107A 清净剂	T107A	超碱值合成磺酸镁(上海)
		107B 清净剂	T107B	超碱值石油磺酸钙
		108 清净剂	T108	硫磷化聚异丁烯钡盐(*TBN*≥70)
		108A 清净剂	T108A	硫磷化聚异丁烯钡盐(*TBN*≥120)
		109 清净剂	T109	中碱值烷基水杨酸钙(*TBN* 150～160)
		109A 清净剂	T109A	低碱值烷基水杨酸钙(*TBN* 60～80)
		109B 清净剂	T109B	中碱值烷基水杨酸钙(*TBN* 170)
		109C 清净剂	T109C	高碱值烷基水杨酸钙(*TBN* 275)
		111 清净剂	T111	环烷酸镁
		112 清净剂	T112	高碱值环烷酸钙(*TBN* 200)
		113 清净剂	T113	高碱值环烷酸钙(*TBN* 230)
		114 清净剂	T114	高碱值环烷酸钙(*TBN* 300)
		115 清净剂	T115	硫化烷基酚盐
		121 清净剂	T121	中碱值硫化烷基酚钙(*TBN* 130)
		122 清净剂	T122	高碱值硫化烷基酚钙(*TBN* 240)
		151 分散剂	T151	单烯基丁二酰亚胺(兰炼)
		151A 分散剂	T151A	单烯基丁二酰亚胺(锦州，苏州)
		152 分散剂	T152	双烯基丁二酰亚胺
		153 分散剂	T153	多烯基丁二酰亚胺
		154 分散剂	T154	聚异丁烯丁二酰亚胺(高氮)
		155 分散剂	T155	聚异丁烯丁二酰亚胺(低氮)
		156 分散剂	T156	硼化无灰丁二酰亚胺
		158 分散剂	T158	高分子量聚异丁烯丁二酰亚胺(兰炼)
		161 分散剂	T161	高分子量聚异丁烯丁二酰亚胺
		171 分散剂	T171	丁二酸季戊四醇酯(兰炼)

续表

组号	组别	名 称	代号	化学名称
2	抗氧抗腐剂	201 抗氧抗腐剂	T201	硫磷烷基酚锌盐
		202 抗氧抗腐剂	T202	硫磷丁辛伯烷基锌盐
		203 抗氧抗腐剂	T203	硫磷双辛基伯烷基碱性锌盐
		203A 抗氧抗腐剂	T203A	硫磷双辛基碱性锌盐
		204 抗氧抗腐剂	T204	碱式硫磷双辛伯烷基锌盐
		205 抗氧抗腐剂	T205	硫磷硫磷丙辛仲伯烷基锌盐
		206 抗氧抗腐剂	T206	硫磷伯仲烷基锌盐
		207 抗氧抗腐剂	T207	硫磷伯仲辛烷基锌盐
3	极压抗磨剂	301 极压抗磨剂	T301	氯化石蜡
		304 极压抗磨剂	T304	酸性亚磷酸二丁酯
		305 极压抗磨剂	T305	硫磷酸含氮衍生物
		306 极压抗磨剂	T306	磷酸三甲酚酯
		307 极压抗磨剂	T307	硫代磷酸铵盐
		308 极压抗磨剂	T308	异辛基酸性磷酸酯十八铵盐
		309 极压抗磨剂	T309	硫代磷酸三苯酯
		310 极压抗磨剂	T310	硼化硫代磷酸酯铵盐
		311 极压抗磨剂	T311	单硫代正丁基磷酸酯
		321 极压抗磨剂	T321	硫化异丁烯
		322 极压抗磨剂	T322	二苯甲基二硫化物
		323 极压抗磨剂	T323	氨基硫代酯
		324 极压抗磨剂	T324	多烷基苄苯基硫化物
		325 极压抗磨剂	T325	多硫化合物
		341 极压抗磨剂	T341	环烷酸铅
		351 极压抗磨剂	T351	二丁基二硫代氨基甲酸氧硫化钼
		352 极压抗磨剂	T352	二丁基硫代氨基甲酸硫化锑
		353 极压抗磨剂	T353	二丁基硫代氨基甲酸硫化铅
		361 极压抗磨剂	T361	硼酸盐
4	油性剂和摩擦改进剂	401 油性剂	T401	硫化鲸鱼油
		402 油性剂	T402	二聚酸
		403 油性剂	T403	油酸乙二醇酯(50mgKOH/g)
		403A 油性剂	T403A	油酸乙二醇酯(25mgKOH/g)
		403B 油性剂	T403B	油酸乙二醇酯(8mgKOH/g)
		403C 油性剂	T403C	油酸乙二醇酯(5mgKOH/g)
		404 油性剂	T404	硫化棉籽油
		405 油性剂	T405	硫化烯烃棉籽油-1(含硫 8%)
		405A 油性剂	T405A	硫化烯烃棉籽油-2(含硫 10%)
		406 油性剂	T406	苯三唑脂肪酸铵盐

续表

组号	组别	名　称	代号	化学名称
4	油性剂和摩擦改进剂	451 摩擦改进剂	T451	磷酸酯
		452 摩擦改进剂	T452	磷氮的化合物
		461 摩擦改进剂	T461	硫磷酸钼
		462 摩擦改进剂	T462	二烷基二硫代磷酸氧钼
		471 摩擦改进剂	T471	硫磷酸钼锌复合物
		472 摩擦改进剂	T472	硫磷酸钼钨
		473 摩擦改进剂	T473	非硫磷型钨钼化合物
5	抗氧剂和金属减活剂	501 抗氧剂	T501	2,6-二叔丁基对甲酚
		502 抗氧剂	T502	2,6-二叔丁基混合酚
		511 抗氧剂	T511	4,4-亚甲基双(2,6-二叔丁基酚)
		521 抗氧剂	T521	2,6-二叔丁基-α-二甲氨基对甲酚
		531 抗氧剂	T531	*N*-苯基-α-萘胺
		532 抗氧剂	T532	含苯三唑衍生物复合剂
		541 抗氧剂	T541	硫磷酸铜及其复合物
		542 抗氧剂	T542	硫磷酸铜及其复合物
		543 抗氧剂	T543	铜盐磺酸钙复合物
		544 抗氧剂	T544	铜盐磺酸钙复合物
		551 金属减活剂	T551	苯三唑衍生物
		561 金属减活剂	T561	噻二唑衍生物
6	黏度指数改进剂	601 黏度指数改进剂	T601	聚乙烯基正丁基醚
		602 黏度指数改进剂	T602	聚甲基丙烯酸酯
		603 黏度指数改进剂	T603	聚异丁烯(用于内燃机油)
		603A 黏度指数改进剂	T603A	聚异丁烯(用于液压油)
		603B 黏度指数改进剂	T603B	聚异丁烯(用作密封剂)
		603C 黏度指数改进剂	T603C	聚异丁烯(用于齿轮油)
		603D 黏度指数改进剂	T603D	聚异丁烯(用于拉拨油)
		611 黏度指数改进剂	T611	乙丙共聚物
		612 黏度指数改进剂	T612	乙丙共聚物(6.5%)
		612A 黏度指数改进剂	T612A	乙丙共聚物(8.5%)
		613 黏度指数改进剂	T613	乙丙共聚物(11.5%)
		614 黏度指数改进剂	T614	乙丙共聚物(13%)
		621 黏度指数改进剂	T621	分散型乙丙共聚物(高氮 0.3%)
		622 黏度指数改进剂	T622	分散型乙丙共聚物(低氮 0.1%)
		623 黏度指数改进剂	T623	聚甲基丙烯酸酯
		631 黏度指数改进剂	T631	聚丙烯酸酯
		632 黏度指数改进剂	T632	聚甲基丙烯酸酯(用于自动传送液)
		633 黏度指数改进剂	T633	聚甲基丙烯酸酯(用于自动传送液)
		634 黏度指数改进剂	T634	聚甲基丙烯酸酯(用于齿轮油)

续表

组号	组别	名 称	代号	化学名称
7	防锈剂	701 防锈剂	T701	石油磺酸钡
		702 防锈剂	T702	石油磺酸钠
		703 防锈剂	T703	十七烯基咪唑啉烯基丁二酸盐
		704 防锈剂	T704	环烷酸锌
		705 防锈剂	T705	酸性二壬基萘磺酸钡
		705A 防锈剂	T705A	中性二壬基萘磺酸钡
		706 防锈剂	T706	苯并三氮唑
		707 防锈剂	T707	合成磺酸镁
		708 防锈剂	T708	烷基磷酸咪唑啉盐
		711 防锈剂	T711	*N*-油酰肌氨酸十八铵盐
		743 防锈剂	T743	氧化石油酯钡皂
		746 防锈剂	T746	十二烯基丁二酸
		747 防锈剂	T747	烯基丁二酸单酯型
		747A 防锈剂	T747A	烯基丁二酸单酯型
8	降凝剂	801 降凝剂	T801	烷基萘
		803 降凝剂	T803	聚 α-1-烯烃(用于浅度脱蜡油)
		803A 降凝剂	T803A	聚 α-2-烯烃(用于深度脱蜡油)
		805 降凝剂	T805	聚 α-3-烯烃(用于重质油)
		806 降凝剂	T806	聚 α-4-烯烃(用于中间基油)
		811 降凝剂	T811	聚 α-烯烃共聚物
		814 降凝剂	T814	聚丙烯酸酯
9	抗泡剂	901 抗泡剂	T901	甲基硅油
		902 抗泡剂	T902	丙烯酸酯与烷基醚共聚物
		903 抗泡剂	T903	甲基硅酯聚合物
		911 抗泡剂	T911	丙烯酸酯与醚共聚物(分子量小)
		912 抗泡剂	T912	丙烯酸酯与醚共聚物(分子量大)
10	抗乳化剂	1001 抗乳化剂	T1001	胺与环氧乙烷缩合物
		1002 抗乳化剂	T1002	环氧乙烷、丙烷嵌段聚醚

由表 1-7 可知，石油产品添加剂按相同作用分为一个组别，同一组别内根据其组成或特性的不同分成若干品种。例如：用于各种内燃机油的主要添加剂清净分散剂，其产量占润滑油添加剂总需求量的一半以上，使其成为现代各种内燃机油的重要添加剂。清净剂的主要品种为磺酸盐、硫化烷基酚盐、烷基水杨酸盐；分散剂的主要品种有聚异丁烯丁二酰胺、聚异丁烯二酸酯、苄胺、硫磷化聚异丁烯聚氧乙烯酯（无灰分磷酸酯）等品种。

四、石油产品添加剂的命名

石油产品添加剂的类别名称用汉语拼音字母“T”表示。名称的一般形式是“类＋品种”，其中品种又包含“组别符号＋牌号名称”。

（1）石油产品添加剂的组别和组号　石油产品添加剂分组、组号和代号见表 1-4。

石油添加剂的名称由 3 部分组成，即：组别符号＋牌号名称＋组别名称。

例如：

添加剂的名称	组别符号	牌号名称	组别名称
108 清净剂	1	08	清净剂
305 抗磨剂	3	05	抗磨剂
501 抗氧剂	5	01	抗氧剂

组别：石油产品添加剂的品种由 3 个或 4 个阿拉伯数字组成的符号来表示，当品种符号由三个数字所组成时，其第一个阿拉伯数字表示该产品所属的组别；当品种符号由 4 个数字所组成时，前二个阿拉伯数字表示该产品所属的组别（组别符号不单独使用）。

（2）石油产品添加剂的代号　石油产品添加剂的代号由 3 部分组成，即：T ＋ 组别符号＋牌号名称。

例如上面的添加剂的代号为：

添加剂的名称	组别符号	牌号名称	组别名称	代号
108 清净剂	1	08	清净剂	T108
305 抗磨剂	3	05	抗磨剂	T305
501 抗氧剂	5	01	抗氧剂	T501

例 1：T102 当中：

T——类（石油产品添加剂）；

102——添加剂的品种；

1——润滑油添加剂部分中清净剂和分散剂组别号；

02——品牌号（清净剂和分散组中的中碱性石油磺酸钙）。

例 2：T1101 当中：

T——类（石油产品添加剂）；

1101——添加剂的品种；

11——燃料添加剂部分中抗爆剂组别号；

01——品牌号（抗爆剂组的四乙基铅）。

第二章

石油产品品种与添加剂的关系

石油产品可以按其性质和用途分为若干类别。每一类中又可以按照使用对象和使用效能的区别分为不同品种。每一品种中还可以按照油品在使用条件和使用特点上的区别而分为若干牌号。如在燃料这个类别中有航空汽油、车用汽油等汽油品种，在每一种汽油中又有93号、95号等不同牌号之分。

我国在1965年颁布了石油产品的分类与润滑油的分类等国家标准，这在当时条件下对于促进石油产品系列化起到了积极作用。但随着科学技术水平的提高、石油产品的品种不断增加及与国际交往的增多，原石油产品分类已不能满足生产和使用要求。尤其是，国际标准化组织（ISO）发布了许多有关石油产品分类的标准。为了与国际标准接轨，参照国际标准化组织ISO 8681标准，我国制定了GB 498—87石油产品及润滑剂的总分类及GB/T 7631—87润滑剂和有关产品（L）的分类等几个国家标准，为规范石油产品的生产打下了基础。

本课题将介绍一些油品的分类概况，但主要是要说明添加剂在构成油品品种、牌号中的作用，说明添加剂和品种发展的关系。

第一节　石油产品使用性能及其添加剂

一、石油产品总分类

1987年，我国颁布了GB 498—87《石油产品及润滑剂的总分类》，根据石油产品的主要特征将石油产品分为：石油燃料、石油溶剂与化工原料、润滑剂、石蜡、石油沥青、石油焦6类。其类别名称代号是依反映各类产品主要特征的英文名称的第一个前缀字母确定的，见表2-1。

表2-1　石油产品的总分类

GB 498—87			ISO 8681	
序号	类别	各类别含义	Class	Designation
1	F	燃料	F	Fuels
2	S	溶剂和化工原料	S	Solvents and raw materials for chemical industry
3	L	润滑剂和有关产品	L	Lubricants,industrial oil and related products
4	W	蜡	W	waxes
5	B	沥青	B	Bitumen
6	C	焦	C	Cokes

其中，燃料产量最大，约占总产量的90%；各种润滑油品种最多，虽其产量仅占原油加工总量的2%左右，但因其使用对象、条件千差万别，品种繁多，应用广泛，而且使用要求严格，是除石油燃料之外最重要的一类石油产品。

二、影响石油产品使用性能的主要因素

添加剂的研究和发展是为了改善石油产品的使用性能。在添加剂的研制过程中，对油品和添加剂进行使用性能的研究，既是验证添加剂效果的需要，也是添加剂进一步发展的前提。

在叙述油品使用性能之前，首先需要对影响石油产品使用性能的一些主要因素给予简要说明。石油产品的使用性能与其各种影响因素本身有着丰富的内容，这里不作全面的讨论，只说明那些与添加剂有联系的使用性能。

要提高石油产品的使用性能，最重要的是要抓好以下四个环节：根据所用原油特点选用合适的原油，选取适当的馏分，进行足够的精制和加入高效的添加剂。

1. 原油特点

各地所生产的原油，往往各具特色。特性因数 K 能反映原油的化学组成性质，依此将原油分为石蜡基原油（$K>12.1$）、中间基原油（$K=11.5\sim12.1$）、环烷基原油（$K=10.5\sim11.5$）。石蜡基原油具有蜡含量高、凝点高、硫和胶质含量低、密度较小的特点；环烷基原油具有密度大、凝点低、胶质和沥青质含量高的特点；中间基原油的特点介于石蜡基和环烷基之间。不同特点的原油适用生产不同的油品。

例1：由含石蜡烃较多的原油（如大庆原油）生产的汽油辛烷值低、柴油十六烷值高，生产的各种润滑油黏温性能好。但其生产的柴油和润滑油的凝固温度却比较高，不宜在低温下使用。

例2：环烷基原油一般密度大、凝点低。生产的汽油环烷烃含量高达50%以上，辛烷值较高；生产的喷气燃料密度大、凝点低，质量发热值和体积发热值都较高；生产的柴油十六烷值低；润滑油黏温性能差。如我国的孤岛原油。

例3：有些低凝固点的环烷基原油，不需经过脱蜡工艺，便可以生产出各种适于低温下使用的燃料和润滑。

例4：环烷基原油中的重质原油，胶质、沥青质含量很高，无法用一般的炼制工艺从中取得良好的润滑油产品，但却可以制出多种牌号的优良沥青产品。

人们为了获取某种石油产品，有时要选用两种或两种以上的原油的馏分进行调合。所谓石油产品调合就是将几种同类中间组分（馏分）及若干添加剂，按一定比例混合均匀，从而生产出达到某一石油产品质量指标（商品）的生产过程。可见，调合的目的是便于发挥各组分自身的特点，获得全面良好的使用性能。大多数燃料和润滑油等油品都是由不同组分调合而成的调制品，它们的使用性能在严格的使用试验中证明是优良的。此后，为了确保这些产品的质量水平，生产这种产品的原油类型将不能变化。

简而言之，原油的特点是构成油品使用性能的一个重要因素。

2. 馏分范围

石油馏分是一个复杂的混合物，在一定外压下没有固定的沸点，而是表现为一个很宽的范围。在某一温度范围内蒸馏出的馏出物，称为馏分。油品多数是由蒸馏时的一定馏分所组成，有的油品轻，有的油品重。在不同炼油厂，同样油品所取的馏分范围虽大体相似，但不

完全相同。这是因为不同炼油厂加工不同的原油，原油性质不同，两个馏分的沸点范围相同，但其化学组成不同。例如有的汽油中就含有较多的低沸点组分，假如将这种汽油用于北方冬季，那么它将表现出具有很好的启动性能；如果将这种汽油用于热带地区，就会在发动机中产生严重的气阻而无法使用。也就是说，对于一定的使用目的，认识油品的馏分组成具有很大意义。又如，各种四季通用的内燃机润滑油，其馏分组成对使用性能也有很大影响，馏分太重，所得油品的黏度和温度之间的关系会变坏，从而使通用性变差；馏分太轻，所得油品在使用中会受热蒸发，机油消耗会很大，黏度也会发生变化。

所以说，研究适合一定使用条件的馏分组成，也是制造一种好油品的重要问题。

3. 精制程度

原油中含有很多非理想成分，石油炼制的一个重要步骤就是将这些成分的一部分或大部分除去，以便使其满足实用性能的要求。通常采用的方法有酸碱洗涤、白土处理、溶剂抽提、溶剂脱蜡和加氢精制等。一般来说，总是希望将非理想成分尽可能多地除去，但并不是除去地越多就越好。例如在炼油厂生产润滑油时，应根据原料油和产品的不同，适当控制油品的精制深度，以免把油中的多环芳香烃和胶质完全除去，而使油品的抗氧化安定性降低。另外在溶剂脱蜡时，越是深度脱蜡，所得基础油的倾点越低，但油品黏温性能越差。另外，深度精制同时也会将一些理想成分除掉。

4. 添加剂水平

前面所讲的三个问题关系到基础油的质量问题，而基础油是相对于添加剂而言的。添加剂的水平是指添加剂的质量和数量要与基础油的质量相配合，才能得到性能良好的油品。

添加剂与油品使用性能的关系是本书的主题，将在第三章中详细介绍，这里就不说明了。

第二节　润滑油及与其添加剂的关系

润滑油类产品的品种、牌号是石油产品中最复杂的一类，其全部用量虽然只是石油燃料消耗量的2%～3%，却是石油产品添加剂中使用得最广泛的一类，与汽车、机械、交通运输等行业的发展密切相关，这些行业也反过来对其质量和使用性能不断提出新的要求。所以，世界各国对润滑油的研究和生产都非常重视。

一、润滑油组成

润滑油一般由基础油和添加剂两部分调合而成。

基础油是润滑油的最重要成分，其质量对于润滑油性能至关重要，它提供了润滑油最基础的润滑，冷却、抗氧化、抗腐蚀等性能，决定着润滑油的基本性质。而润滑油基础油的性能与其化学组成有密切关系，见表2-2。

表 2-2　基础油化学组成与润滑油性能的关系

性　能	化学组成影响	解决方法
黏度	馏分越重黏度越大；沸点相近时，链状烃黏度小，环状烃黏度大	蒸馏切割馏程合适的馏分

续表

性　能	化学组成影响	解决方法
黏温特性	链状烃黏温特性好；环状烃黏温特性较差，且环数越多黏温特性越差，胶质沥青质越多	脱除多环短侧链芳烃（精制）；脱沥青
低温流动性	大分子链状烃（蜡）凝点高；大分子多环短侧链；胶质、沥青质和低温流动性差	脱蜡、脱沥青、精制
抗氧化安定性	非烃类化合物安定性差，烷烃易氧化，环烷烃次之，芳烃较稳定。烃类氧化后生成酸、醇、醛、酮、酯	脱除非烃类化合物
残炭	形成残炭的主要物质为润滑油中的多环芳烃、胶质、沥青质	提高蒸馏精度，脱除胶质和沥青质
闪点	安全性指标。馏分越轻闪点越低，轻组分含量越多闪点越低	蒸馏切割馏程合适的馏分，并汽提脱除轻组分

综合分析可知，润滑油的理想组分是异构烷烃、少环长侧链烃；非理想组分是胶质沥青质、多环短侧链以及大分子链状烃。

添加剂则可弥补和改善基础油性能方面的不足，赋予其某些新的性能，是润滑油的重要组成部分。

一般而言，基础油占70%～95%，添加剂占5%～30%。有些润滑油系列中（如某些液压油和压缩机润滑油），化学添加剂仅占1%。

（一）基础油

润滑油基础油主要分为矿物基础油和合成基础油两大类，矿物基础油占97%左右。

API（美国石油学会）和ATIEL（欧洲润滑剂工业协会）根据基础油组成的主要特性把基础油分成5类，见表2-3。

表2-3　API和ATIEL基础油分类

类别＼指标	饱和烃含量/%	硫含量/%	黏度指数
Ⅰ	<90	>0.03	80≤*VI*<120
Ⅱ	≥90	≤0.03	80≤*VI*<120
Ⅲ	≥90	≤0.03	≥120
Ⅳ	聚α-烯烃(PAO)		
Ⅴ	不包含在Ⅰ、Ⅱ、Ⅲ、Ⅳ类在内的其他所有油品		

其中Ⅰ类基础油通常是由传统的“老三套”工艺生产制得，有较高的硫含量和不饱和烃（主要是芳烃）含量，饱和烃含量低；Ⅱ类基础油是通过组合工艺（溶剂工艺和加氢工艺）制得，其硫、氮含量和芳烃含量较低，烷烃（饱和烃）含量高，热安定性和抗氧化性好，低温和烟炱（烟凝积成的黑灰）分散性能均优于Ⅰ类基础油；Ⅲ类基础油是用全加氢工艺制得，其不仅硫、芳烃含量低，而且黏度指数很高，挥发性低；Ⅳ类基础油为聚α-烯烃（PAO）合成油基础油，用石蜡分解法和乙烯聚合法制得，其倾点极低，通常在－40℃以下，黏度指数高，但边界润滑性差；Ⅴ类基础油则是除Ⅰ～Ⅳ类以外的其他合成油（如合成

烃类、酯类、硅油、植物油、再生基础油等）。

虽然Ⅳ类合成基础油的品质很好，但由于成本非常高，目前在世界上应用率较低；而Ⅲ类基础油由于各项性能指标接近于Ⅳ类基础油，所调合的润滑油的使用性能又远高于Ⅰ类、Ⅱ类基础油调合的润滑油，所以Ⅲ类基础油逐渐开始为人们所青睐。

1. 矿物基础油

矿物基础油分为中性油和光亮油两种，以减压馏分油为原料加工生成的基础油叫中性油，以减压渣油为原料加工生产的高黏度基础油叫光亮油。

矿物基础油生产过程有物理和化学两种方法。物理方法将理想组分与非理想组分分离，通过原油常减压蒸馏，切取不同黏度的常减压馏分和减压渣油，作为润滑油生产原料。而后通过溶剂脱沥青、溶剂精制、溶剂脱蜡、白土补充精制，将润滑油基础油中的非理想组分除去。化学方法是将润滑油中的非理想组分转化为理想组分和除去杂质，如加氢处理。加氢反应能使多环芳烃饱和、开环，转变为少环多侧链的环烷烃，可提高黏度指数等。同时将氧、氮、硫通过加氢，分别转化为 H_2O、NH_3、SO_2 除去，还可除去一些金属元素。加氢处理技术具有原料来源广、过程灵活、产品质量好、收率高的优点。

2. 加氢基础油

加氢基础油是通过加氢工艺（加氢处理、加氢脱蜡、加氢精制、催化脱蜡），改变基础油化学组成，使其颜色、安定性和气味得到改善、黏温性能得到提高、对添加剂感受性显著提高。

加氢基础油的性能概括如下：黏度指数高，低温性低，黏温性好，对热稳定性、氧化安定性好，挥发性低，毒性低，其性能与合成的 PAO（烯烃合成油）相似。在调配高档内燃机油时，加入加氢基础油可得到较好的经济性。

3. 合成润滑油基础油

合成润滑油是完全采用有机合成方法制备并含有添加剂的润滑剂。合成型基础油的原料可以是动植物油脂，也可以是来自原油中瓦斯气或天然气所分解出来的乙烯、丙烯等化工产品，经聚合、催化等化学反应（费托合成技术，即 GTL 技术）炼制成大分子有机化合物。半合成油顾名思义，就是用一部分合成油和一部分非合成油混合而成的润滑油，原理上是降低了合成油的成本，提高了非合成油的性能，但也可能出现价格不低，而性能也不稳定的问题。

合成润滑油基础油的每一个品种都是单一的纯物质或同系物的混合物，构成合成润滑油基础油的元素除碳、氢之外，还包括氧、硅、磷和卤素等。在碳氢结构中引入含有这些元素的官能团是合成润滑油的特征，使合成润滑油具有优良的耐高温性能、优良的低温性能、良好的黏温性能、低的挥发损失、难燃性等独特的使用性能特点。例如聚 α-烯烃可在 177～232℃下长期工作，且其黏度指数为 80～150，比矿物油的使用温度范围要宽；合成油的凝点一般都低于－40℃，双酯可在－60℃以下工作；某些合成油具有难燃性，如磷酸酯虽然闪点不高，但是由于没有易燃和维持燃烧的分解产物，因此不会造成延续燃烧；芳基合成润滑油磷酸酯在 700℃以上遇明火会发生燃烧，但它不传播火焰，一旦火焰切断，燃烧立即停止。

常用的合成基础油有合成烃（聚 α-烯烃 PAO）、烷基苯、聚丁烯、合成酯、聚醚、磷酸酯、聚乙二醇等。

合成润滑油最先在军事工业、宇航、原子能等尖端技术领域中使用，如今在民用方面的使用已大大超过军事工业和特殊部门。虽然合成润滑油价格比矿物润滑油价格高，但由于其品质较好，其热稳定、抗氧化反应、抗黏度变化的能力自然要比矿物油强得多，因此使用合成润滑油仍然可以收到良好的经济效益。

4. 植物油基础油

植物油主要由脂肪酸甘油酯组成，其脂肪酸有油酸（一个双键）、亚油酸（二个双键）和亚麻酸（三个双键）。一般来说油酸含量越高，亚油酸和亚麻酸含量越低，其热氧化安定性越好。碘值是不饱和酸含量的量度，碘值越大，氧化安定性越差。浊度表示低温特性，浊度越高，低温性能越差。

植物油作润滑油基础油具有良好的润滑性和可生物降解性、资源可再生并且无毒，价格仅为矿物油的1.5～3倍。主要缺点是热氧化安定性和水解安定性均较差，从而使其应用受到限制（如一般来说使用温度不大于120℃）。尽管如此，目前该类油在一些方面仍能与价格更贵、可生物降解的合成酯竞争，其性能不足可通过改进种植技术和添加适当的添加剂加以改进。

（二）添加剂

润滑油基础油具备了润滑油的基本特征和某些使用性能，但仅仅依靠提高润滑油的加工技术，并不能生产出各种性能都符合使用要求的润滑油。为弥补润滑油某些性质上的缺陷并赋予润滑油一些新的优良性质，需要在润滑油中加入各种功能不同的添加剂。

一般常用的润滑油添加剂有清净剂和分散剂、抗氧抗腐剂、极压抗磨剂、油性剂和摩擦改进剂、抗氧化剂和金属减活剂、黏度指数改进剂、防锈剂、抗泡沫剂、降凝剂、抗乳化剂10大类，见表1-7。

二、润滑油的基本性能与常用的质量指标

润滑油占全部润滑材料的85%，种类牌号繁多，现在世界年用量约3800万吨。润滑油是用在各种类型机械上以减少摩擦，保护机械及加工件的液体润滑剂，主要起润滑、冷却、防锈、清洁、密封、传递和缓冲等作用。

（一）润滑油的基本性能

根据润滑油的基本功能，要求润滑油具备以下基本性能。

(1) 摩擦性能　要求润滑油具有尽可能小的摩擦系数，保证机械运行敏捷而平稳，减少能耗。

(2) 适宜的黏度　黏度是润滑油最重要的性能，选择润滑油时首先考虑黏度是否合适。高黏度易于形成动压膜、油膜较厚，能支撑较大负荷，防止金属接触面被磨损。但黏度太大，即内摩擦太大，会造成摩擦热增大，摩擦表面温度升高，且在低温下不易流动，不利于低温启动。低黏度时，摩擦阻力小，能耗低，机械运行平稳，温升不高。但如果黏度太低，则油膜太薄，承受负荷的能力小，机械及加工件易于磨损，且易渗漏流失。

(3) 极压性　当摩擦件之间处于边界润滑状态时，黏度作用不大，主要是靠边界膜强度支撑载荷。因此要求润滑油具有良好的极压性，以保证边界润滑状态下，如启动和低速重负荷时，仍具有良好的润滑作用。

(4) 化学安定性和热稳定性　润滑油从生产、销售、储存到使用有一个过程，因此要求润滑油具有良好的化学安定性和热稳定性，使其储存、运输、使用过程中不易被氧化、分解变质。对某些特殊用途的润滑油还要求耐强化学腐蚀和耐辐射。

（5）材料适应性　润滑油在使用中必然与金属和密封材料相接触，因此要求其对接触的金属材料不腐蚀，对橡胶等密封材料不溶胀。

（6）纯净度　润滑油应不含水分和杂质。因水分能造成油料乳化，使油膜变薄或破坏，造成磨损，而且使金属生锈；杂质可堵塞油过滤器和喷嘴，造成断油事故；进入摩擦面的杂质能引起磨粒磨损。因此，一般润滑油的规格标准中都要求油色透明，且不含机械杂质和水分。

（二）润滑油常用的质量指标

润滑油要起到润滑作用，则必须具备两种性能。一种是油性，首先润滑油要与金属表面结合形成一层牢靠的润滑油分子层，即润滑油要与金属表面有较强的亲和力。另一种是黏性，这样润滑油才能保持一定厚度液体层将金属面完全隔开。除此之外，根据润滑油的组成性能、工作环境、所起的作用等，润滑油还要具有和具备其他更广泛的性能。

润滑油是一种技术密集型产品，是复杂的碳氢化合物的混合物，而其真正使用性能又是复杂的物理或化学变化过程的综合效应。润滑油的基本性能指标包括一般理化性能指标、使用性能指标和模拟台架试验。

1. 一般理化性能指标

每一类润滑油脂都有其共同的一般理化性能，以表明该产品的内在质量。对润滑油来说，常用的理化性能指标见表 2-4。

表 2-4　润滑油常用的理化性能指标

名　称	意　　义	试验方法
外观	油品的颜色往往可以反映其精制程度和稳定性。对于基础油来说，一般精制程度越高，其烃的氧化物和硫化物脱除得越干净，颜色也就越浅。但是，即使精制的条件相同，不同来源和基属的原油所生产的基础油，其颜色和透明度也可能是不相同的	目测①
密度/(g/cm³)	密度是润滑油最简单、最常用的物理性能指标。润滑油的密度随其组成中含碳、氧、硫的数量的增加而增大，因而在同样黏度或同样相对分子质量的情况下，含芳烃、胶质和沥青质多的润滑油密度大，含环烷烃多的居中，含烷烃多的最小	GB/T 1884～1885
黏度/(mm²/s)	黏度反映油品的内摩擦力，是润滑油的主要技术指标，绝大多数的润滑油是根据其黏度的大小来划分牌号的。在未加任何功能添加剂的前提下，黏度越大，油膜强度越高，流动性越差	GB/T 265
黏度指数(*VI*)	黏度指数表示油品黏度随温度变化的程度。润滑油工作环境往往变化较大，如发动机润滑油冷车启动时接近环境温度，而正常工作时某些局部温度可达300℃左右。因此要求润滑油低温时黏度不能过大，便于启动；高温时黏度不能太小，起到足够的润滑作用。总之，要求润滑油黏度随温度变化越小越好。评价指标有黏度比和黏度指数。改善方法主要为优化组成（如精制、脱沥青）。黏度指数越高，表示油品黏度受温度的影响越小，其黏温性能越好，反之越差	GB/T 1995
闪点/℃	闪点是表示油品蒸发性的一项指标。油品的馏分越轻，蒸发性越大，其闪点也越低。反之，油品的馏分越重，蒸发性越小，其闪点也越高。同时，闪点又是表示石油产品着火危险性的指标。油品的危险等级是根据闪点划分的，闪点在45℃以下为易燃品，45℃以上为可燃品，在油品的储运过程中严禁将油品加热到其闪点温度。在黏度相同的情况下，闪点越高越好。因此，选用润滑油时应根据使用温度和润滑油的工作条件进行选择。一般认为，闪点比使用温度高20～30℃即可安全使用	GB/T 3536

续表

名 称	意 义	试验方法
凝点和倾点/℃	润滑油的凝点是表示润滑油低温流动性的一个重要质量指标。对于生产、运输和使用都有重要意义。凝点高的润滑油不能在低温下使用，相反，在气温较高的地区则没有必要使用凝点低的润滑油。因为润滑油的凝点越低，其生产成本越高。一般来说，润滑油的凝点至少应比使用环境的最低温度低 5～7℃。但是特别要提及的是，在选用低温润滑油时，应结合油品的凝点、低温黏度及黏温特性全面考虑。因为低凝点的油品，其低温黏度和黏温特性亦有可能不符合要求。凝点和倾点都是油品低温流动性的指标，两者无原则的差别，只是测定方法稍有不同。同一油品的凝点和倾点并不完全相等，一般倾点都高于凝点 2～3℃，但也有例外	GB/T 3535
酸值/(mgKOH/g)	中和 1g 油品中酸性物质所需的氢氧化钾毫克数称酸值。酸值的大小反映润滑油在使用过程中被氧化变质的程度，对其使用影响很大。酸值大，说明油品中所含的有机酸含量高，可能会对机械设备造成腐蚀。酸值是多种润滑油使用过程中质量变化的监控指标之一	GB/T 264
水分/%	水分是指润滑油中含水量的百分数，通常是重量百分数。润滑油中水分的存在，会破坏润滑油形成的油膜，使润滑效果变差，加速有机酸对金属的腐蚀作用，锈蚀设备，使油品容易产生沉渣。水分还会造成对机械设备的锈蚀，并导致润滑油添加剂的失效，使润滑油的低温流动性变差，甚至结冰、堵塞油路，妨碍润滑油的循环及供应。总之，润滑油中水分越少越好	GB/T 260
机械杂质/%	机械杂质是指存在于润滑油中不溶于汽油、乙醇和苯等溶剂的沉淀物或胶状悬浮物。这些杂质大部分是砂石和铁屑之类，以及由添加剂带来的一些难溶于溶剂的有机金属盐。通常，润滑油基础油的机械杂质都控制在 0.005%以下(机械杂质在 0.005%以下被认为是无)	GB/T 511
灰分/%或硫酸灰分/%	灰分是指在规定条件下，灼烧后剩下的不燃烧物质。灰分的组成一般认为是一些金属元素及其盐类。灰分对不同的油品具有不同的概念，对基础油或不加添加剂的油品来说，灰分可用于判断油品的精制深度。对于加有金属盐类添加剂的油品(新油)，灰分就成为定量控制添加剂加入量的手段。国外采用硫酸灰分代替灰分。其方法是：在油样燃烧后灼烧灰化之前加入少量浓硫酸，使添加剂的金属元素转化为硫酸盐	GB/T 508
残炭/%	油品在规定的实验条件下，受热蒸发和燃烧后形成的焦黑色残留物称为残炭。残炭是为判断润滑油的性质和精制深度而规定的项目。形成残炭的主要物质有胶质、沥青质及多环芳烃。油品的精制深度越深，其残炭值越小。通常，空白基础油的残炭值越小越好。现在，许多油品都含有金属、硫、磷、氮元素的添加剂，它们的残炭值很高，因此含添加剂油的残炭已失去残炭测定的本来意义	GB/T 268 SH/T 0170

① 将油品注入 100mL 洁净量筒中，油品应均匀透明，如有争议，将油温控制在 25℃±2℃下，应均匀透明。

2. 使用性能指标

使用性能是指润滑油除了上述一般理化性能之外，每一种润滑油品还应具有表征其使用特性的特殊理化性质。越是质量要求高，或是专用性强的油品，其使用性能就越突出。润滑油使用性能指标见表 2-5。

表 2-5 润滑油使用性能指标

名 称	意 义	试验方法
氧化安定性	是润滑油在实际使用、储存和运输中氧化变质或老化倾向的重要特性。氧化安定性差，易氧化生成有机酸，造成设备的腐蚀。润滑油氧化的结果是，黏度逐渐增大，流动性变差，同时还生成沉淀、胶质和沥青质，这些物质沉淀于机械零件上，恶化散热条件，堵塞油路，增加摩擦磨损，造成一系列恶果	SH/T 0196 SH/T 0259
热安定性	热安定性表示油品的耐高温能力，也就是润滑油对热分解的抵抗能力，即热分解温度。一些高质量的抗磨液压油、压缩机油等都提出了热安定性的要求。油品的热安定性主要取决于基础油的组成，很多分解温度较低的添加剂对油品安定性有不利影响；抗氧剂也不能明显地改善油品的热安定性	SH/T 0560-9
油性和极压性	油性是润滑油中的极性物在摩擦部位金属表面上形成坚固的理化吸附膜，从而起到耐高负荷和抗摩擦磨损的作用；极压性则是润滑油的极性物在摩擦部位金属表面上，受高温、高负荷发生摩擦化学作用分解，并和表面金属发生摩擦化学反应，形成低熔点的软质(或称具可塑性的)极压膜，从而起到耐冲击、耐高负荷高温的润滑作用	GB/T 12583-90
腐蚀和锈蚀	由于油品的氧化或添加剂的作用，会造成钢和其他有色金属的腐蚀。腐蚀试验一般是将紫铜条放入油中，在100℃下放置3h，然后观察铜的变化；而锈蚀试验则是在水和水汽作用下，钢表面会产生锈蚀，测定防锈性是将30mL蒸馏水或人工海水加入到300mL试油中，再将钢棒放置其内，在54℃下搅拌24h，然后观察钢棒有无锈蚀。油品应该具有抗金属腐蚀和防锈蚀性能，在工业润滑油标准中，这两个项目通常都是必测项目	GB/T 5096—91 SH/T 0080—2000
抗泡性	润滑油在运转过程中，由于有空气存在，常会产生泡沫，尤其是当油品中含有具有表面活性的添加剂时，则更容易产生泡沫，而且泡沫还不易消失。润滑油使用中产生泡沫会使油膜被破坏，使摩擦面发生烧结或增加磨损，并促进润滑油氧化变质，还会使润滑系统气阻，影响润滑油循环	GB/T 12579
水解安定性	水解安定性表征油品在水和金属(主要是铜)作用下的稳定性，当油品酸值较高，或含有遇水易分解成酸性物质的添加剂时，常会使此项指标不合格。它的测定方法是将试油加入一定量的水之后，在铜片和一定温度下混合搅动一定时间，然后测水层酸值和铜片的失重	SH/T 0301
抗乳化性	工业润滑油会在使用中不可避免地混入冷却水，如果润滑油的抗乳化性不好，它将与混入的水形成乳化液，使水不易从循环油箱的底部放出，从而可能造成润滑不良。因此抗乳化性是工业润滑油的一项很重要的理化性能	GB/T 8022—87
橡胶密封性	在液压系统中以橡胶做密封件者居多，在机械中的油品不可避免地要与一些密封件接触，油品可使橡胶溶胀、收缩、硬化、龟裂，影响其密封性，因此要求油品与橡胶有较好的适应性	SH/T 0305—92
剪切安定性	加入增黏剂的油品在使用过程中，由于机械剪切的作用，油品中的高分子聚合物会被剪断，使油品黏度下降，影响正常润滑。因此剪切安定性是这类油品必测的特殊理化性能	GB/T 269—91
溶解能力	溶解能力通常用苯胺点来表示。不同级别的油对复合添加剂的溶解极限苯胺点是不同的，低灰分油的极限值比过碱性油要大，单级油的极限值比多级油要大	GB/T 262

续表

名称	意义	试验方法
挥发性	基础油的挥发性与油耗、黏度稳定性、氧化安定性有关。这些性质对多级油和节能油而言尤其重要	SH/T 0058
电气性能	电气性能是绝缘油的特有性能，主要有介质损失角、介电常数、击穿电压、脉冲电压等指标。基础油的精制深度、杂质、水分等均对油品的电气性能有较大影响	SH/T 0268—2004 GB/T 507—2002

三、润滑油的品种、应用场合与添加剂

ISO 于 1981 年发布了 ISO 6743/0—1981《润滑剂、工业润滑油和有关产品的分类标准》。该标准根据产品的应用场合，把产品分成 19 个组。依据 ISO 6743/0—1981，我国制定了国家标准 GB 498—87，同年颁布了 GB 7631.1—87《润滑剂和有关产品（L）类的分类 第一部分：总分组》。该标准根据尽可能地包括了润滑剂和有关产品的应用场合，将润滑剂分为 19 个组。其组别名称和代号见表 2-6，它代替了 GB 500—65。

表 2-6 润滑油分组及应用场合

组别	应用场合	组别	应用场合
A	全损耗系统	N	电器绝缘
C	齿轮	P	风动机具
D	压缩机	R	暂时保护防蚀
E	内燃机	T	汽轮机
F	主轴、轴承和离合器	Y	其他
G	导轨	Z	蒸汽气缸
H	液压	S	特殊润滑剂的应用场合
M	金属加工		

在润滑油品种发展的过程中，还有一点需要提及的就是存在着一个发展品种专用化和通用化的交错过程。目前世界上有数不清的机械设备种类，从小小的手表到巨大的轮船，都要求使用性能各不相同的润滑油。每当发明了一种新的机械设备或者改进了某种旧的机械设备的时候，常常要配合发展一种新的润滑油品种。因此，要求配制新型润滑油的工作经常发生，以致很多石油产品的研究单位要像一所医院一样，诊治各种新型或旧式机械的润滑毛病，开出列有各种添加剂配方的“药方”来。这每一个“药方”实际上就是一个新的润滑油品种。在这个炼油部门与机械工业协调发展的过程中，有两个完全不同的趋势在发展：一个是某些新型机械的专用油品的发展，另一个是人们努力寻求能够适用于多种机械的通用油品，以便储运、管理、生产和使用。人们总是要努力发展通用化品种，只是在同时满足几种性能要求暂时不可能或者很不经济的情况下，才停留在专用品种的研发阶段上。

很显然，添加剂无论在发展专用润滑油油品上，还是在发展通用润滑油品上，都是起着很大作用的，有时甚至起到决定性的作用。可以说有了添加剂的发展，才有了近代石油润滑

油的品种面貌。

总而言之，润滑油生产是将已脱沥青和脱蜡、经精制的不同黏度的一种或多种基础油作为组分油，与各种添加剂进行调合，生产出不同规格、满足不同需要的各种牌号的润滑油产品。基础油调合主要是为了调整黏度、黏度指数和颜色等理化性能指标；基础油与添加剂调合是为了提高油品的抗氧化安定性、防锈性和抗磨性等油品使用性能指标。

润滑油添加剂是本书介绍的重点内容之一，将在以后的课题中详细介绍。

第三节 石油燃料及其与其添加剂的关系

石油燃料占石油产品总量的90%以上，其中以汽油、柴油等发动机燃料为主。

一、石油燃料的分组

CB/T 12692—90《石油产品燃料（F类）分类总则》将燃料分为四组，见表2-7。

表2-7 石油燃料的分组

组别	燃料类型	各类别含义
C	气体燃料	主要由甲烷或乙烷，或它们混合组成
L	液化气燃料	主要由 C_3、C_4 的烷烃和烯烃混合组成，并经加压液化
D	馏分燃料	常温常压下为液态的石油燃料，包括汽油、煤油和柴油，以及含有少量蒸馏残油的重质馏分油（锅炉燃料）
R	残渣燃料	主要由蒸馏残油组成

二、气体燃料类（C组和L组）与添加剂

石油炼制过程中产生的烃类气体，即炼厂气，主要是常温常压下为气态的 C_1～C_4 的各种烃类，即石油燃料中的气体燃料类（C组和L组）。作为石油商品的气体燃料产品概况见表2-8。

表2-8 气体燃料类产品概况

产品名称	状　态	主　要　用　途
瓦斯	C_1、C_2 气体	燃料，制氢原料
液化石油气	C_3、C_4 混合烃加压液态	工业及民用燃料，汽车燃料，化工原料
丁烷	加压液态	玻璃加工等专用燃料，打火机专用气，人工发泡剂

概括起来，气体燃料类的用主要有两个，一个是发动机燃料，另一个是民用燃料。

1. 发动机燃料

尽管由于气体燃料作为发动机燃料在储运时并不方便，但由于它有挥发性很高和抗爆震性能很好等特点，在某些情况下还要使用。例如现代燃气汽车，燃气汽车类型及其所用燃料见表2-9。

表 2-9 燃气汽车类型及其所用燃料

汽车类型	燃　料
压缩天然气(CNG)	将天然气经多级加压到 20MPa 左右,储存在高压气瓶内
液化天然气(LNG)	将天然气经低温液化后,储存在绝热气瓶内作为燃料
吸附天然气(ANG)	将天然气吸附在存贮罐内的活性炭中,作为燃料
液化石油气(LPG)	将烃类混合物稍加压(1.6MPa 左右),使之成为液态储存在气瓶内

作为发动机燃料就需要很多添加剂，如抗氧剂、抗爆剂、阻聚剂、流动性改进剂等，详见“三、馏分燃料类与添加剂”。

2. 民用燃料

天然气、管道煤气和液化石油气都是很好的家庭生活用燃料，其中液化石油气的热值大大高于一般的城市煤气。由于纯净的以上燃料没有味道，如果它从容器或管道中泄漏出来，就会引起火灾或中毒。为了避免这类事故发生，增强使用时的安全性，在以上燃料中加入一种添加剂——臭味剂。

目前经常使用的天然气加臭剂有以下几种：四氢噻吩、硫醇（乙硫醇）、硫醚。天然气和管道煤气用四氢噻吩，每标准立方米的天然气中要加入 20mg；液化石油气加乙硫醇 20×10^{-6}（质量分数），乙硫醇不用于天然气。

三、馏分燃料类与添加剂

根据发动机工作原理的不同又将馏分燃料（D 组）分为 4 大类，馏分燃料的分类和使用范围见表 2-10。

表 2-10 馏分燃料的分类和使用范围

类别	种类	名称	使用范围
汽油机燃料	航空燃料	航空汽油	活塞式航空发动机、快速舰艇发动机
	汽车燃料	车用汽油	汽油机汽车、摩托车、舰艇汽油发动机
柴油机燃料	高速柴油机燃料	轻柴油 军用柴油	各种柴油机汽车及牵引机、坦克柴油发动机、拖拉机、内燃机车和舰艇柴油发动机
	中速柴油机燃料	重柴油	中速柴油机
	大功率低速柴油机燃料	船用燃料	大功率低速柴油机
喷气发动机燃料	喷气燃料	煤油型 宽馏分型 高闪点型 大密度型	涡轮喷气发动机、涡轮风扇发动机、涡轮轴发动机、涡轮螺桨发动机、桨扇发动机
锅炉燃料	锅炉燃料	舰用燃料油	舰船锅炉

馏分燃料中使用添加剂非常广泛。

1. 汽油机燃料

汽油机燃料包括航空汽油和车用汽油，这里主要介绍车用汽油。

汽油是复杂的烃类（$C_5\sim C_{12}$）的混合物，馏程为 30～205℃，是消耗量最大石油产品之一，是发动机的一种重要燃料。主要由催化裂化、催化重整以及高辛烷值的组分（烷基化油和甲基叔丁基醚等）调合而成。

（1）汽油的主要性能及其质量指标分析　汽油的主要性能及其评价指标见表2-11。

表2-11　汽油的主要性能及其评价指标

主要性能	评价指标及影响因素
抗爆性	汽油在各种使用条件下抗爆震燃烧的能力，评价指标为辛烷值（*ON*），有研究法辛烷值（*RON*）和马达法辛烷值（*MON*）。我国车用汽油的牌号按其*RON*的大小来划分。辛烷值大小与化学组成有关，芳香烃>异构烷烃和异构烯烃>正构烯烃及环烷烃>正构烷烃。辛烷值要适应发动机压缩比要求，以便提高发动机功率和经济性
蒸发性	指汽油在汽化器中蒸发的难易程度，用馏程和蒸气压指标来评价，馏程大体表示汽油的沸点范围和蒸发性能，主要用初馏点和10%的馏出温度，表示油品的启动性能和形成气阻的倾向；50%的蒸发温度表示油品的平均蒸发性能；90%蒸发温度和干点表示汽油中重组分含量的多少。蒸气压表示油品在燃料供给系统中是否易于产生气阻和蒸发损耗倾向的指标。蒸气压与油品化学组成和温度有关
安定性	表示汽油在常温和液相条件下抵抗氧化的能力，称为汽油的氧化安定性，简称安定性。评价指标为实际胶质和诱导期。汽油的安定性与油品中所含的不饱和烃和非烃类组分有关，同时还与温度、金属表面的催化作用以及与空气的接触面积的大小等外界因素有关
腐蚀性	汽油中会引起腐蚀的物质主要有硫及含硫化合物、有机酸和水溶性酸或碱等。最直观地反映汽油腐蚀性的是用铜片腐蚀试验，反映硫醇含量的是博士试验。汽油中有机酸的含量用酸度（gKOH/100mL）表示。汽油的质量指标中规定不允许含水溶性酸和碱
苯含量	苯是一种明显的毒性物质，不论是汽油所含的苯，还是在汽车中燃烧形成的苯，都会严重地污染空气，必须尽量除去
芳烃含量	燃料中的芳烃特别是重芳烃，可以促进形成沉积物，特别是燃烧室沉积物（CCD）增加，从而增加汽缸的积炭。芳烃燃烧后还可导致尾气中有毒物苯增多，芳烃含量增加，排放的苯也增加。芳烃含量增加还导致尾气污染排放增加。降低汽油中的芳烃含量，可以大幅度降低尾气中CO、HC和NO_x的排放量，从而减少臭氧生成
清洁性	要求在车用汽油中不含有水分和机械杂质
含氧化合物	在汽油中加入含氧化合物，如MTBE、TAME、乙醇、甲醇等，除了可以提高汽油辛烷值外，还对控制汽车排放尾气中的有毒物质有帮助。醚类可以提供低挥发性氧。随着汽油中含氧量的增加，汽车排气中的CO量减少，未燃烧烃类减少。这种作用在化油器汽车上比较明显，但对于可以自动调控空燃比的电控喷射系统，含氧化合物的好处不那么突出

（2）提高汽油质量的方法

① 采用先进的炼制工艺。提高汽油辛烷值和改善汽油的安定性、腐蚀性的根本方法是改变汽油的化学组成，这可通过催化裂化、催化重整、加氢裂化、烷基化和异构化等炼制过程达到。炼出的汽油组分含异构烷烃和芳香烃较多，其辛烷值高达70～85以上。

② 调入改善抗爆性、安定性、抗腐蚀性的组分或添加剂。加入烷基化油、异构化油、苯、甲苯及工业异辛烷等都能提高汽油的辛烷值；加入抗氧剂如2,4-二叔丁基对甲酚（T501）可以抑制燃料氧化变质进而形成胶质；加入金属钝化剂如*N*,*N*-二亚水杨丙二胺（T1201），可以抑制金属对氧化反应的催化作用。

2. 柴油机燃料

柴油是一种轻质石油产品，为柴油机燃料（即压燃式）发动机燃料，是复杂的烃类（C_{11}～C_{20}）的混合物。主要由原油蒸馏、催化裂化、加氢裂化、焦化等过程生产的柴油馏分调配而成，必要时还经精制和加入添加剂。

我国是一个发动机柴油化程度比较高的国家。很多载重汽车、公交大客车、矿山机械、拖拉机、内燃机车、舰船、排灌机和发电机组等都是由柴油机带动的。

柴油燃料也可以分为两种类型，一种是精制较好的轻柴油，沸点范围 180～370℃；另一种是精制较差或者基本上不精制的重柴油，沸点范围 350～410℃。轻柴油按凝固点划分为 10 号、5 号、0 号、−10 号、−20 号、−35 号和−50 号七个牌号；重柴油则按其运动黏度（mm^2/s）划分为 10 号、20 号和 30 号三个牌号。

为了生产低凝点牌号的柴油，生产上要使用尿素脱蜡和临氢降凝工艺。但实践表明，在柴油燃料中用加入降凝添加剂的办法是获得低凝点柴油的更为经济有效的方法。

（1）柴油的主要性能　在相同功率下柴油机比汽油机节约燃料近 25%。随着我国国民经济的发展，特别是交通运输业与汽车工业的发展，柴油机各行业得到广泛应用，柴油的需求量也随之增大。成为我国从石油加工所得发动机燃料中产量最高、消耗量最大的油品。同时随着我国发动机工业的发展及环保意识的日益增强，人们对柴油质量也提出了更高的要求。柴油的主要性能及评价指标见表 2-12。

表 2-12　柴油的主要性能及评价指标

主要性能	评价指标及影响因素
流动性	为保证柴油机能正常工作，首先需保证及时定量给气缸供油，良好的流动性有利于柴油的储存、运输和使用。我国评定柴油低温流动性能的指标为凝点（或倾点）和冷滤点。凝点、倾点、冷滤点与柴油的烃类组成、表面活性剂及柴油的含水量有关。柴油中正构烷烃含量越多，其倾点、凝点和冷滤点越高。表面活性剂能吸附在石蜡结晶中心的表面上，阻止石蜡结晶的生长，致使油品的凝点、倾点下降。柴油在精制过程中，与水接触后，水含量超标，则柴油的凝点、倾点和冷滤点会明显提高
雾化和蒸发性能	为了保证燃料迅速、完全地燃烧，要求柴油喷入汽缸即能尽快形成均匀的混合气，所以要求柴油具有良好的雾化和蒸发性能，其主要影响因素是柴油的黏度和馏程。柴油的黏度对在柴油机中供油量的大小以及雾化的好坏有密切的关系。馏分组成影响柴油的雾化和蒸发，影响柴油的燃烧性和启动性，燃烧的好坏也直接影响着积炭、冒黑烟和耗油率
抗爆性	柴油的抗爆性，即柴油在发动机汽缸内燃烧时抵抗爆震的能力，也就是柴油燃烧的平稳性。柴油的抗爆性通常用十六烷值表示。对十六烷值的要求取决于发动机的设计、特别是发动机的转速及负荷变化大小、启动情况和环境温度等因素。十六烷值与柴油的化学组成和馏分组成有密切关系，相同碳原子数的烃类，十六烷值的大小为：正构烷烃＞烯烃、异构烷烃和环烷烃＞芳烃
腐蚀性	通过控制硫含量、酸度、水分、铜片腐蚀等指标来防止腐蚀。柴油中含硫化合物对发动机评价工作寿命影响很大，其中活性硫化物对金属有直接的腐蚀作用。柴油中的硫可明显增加颗粒物（PM）的排放，导致发动机系统腐蚀和磨损。含硫化物在气缸内燃烧后都生成 SO_2 和 SO_3，严重腐蚀高温区的零部件等。酸度可以反映柴油中含酸物质对发动机的影响
安定性	与汽油相似，影响柴油安定的主要原因是油品中存在不饱和烃以及含硫、含氮化合物等不安定组分。因此评价柴油的安定性也用实际胶质。除此之外，安定性的指标主要还有总不溶物和 10%蒸余物残炭。总不溶物是表示柴油热氧化安定性的指标，反映了柴油在受热和有溶解氧的作用下发生氧化变质的倾向。10%蒸余物残炭反映柴油在使用中在气缸内形成积炭的倾向
洁净度	影响柴油洁净度的物质主要是水分和机械杂质。精制良好的柴油一般不含水分和机械杂质，但在储存、运输和加注过程中都有可能混入水和机械杂质。柴油中如有较多的水分，在低温下会结冰，从而使柴油机的燃料供给系统堵塞。而机械杂质除了引起油路堵塞外，还可能加剧喷油器中精密零件的磨损。因此，轻柴油的质量标准中规定水分含量不大于痕迹，不允许有机械杂质

（2）提高柴油质量的方法

① 在工艺上，采用加氢精制技术。由于化学组成的差异，产自石蜡基原油（大庆油）的直馏柴油（富含直链烃）的十六烷值接近 70，而产自环烷-中间基原油（孤岛油）的直馏

柴油（富含环烷烃）的十六烷值还不到40。不同类型原油的直馏柴油和二次加工柴油的十六烷值比较见表2-13。

表2-13 不同类型原油的直馏柴油和二次加工柴油的十六烷值比较

柴油来源	十六烷值	柴油来源	十六烷值
大庆直馏柴油	67～69	孤岛直馏柴油	33～36
大庆催化裂化柴油	46～49	孤岛催化裂化柴油	25～27
大庆延迟焦化柴油	58～60	孤岛催化加氢柴油	30～35
大庆热裂化柴油	56～59		

从表2-13中可以看出，由相同类型原油生产的柴油，直馏柴油的十六烷值要比催化裂化和焦化生产的柴油高。其原因就在于化学组成发生了变化，催化裂化柴油含有较多芳烃，焦化柴油含有较多烯烃，因此十六烷值有所降低。经过加氢精制的柴油，由于其中的烯烃转变为烷烃，芳烃转变为环烷烃，故十六烷值明显提高。加氢精制还可以有效地降低含硫量。

② 利用柴油添加剂改善柴油的品质。例如，使用诸如烷基硝酸酯这样的十六烷值改进剂，可以改善柴油的着火性能。在柴油中加入烷基硝酸酯，它在气缸中能迅速离解，产生活性基，能提高十六烷值，从而改善柴油机的着火性能；使用流动改进剂（即降凝剂），如聚乙烯醋酸乙烯酯（T1804），可以有效改善柴油的低温流动性。

3. 喷气发动机燃料

喷气燃料即喷气发动机燃料，又称航空煤油。是当今在军事和民航上广泛使用的喷气式飞机上的航空涡轮发动机的燃油，是一种轻质石油产品。主要由原油蒸馏的煤油馏分经精制加工，有时还要加入添加剂制得；也可由原油蒸馏的重质馏分油经加氢裂化生产。馏程约150～300℃，广泛用于各种喷气式飞机。喷气燃料产量，在第二次世界大战后，随喷气式飞机的发展而急剧增长，目前已远远超过航空汽油。

（1）喷气发动机对燃料的性能要求 喷气燃料的最主要功能是通过燃烧产生热能做功，此外还有其他功能，如用作压缩机和尾喷管的某些部件的工作液体，在燃油-润滑油换热器中用作润滑油冷却剂，在供油部件中用作润滑介质。这些功能都是在高空飞行条件下实现的，所以对燃料的质量要求非常严格，须确保安全可靠。

（2）喷气燃料的主要性能及评价指标 喷气燃料的主要性能及评价指标见表2-14。

表2-14 喷气燃料的主要性能及评价指标

主要性能	评价指标及影响因素
燃烧性能	喷气发动机对燃料要求在任何情况下都要进行连续、平稳、迅速和完全燃烧。评定喷气燃料燃烧性能的指标有热值、密度、烟点、辉光值、萘系芳烃含量等。热值表示喷气燃料的能量性质，有质量热值和体积热值。热值和密度与其化学组成和馏分组成有关。烟点又称无烟火焰高度，是评定喷气燃料在燃烧过程中生产积炭倾向的指标。烟点与油品组成的关系，就是积炭与组成的关系。烃类的H/C越小，生成积炭的倾向越大。辉光值反映燃料燃烧时的辐射强度，用它可以评定燃料生产积炭的倾向，辉光值与燃料的化学组成有关。碳原子数相同的烃类，辉光值顺序为烷烃＞环烷烃、烯烃＞芳烃。生炭性强的燃料，辉光值小

续表

主要性能	评价指标及影响因素
启动性能	喷气燃料除了应保证发动机在严寒冬季能迅速启动外，还需保证发动机在高空一旦熄火时也能迅速再点燃，恢复正常燃烧，以保证飞行安全。喷气燃料的启动性能与燃料的黏度、蒸发性有关
安定性	喷气燃料的安定性有储存安定性和热安定性。储存安定性与汽油和柴油相似，与不饱和烃和非烃类化合物含量有关。评价指标有实际胶质、诱导期、碘值。对长时间作超音速飞行的喷气燃料，要求其具有良好的热安定性。因为当飞行速度超过音速以后，由于与空气摩擦生热，飞机表面温度上升，油箱内燃料的温度也上升，可达100℃以上。在这样的高温下，燃料中的不安定组分更易氧化而生成胶质和沉淀物，其影响喷气发动机的工作效率
低温性能	喷气燃料的低温性能是指在低温下燃料在飞机燃料系统中能否顺利地泵送和过滤的性能。喷气燃料的低温性能用结晶点或冰点来表示。结晶点或冰点的大小与烃类组成有关，其中相对分子质量大的正构烷烃及某些芳香烃的结晶点较高，而环烷烃和烯烃的结晶点则较低。喷气燃料中含有的水分在低温下形成冰晶，也会造成过滤器堵塞、供油不畅等问题
腐蚀性	喷气燃料的腐蚀主要是指喷气燃料对储运设备和发动机燃料系统产生的腐蚀。产生腐蚀作用的主要物质是燃料中的含氧、含硫化合物和水分。喷气发动机的高压燃料油泵一般都采用了镀银机件，而银对于硫化物的腐蚀极为敏感。因此，喷气燃料质量标准中增加了银片腐蚀试验
洁净度	喷气发动机燃料系统机件的精密度很高，因而，即使较细的颗粒物质也会造成燃料的故障。引起燃料污染的物质主要是水、表面活性物质、固体杂质及微生物。我国喷气燃料质量标准中，规定不能含有机械杂质，并用外观和水反应试验等技术指标来保证喷气燃料的洁净度
起电性及着火危险性	喷气发动机的耗油量大，在机场往往采用高速加油。在泵送燃料时，燃料和管壁、阀门、过滤器等高速摩擦，油面就会产生和积累大量的静电荷，积累到一定程度就会产生火花放电，如果遇到可燃混合气，就会引起爆炸失火，酿成重大灾害。影响静电荷积累的主要因素是燃料本身的电导率，同时考虑着火安全性，质量标准中对燃料的电导率及闪点提出了要求
润滑性	喷气式发动机燃料泵依靠自身泵送的燃料润滑，因此要求喷气燃料具有较好的润滑性。喷气燃料的润滑性与其组成和精制深度有关。润滑性按照非烃类化合物＞多环芳烃＞单环芳烃＞环烷烃＞烷烃的顺序依次降低。所以，精制深度要适当，若精制过深，则会使其润滑性能变差

(3) 提高喷气燃料质量的方法

① 提高基础油环烷烃的含量。从喷气燃料的使用性能来看，喷气燃料的理想组分应是环烷烃。这是因为虽然正构烷烃质量热值大、积炭生成倾向小，但体积热值小，并且低温性能差，所以不甚理想；芳烃虽然有较高的体积热值，但质量热值低，且燃烧不完全，易形成积炭，吸水性大，所以更不是理想的烃类，规格中限定芳烃含量不能大于20%；烯烃虽然具有较好的燃烧性能，但安定性差，生成胶质的倾向大，也被限制使用。因此，综合考虑各方面的因素，环烷烃是喷气燃料的理想组分。

② 利用添加剂改善喷气燃料柴油的品质。很多喷气燃料加有防冰剂、防胶剂和金属钝化剂，有的还加有抗静电剂，它们对喷气燃料的使用性能有重要的作用。例如：

a. 为改善喷气燃料的抗氧化性能，则加入不超过24g/m^3 的 N,N'-二异丙基对苯酚及2,6-二叔丁基酚等抗氧化剂；

b. 为改善抗腐蚀性可加入8.6g/m^3的烷基磷酸酯或氨基磷酸酯等抗腐蚀剂；

c. 为解决在有金属存在下对燃料的氧化生胶的催化作用，加入5.8g/m^3左右 N,N'-二亚水杨基-1,2-丙二胺等金属钝化剂；

d. 为防止结冰，喷气燃料都加入乙二醇单甲基醚等防冰剂0.10%～0.15%（体积分数）；

e. 为防止细菌的产生，可加入相当于硼浓度10～20mg/kg^3 的杀菌剂；

f. 为防止产生静电引起火灾和爆炸事故，可向燃料中加入由烷基水杨酸铬盐、磺酰琥珀酸钙盐及甲基丙烯酸酯和甲基乙烯吡啶的共聚物组成的防静电剂 $1mg/L^3$。

4. 燃料油

燃料油又称重油，主要作为锅炉燃料为家庭供暖、工业提供热能，广泛用于冶金、电力、炼焦、陶瓷、玻璃等工业和船舶锅炉燃料。

由于重油是通过喷嘴直接喷散在炉膛内进行燃烧的，所以重油的要求远不如对内燃机燃料那么严格。重油主要是由石油的裂化残渣油和直馏残渣油制成的，其特点是黏度大，含非烃类化合物、胶质、沥青质多。为了保证工业炉具有高的热效率，重油应具有良好的泵送性能、雾化性能和燃烧性能，以及腐蚀性小、稳定不分层、闪点高、安全性好等特性。燃料油的主要性能及评价指标见表 2-15。

表 2-15 燃料油的主要性能及评价指标

主要性能及指标	评价指标分析
热值	重油的热值是决定炉膛热强度和燃料消耗的重要因素。通常重油的热值约为 40000～42000J/g，民用重油的质量标准中对其未作规定，但海军燃料油把热值作为一个重要的质量指标
黏度	重油的黏度是最重要的质量指标和使用性能，黏度决定了重油的使用可能性和使用条件。重油的牌号是根据 80℃时的重油的运动黏度划分的，分为 20、60、100 和 200 4 个牌号。重油的黏度直接影响抽油泵、喷油嘴的工作效率和燃料消耗量
安全性能	重油的防火安全性能由闪点来决定。根据牌号不同，重油的闪点分别要求高于 80℃、100℃、120℃和 130℃。重油的着火危险性也与重油的黏度有关，因为黏度大的重油，要保证燃料系统正常工作，就必须提高重油预热温度，着火危险性也随之增大。因而，在储运和使用重油时，必须严格控制重油的预热温度，必须控制在重油闪点以下 17℃
低温性能	重油的低温性能用凝点来评定，它是考虑重油抽注、运输和储存作业时温度的重要依据之一。凝点只能作为重油在不加热的情况下，丧失流动性温度的参考，并不等于实际使用中重油丧失流动性的最高温度。重油的凝点也与原油的化学组成和加工方法有密切关系
腐蚀性	重油含有大量胶质、沥青质，也含有大量硫化物。重油中的硫化物燃烧后生成 SO_2 和 SO_3，它们遇水生成 H_2SO_3 和 H_2SO_4，严重地腐蚀金属设备。因此，必须控制重油的含硫量
洁净度	重油的洁净度用灰分、机械杂质和水分含量表示。重油的灰分是由无机盐类所组成，来自于原油或油田水中的无机盐类。重油燃烧后，灰分积聚在炉管和炉膛内的各种设备上，降低了炉管传热效率，增加了燃料消耗量，缩短炉管和设备的使用寿命。重油中的机械杂质会堵塞过滤磨坏抽油泵、堵塞喷油嘴，严重影响其正常燃烧，所以必须加以限制。重油中的水分除影响其凝点外，对燃烧也有很大危害

大部分燃料油由渣油和柴油馏分调合构成。船用燃料可由直馏重油经减黏并与催化柴油调合而成，作为大型低速（转速小于 150r/min）船用柴油机燃料。一般对颜色没有特别要求。

重油一般不使用添加剂，但锅炉燃用的重油中含有比较多的重金属和硫化物，会对锅炉设备产生腐蚀。这时在重油中可以加入一种特殊的防腐蚀添加剂来保护锅炉。如果认为重油已经是最价廉的产品，不需要再加入添加剂以免增加成本的话，锅炉造成的腐蚀就会在经济上带来更大的损失。

综上所述，在燃料中广泛使用添加剂的是馏分燃料。使用的添加剂主要品种有汽油抗爆剂、抗氧化剂、金属钝化（减活）剂、柴油十六烷值改进剂、降凝剂（柴油低温流动改进剂）、防腐蚀剂、表面活性剂、防冰剂、防腐杀菌剂、防静电剂、润滑性改善剂、助燃剂和染色剂等，参见表 1-6 我国燃料添加剂分类及产品。

第四节　其他石油产品与添加剂

一、石油溶剂

石油溶剂一般是石油中低沸点馏分，即直馏馏分、铂重整抽余油及其他加工制得的产品。石油溶剂是一类重要的石油产品，按其使用用途可以划分为以下三类。

（1）载体溶剂　用于溶解涂料、橡胶以及各种化学品，使其成为溶液状态，以便于加工。

（2）萃取溶剂　主要用在从食用油料中萃取食用油。要求溶剂能从食用油中完全被除去，无毒，无味。

（3）清洗溶剂　纺织品干洗溶剂和去除金属表面的防护油脂的清洗溶剂。

溶剂是化学工业和轻工业中所不可缺少的物质，在其他工业和日常生活中使用溶剂之处也很多。在这些溶剂中，由石油所生产的溶剂油最重要，用量也最多。溶剂油是对某些物质起溶解、洗涤、萃取作用的轻质石油产品。与人们的衣食住行密切相关，其应用领域也不断扩大，其中用量最大的首推涂料溶剂油（俗称油漆溶剂油），在食用油、印刷油墨、皮革、农药、杀虫剂、橡胶、化妆品、香料、化工聚合，医药以及在 IC 电子部件的清洗等诸方面也都有广泛的用途。表 2-16 是我国溶剂油牌号、名称和主要用途。

表 2-16　我国溶剂油牌号、名称和主要用途

牌号	名称	馏程/℃	主要用途
NY-70	香花溶剂油	60～70	香花料及油脂工业作抽提溶剂
NY-90	石油醚	60～90	化学试剂、医药溶剂等
NY-120	橡胶溶剂油	80～120	橡胶工业
NY-190	洗涤溶剂油	40～190	机械零件洗涤和工农业生产作溶剂
NY-200	油漆溶剂油	140～200	油漆工业溶剂和稀释剂
NY-260	特种煤油型溶剂	195～260	萃取冶炼，机械零件洗涤，冷却清洗剂，纺织印染助剂

溶剂油种类繁多，性质或规格也各不相同，通常需视不同的用途而加以选择。一般要求溶剂油具有溶解性好、挥发性均匀、无味、无色的特性，当然还要考虑经济性。溶剂油的主要性能及其评价指标见表 2-17。

表 2-17　溶剂油的主要性能及其评价指标

主要性能	评价指标
溶解性	溶解参数、贝壳松脂丁醇值、苯胺点、稀释率和减黏性能
挥发性	馏程、蒸发残值、比热容、蒸发潜热
安全性	闪点、燃点、毒性、芳烃含量
安定性	铜片腐蚀、博士试验、臭味、比色、不挥发分、碘值
其他	经济性

据统计，市场上销售的溶剂油有400～500多种。溶剂油在众多的有机溶剂中占有非常重要的地位，主要是因为溶剂油比其他溶剂毒性小，廉价易得，因此得到了广泛的应用。

溶剂类产品也和气体燃料类的产品一样，一般情况下不需要使用添加剂来改善其使用性能。但是在有些情况下还是要用到添加剂。例如一台汽轮机在出厂时涂满了防护油脂，运到使用地组装后要将这些防护油脂用清洗溶剂清洗干净才能运行。但往往就在清洗溶剂清洗之后汽轮机油正式投入之前的几天时间里，精密的汽轮机内部机件在吸附了一些潮气后已经生锈。为了防止产生这种情况，就要使用含防锈剂的清洗溶剂，即防锈清洗溶剂。

二、石油蜡、石油沥青和石油焦

石油蜡、石油沥青和石油焦属于石油的固体产品。

1. 石油蜡

我国几种主要原油中都含有丰富的石油蜡。石油蜡主要分为石蜡、微晶蜡（又称地蜡）、液蜡、石油脂（又称凡士林）以及特种石油蜡。

石蜡是又称晶形蜡，是从原油蒸馏所得的润滑油馏分经溶剂精制、溶剂脱蜡或经蜡冷冻结晶、压榨脱蜡制得蜡膏，再经溶剂脱油、精制而得的片状或针状结晶。主要成分为正构烷烃，也有少量带短侧链的烷烃和带长侧链的环烷烃。其烃类分子的碳原子数为C_{17}～C_{35}，商品石蜡的碳原子数一般为C_{22}～C_{36}，沸点范围为300～500℃，相对分子质量为360～500。按照其精制程度可以分为粗石蜡（又称黄石蜡）、半精炼石蜡（又称白石蜡）、全精炼石蜡（又称精白蜡）和食用石蜡等不同品种。在每个品种中，又可以按其熔点分为不同的牌号。如全精炼石蜡（GB 446—93）按产品质量分为优级品和一级品，按熔点可分为52、54、56、58、60、62、64、66、68和70这10个牌号。其中后面5个牌号是高熔点石蜡，主要用于制造电子器材和商品包装纸等。石蜡有着广泛的用途。

微晶蜡即地蜡，来自减压渣油提炼润滑油时脱出的蜡，经脱油、精制而成。微晶蜡的主要化学组成是碳链长为C_{35}～C_{80}的正构烷烃、大量高分子异构烷烃和带长侧链的环烷烃化合物。烃类分子的碳原子数约C_{30}～C_{60}，平均相对分子质量为400～800。滴熔点和针入度是微晶蜡的主要质量指标，微晶蜡以滴熔点作为产品牌号。微晶蜡主要用作润滑脂的稠化剂，也可作为石蜡的改质剂。深度精制的微晶蜡是优质的日用化工原料，用以配制软膏、清凉油、润面膏、发蜡等，并广泛用于防水、防潮、铸模、造纸等各领域。

液蜡一般是指C_9～C_{16}的正构烷烃，在室温下呈液态。液蜡可以制成α-烯烃、氯化烷烃、仲醇等，以生产合成洗涤剂、农药乳化剂、塑料增塑剂等化工产品。液蜡的制取有分子筛脱蜡和尿素脱蜡两种方法。

石油脂又称为凡士林，通常是以残渣润滑油料脱蜡所得的蜡膏为原料，按照不同稠度的要求掺入不同量的润滑油，并经过精制后制成一系列产品，广泛应用于工业、电器、医药、化妆、食品等行业。其中石蜡和微晶蜡是基本产品。

特种蜡是一种具有特殊性能为满足特种用途而生产的高附加值石油蜡产品。特种蜡一般以石蜡和微晶蜡为原料，经过不同的特殊加工过程制成。各种加工工艺的应用，达到了改善其膨胀收缩、电性能、光泽、强度、耐冲击、抗潮湿、抗老化等性能的目的，使特种蜡适应于不同的特殊要求，故特种蜡广泛用于电子元器件、感温元件、硬质合金、橡胶轮胎、乳化炸药、生物切片、精密铸造、农林、建材、防锈涂料等部门。

各种固体石蜡的主要质量要求为熔点、含油量、色度、光安定性、针入度、嗅味、水分和机械杂质、水溶性酸或碱等。表2-18列出了石油蜡的主要性能及其评价指标分析。

表2-18 石油蜡的主要性能及其评价指标分析

主要性能	评价指标分析
耐温性能	评价石蜡耐温性能的指标是熔点。石蜡的熔点是指在规定的条件下，冷却熔化了的石蜡式样，当冷却曲线上第一次出现停滞期的温度。石蜡熔点的大小与原料馏分的轻重和含油量有关。评价微晶蜡耐温性的指标是滴点或滴熔点，微晶蜡的滴熔点与其化学组成和含油量有关，其范围为70～95℃
含油量	含油量是指在一定的试验条件下，能用丙酮-苯（或丁酮）分离出蜡中润滑油馏分的含量，是评定生产中油蜡分离程度的指标。含油量过高会影响蜡的色度和储存的安定性，还会降低蜡的硬度、熔点
安定性	若蜡安定性不好，就容易氧化变质，颜色变深，甚至发出臭味，且使用时在光照下蜡也会变黄。因此，要求蜡具有良好的热安定性、氧化安定性和光安定性。影响蜡安定性的主要因素是所含有的微量的非烃类化合物和稠环芳烃。为提高蜡的安定性，就需要对蜡进行深度精制，以脱除这些杂质
无毒	各种蜡制品不应含有对人体健康有害的物质。对食品工业用蜡、无论直接或间接与食品接触，都需要严格控制油含量不得超过0.4%，最高不得超过0.5%，特别是不应含有可能致癌的3,4-苯比芘和苯嵌萘等稠环化合物
特种蜡	特种蜡还要有适宜的高温、防湿、防潮、耐热老化等性能

衡量石油蜡使用性能的指标有硬度、收缩率与热膨胀、流动性和黏附性等。若在石油蜡中加入聚异丁烯或聚乙烯，可以改善蜡的韧性和黏附性；加入UV-531等紫外线吸收剂，可以改善深度精制白蜡的光化学安定性。

2. 石油沥青

石油沥青是以原油经蒸馏后得到的减压渣油为主要原料制成的一类石油产品，是由多种碳氢化合物及其非金属衍生物组成的复杂混合物。外观呈黑色固体或半固体黏稠状。可以分为道路沥青、建筑沥青、涂料沥青、电缆沥青和防腐绝缘用的专用沥青等。主要用于道路铺设和建筑工程上，也广泛用于水利工程、管道防腐、电器绝缘和油漆涂料等方面。对沥青的主要质量要求是软化点、延度、针入度等指标。每种沥青又可以按其硬度，即沥青的针入度，分为若干牌号。

随着交通的高速发展，我国公路建设也突飞猛进，对路面材料也提出了更高的要求。常规的沥青混合料的性能已难以满足要求，必需对其加以处理以改善沥青的使用性能。在沥青中添加改性剂进行改性，是当前国内外研究的先进技术措施之一，市场上也因此出现了种类繁多的沥青添加剂。

乳化沥青就是在配料中调入各种非离子型或离子型乳化剂，以改善施工条件和提高铺路效率；在各种特殊用途的沥青中，要加入聚异丁烯、油酸酰胺、聚环氧乙烷等，以改善沥青路面的耐热性、耐负荷性、防滑性和防裂性等。如抚顺石油化工研究院开发的两种沥青添加剂，一是FR1富含芳烃成分，可以有效地提高沥青的延度；二是FN1可使沥青中的小分子变为大分子，黏度增大，有效地降低其温度敏感性，提高的抗热老化性能。

3. 石油焦

石油焦为黑色或暗灰色的固体石油产品，带有金属光泽，呈多孔性的无定形碳素材料。石油焦包括延迟石油焦、针状焦和特种石油焦。延迟石油焦广泛用于冶金、机械、电子、原子能行业工业等；针状焦主要用作制造炼钢用的高功率和超高功率的石墨电极；特种石油焦是核工业和国防工业不可缺少的重要原料，是生产核反应堆石墨套管的原料，反应堆内层的中子反射层也是石墨制成的。

这三类石油产品，它们的使用性能也可用添加剂来加以改善。如包装用石蜡可加入稳定剂，道路沥青加入黏附剂等。但是应该说这些产品中一般是不加添加剂的，即使使用亦相对较少。

以上是各种油品使用添加剂的一个概况。迄今为止效益最显著的莫过于润滑油添加剂和燃料添加剂，如内燃机油润滑油添加剂、汽油抗爆震添加剂等。

第三章 石油产品添加剂种类及其使用性能

添加剂的研究和发展是为了改善石油产品的使用性能。在添加剂的研制过程中，对油品和添加剂进行使用性能的研究，既是验证添加剂效果的需要，也是添加剂进一步发展的前提。

要提高石油产品的使用性能，最重要的是抓好四个环节，即根据所用原油特点选用合适的原油，选取适当的馏分，进行足够的精制和加入高效的添加剂。

本章分节介绍了各种添加剂及其有关的使用性能。先说明某种油品的使用性能，再介绍能够改善这种使用性能的添加剂。

第一节 油品中的氧化反应和抗氧抗腐添加剂

一、油品中的氧化反应

防止油品使用时被氧化（燃料的燃烧氧化反应除外）是多数油品所重视的问题。抑制油品的氧化过程，钝化金属的催化作用，减少油品氧化变质，延长使用寿命，同时保护机件金属表面不受酸腐蚀的添加剂——抗氧抗腐添加剂。

抗氧抗腐添加剂是应用范围极其广泛的一类添加剂，如在内燃机油中，抗氧剂的用量仅次于清净分散剂和黏度指数改进剂而居第三位。随着汽车向高速、高负荷方向发展，工业化国家的润滑油抗氧剂需求量将继续增加。

1. 油品氧化反应的危害

像塑料的老化和食品的腐败一样，油品也能发生“老化”或“腐败”，其实质是在油品中发生了氧化反应。各种油品在储存和运输过程中，都不希望发生显著的氧化反应（除了燃料外），使用中也希望氧化反应降低到最低限度。这是因为显著氧化，对使用性能有很多危害。

（1）石油产品氧化后能产生酸性物质　油品氧化过程中产生的有机酸，特别是低分子酸，与金属发生化学反应，对金属产生腐蚀；如若发生在电气用油设备中，还能降低其绝缘性能。

（2）油品氧化后能使油品黏度增加　由于油品氧化形成聚合物，使本身变稠，油品黏度增加和聚合物的生成会降低设备的工作效率，引起机械设备的功率损失。黏度增大后，油品的传热性能变差，油品对润滑表面的冷却效能也就变坏。

（3）严重氧化的石油产品将会产生油泥、沉淀和漆膜　油泥和沉淀会堵塞油路和油滤清器等，附着于运动部件上的漆膜将增加这些部件的运动阻力，使灵活的机件呆滞。

（4）氧化了的油品容易产生泡沫　有泡沫的油品将不能被油泵所传输，从而使供油中断。

上述危害发生后，不仅会发生机器效率上的损失，而且还会造成设备的损坏，使运转不能继续。因此，油品的抗氧化能力得到非常广泛的重视。

2. 氧化反应的特点

首先，油品氧化反应的过程中要吸收氧气。如果将油品完全隔绝氧气，那么氧化反应就可以被制止。近代超音速飞机为了防止润滑油料发生氧化，就有采用充氮并隔绝空气的做法。但是由于这种密闭系统不容易做到，促使人们研究其他手段尽量避免油品氧化现象的发生。

其次，光线能引发氧化反应的发生。实验证明，当油料经常接触到光线时（例如阳光），容易被氧化，而那些在金属容器中不见光线的油品，就不容易被氧化。例如，在一个润滑油循环系统中，通过透光的玻璃看窗可看到窗上有油品氧化沉淀附着，但当打开整个系统进行检查时，其他地方并无沉淀附着。这是因为在看窗某些死角上聚集的油品，长期受光线的引发，发生的氧化反应比较多，形成了沉淀的附着。

另外，金属能催化氧化反应的进行。一些金属，特别是铁、铜和铅对于氧化反应有很大的促进作用，尤其是存在于油品中的金属盐的促进作用就更为显著。消除油品与这些金属的接触，油品的氧化反应就可以大大减缓。

再者，该氧化反应是一个连锁反应。在这个连锁反应中，有两种在反应中生成的物质对推动这个连锁反应的发展起着重要作用，一个是过氧化物、一个是自由基。氧化反应的机理如下：

（1）链的起始

$$RH \longrightarrow R\cdot + H\cdot \text{ 自由基}$$

$$R\cdot + O_2 \longrightarrow ROO\cdot \text{ 过氧化自由基}$$

（2）链的增长

$$ROO\cdot + RH \longrightarrow ROOH + R\cdot$$

$$2ROOH \longrightarrow ROO\cdot + RO\cdot + H_2O$$

$$ROOH \longrightarrow RO\cdot + OH\cdot$$

（3）链的终止

$$2ROO\cdot + R\cdot \longrightarrow \text{不活泼物}$$

$$ROO\cdot + R\cdot \longrightarrow \text{不活泼物}$$

$$R\cdot + R\cdot \longrightarrow \text{不活泼物}$$

研究表明，如果在油品氧化时用某种物质将自由基和氢过氧化物消除，就能够大大延缓油品的氧化速度。可见，抗氧化剂就是这样一种破坏这个链式反应的物质。

最后一个特点，氧化反应像很多化学反应一样，随着温度的提高，反应速度大大加快。尽可能地降低油品使用时的温度，将大大减缓氧化反应的速度。

3. 影响油品氧化性能的一些自身因素

油品中发生氧化反应的难易程度，与该油品炼制时所用的原油的种类、调合时所用的馏分、馏分精制的程度以及油品所含添加剂有关。

石油产品是各种烃类组成的复杂混合物。一般来说，单体烃的高温氧化性能不同，芳香烃最难氧化，环烷烃次之，烷烃最易氧化。研究表明，当烃类混合物氧化时，由于不同烃类之间的相互影响，其氧化结果与单体烃氧化有显著差别。混合物氧化时，芳香烃最易氧化，氧化后生成酚类，而酚类具有抗氧化性能，因而芳香烃间接起了抗氧化剂的作用。芳香烃中环数越多，侧链越短，其抗氧性能越强。芳香烃虽然具有抗氧化作用，但在起到阻止氧化过程中，本身被氧化，最终生成沉积物。因而油品中多环短侧链芳香烃数量过多时，不仅影响其黏温性能，而且因其本身氧化生成沉淀，使油品本身性能也变差。

石油馏分中总含有一些胶质、沥青质、含硫、含氧、含氮化合物以及微量金属等物质，这些非烃物质在各种石油馏中存在的百分数各不相同，有时呈现很复杂的分布规律。总的趋势是馏分越重，非烃物质含量越多。这些非烃物质是造成石油产品抗氧化性能变坏的主要原因之一。在抗氧化的问题上，馏分组成对性能的影响，更多的是与这些非烃物质的含量相关联的。而与馏分组成中烃类分子的种类和大小的关系则相对小一些。这些非烃物质在精制中一部分或大部分将被除去。非烃物质被除去的程度常常是油品抗氧化性能的标志。例如汽油、煤油和喷气燃料中的硫含量和硫醇的含量，就是作为这些油品氧化安定性的一个重要标志。

应当指出，有些油品中的含硫、含氮和芳香烃物质具有抗氧化添加剂的性能，称为天然抗氧剂。如作为润滑油主要成分仅次于碳氢化合物的是含硫化合物，在平均相对分子质量为500的润滑油中，如果含硫量为0.5%，这样的润滑油中含硫化合物就将占百分之十几。当把这些硫化合物都除掉后，油品的抗氧化性能反而会变坏。故含硫化合物是氧化安定性的主要因素。不过这种变坏的程度是有限的，总的趋势还是精制得越深，天然抗氧化性能就越差，但深度精制的基础油能使抗氧化添加剂发挥更大的效能。

4. 使用条件对油品氧化的影响

润滑油的氧化除了与自身组成相关外，还与外部的使用条件有密切关系，如温度的高低、空气压力或氧气分压的大小、所接触金属的催化作用强弱等。

(1) 温度　在常温和常压下，润滑油氧化过程非常缓慢，所以在储存中的润滑油不易氧化变质。但是在使用条件下，由于油温较高，氧化速度加快，而且油温越高，氧化就越剧烈，产生的酸性不溶物也就越多，见表3-1。

表3-1　温度对润滑油氧化的影响

氧化温度/℃	150	160	170	180
吸收氧量	306	612	1350	3280
酸值/(mgKOH/g)	0.2	0.5	0.7	2.6
异戊烷不溶物/%	0.09	0.38	0.74	2.22

(2) 氧的压力（浓度）　提高氧的压力能加速润滑油的氧化。在很大范围内，氧化反应的加速与氧压的增加成正比。当润滑油呈薄膜状氧化时，如有惰性气体（如空气中的氮）存在，则会显著地阻碍其氧化反应。如，高压（20.2～22.725MPa）空气压缩机，虽然气缸内氧的分压达4.04～5.05MPa，而温度达150℃，也可采用矿物油来润滑；但如果是纯氧达4.04～4.545MPa，甚至在更低的温度时，矿物润滑油的氧化也以爆炸的速度进行。所以，氧气压缩机是不能使用矿物油去进行润滑的。

(3) 与空气的接触表面积　增大润滑油与空气的接触表面积，就能加速氧化反应。例如，在150℃下用空气氧化润滑油，共经15h。当润滑油与空气接触的表面为9cm^{2}时，产生 0.01%的沉淀；而在相同条件下，润滑油的自由表面为 25cm^2 时则产生 0.58% 的沉淀。因为增大接触表面积，使氧向润滑油内扩散的数量增加，从而加快润滑油的氧化速度。像内燃机采用飞溅润滑时，润滑油与空气的接触机会多，就会加速润滑油的氧化。

(4) 金属的催化作用　许多金属对润滑油的氧化都有催化作用，不过影响的大小有所不同。在常用的金属中，铜对润滑油的催化作用比较大，特别是当有水分存在时更为明显。金属的催化作用主要是促使过氧化物的分解，生成自由基，从而加速氧化反应。金属和水分对润滑油氧化的影响见图 3-1。

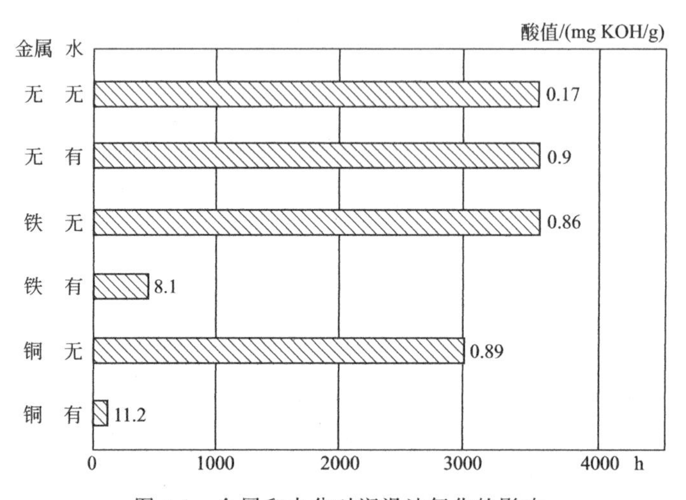

图 3-1　金属和水分对润滑油氧化的影响

由图 3-1 可知，无金属、无水分时，润滑油经历很长时间，酸值仍然比较小；而有金属又有水分存在时，润滑油在很短的时间内，酸值就增大很多。

二、抗氧抗腐添加剂

如前所述，油品的氧化反应与氧气的存在、光线的引发、金属的催化、自由基的产生、过氧化物的形成、油品自身的性质和使用条件等因素有关。所以抗氧抗腐蚀剂是具有抗氧化、抗腐蚀性能，并兼具有抗磨作用，主要用于抑制油品氧化、钝化金属催化作用的添加剂。

(一) 抗氧抗腐添加剂的类型和作用原理

1. 抗氧抗腐添加剂的类型

依不同的分类方式，将抗氧抗腐添加剂分为如下类型。

(1) 按照其作用原理分类

① 自由基中止型（酚型和芳胺型、酚胺型），如 2,6-二叔丁基对甲酚（代号为 T501）；

② 过氧化物分解型（硫磷酸盐型），如二烃基二硫代磷酸锌（ZDDP）；

③ 金属减活剂，如苯并三氮唑；

④ 紫外线吸收剂，如 2-羟基-4-正辛氧基苯甲酮。

(2) 按照使用温度范围分类

① 一般抗氧剂，在较低温度下有效，高温下则抗氧化作用大为减弱；

② 高温抗氧剂，在较高温度下非常有效。

(3) 按照化学组成分类　酚型、胺型、硫磷酸盐型、硼酸酯、嗪型和有机铜抗氧剂等。

2. 抗氧抗腐添加剂的作用原理

各种油品抗氧剂都是利用其破坏烃类氧化时的链反应而延缓油品氧化过程的。但是，不同的抗氧剂所起的具体作用不同。

（1）自由基中止型　属于酚型、芳胺型以及酚胺型抗氧剂，均能与烃类氧化反应初期产生的烃自由基或烃过氧化物自由基作用，使之转化为稳定分子，从而抑制自由基的形成，使链锁反应中断。因此可称为链锁反应终止剂。

如以 AH 表示酚类抗氧剂分子，A・为抗氧剂自由基，则抗氧剂作用机理可概略地用下式表示：

$$AH + R\cdot \longrightarrow RH + A\cdot$$

$$ROO\cdot + AH \longrightarrow ROOH + A\cdot$$

$$ROO\cdot + A\cdot \longrightarrow ROOA$$

酚类抗氧剂分子上具有一个较活泼的氢原子（即羟基上的氢原子），这个氢原子容易与烃类氧化所生成的自由基（或过氧化物自由基）结合，生成稳定的分子，同时生成抗氧化剂自由基。

抗氧化剂自由基由于能量很小，不足以产生新的自由基，或者转变为不活泼的分子而使自由基消失，并生成稳定的化合物分子，从而终止烃氧化的链式反应，延缓了油品氧化变质的速度。

但酚类抗氧剂抗氧效果不如胺型及酚胺型，并且在温度大于 100℃时易分解。

（2）过氧化物分解型　这类化合物能破坏氧化反应中生成的过氧化物使链反应不能继续发展。属于这类抗氧剂的有二烷基二硫代磷酸盐（酯），以及其他含硫、磷或含有机硒类化合物。作用机理目前尚无统一看法，其中有一种认为，二烷基二硫代磷酸锌分解为硫醚和亚砜，硫醚和亚砜能分解过氧化物。

$$R_2S\text{（硫醚）} + ROOH \longrightarrow R_2SO + ROH$$

$$R_2SO\text{（亚砜）} + ROOH \longrightarrow R_2SO_2 + ROH$$

这类抗氧剂主要用于内燃机油中，使用温度较高，本身分解温度为 160～180℃。

（3）金属减活剂　金属减活剂，亦称金属钝化剂，本身并无抗氧作用，而是间接地钝化金属活性，使其失去催化氧化作用。这类化合物主要有 *N*,*N*′-二亚水杨基-1,2-丙二胺、*N*-水杨叉已胺、苯并三氮唑等。如 *N*,*N*′-二亚水杨基-1,2-丙二胺可与 Cu^{2+} 形成如下结构的螯合物。

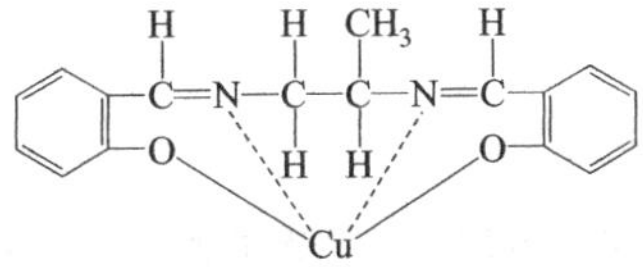

由于形成了稳定的螯合物，Cu^{2+} 的运动受到了限制，使金属离子失去活性，有效地抑制了油品的氧化。

（二）抗氧抗腐添加剂的品种和性能

1. 受阻酚型抗氧剂

研究发现，含有酚基和氨基的有机化合物，能够与油品氧化时所生成的自由基作用而使自由基失去活性，油品的氧化反应由此被中断。在对各种酚类化合物和胺类化合物进行试验后，发现很多酚、胺类化合物对燃料和轻质润滑油有着不同程度的抗氧化作用。加入这些物质后，油品在使用过程中生成酸性物质、沉淀、泡沫和黏度增大都大大得到延缓。油品中的酸性物质、沉淀、泡沫和黏度的增大是油品被氧化的标志。

这一类化合物中的典型代表为2,6-二叔丁基对甲酚（代号为T501）。T501广泛用于工业润滑油中，一般用量0.1%～1.0%，适合工作温度不太高的油品。双酚型抗氧剂，由于相对分子质量高，不易挥发，可用于内燃机油、压缩机油等工作温度较高的油品中。受阻酚型抗氧剂的品种见表3-2。

表3-2 受阻酚型抗氧剂

代号	化学名称	结构①	外观	用途
T501	2,6-二叔丁基对甲酚	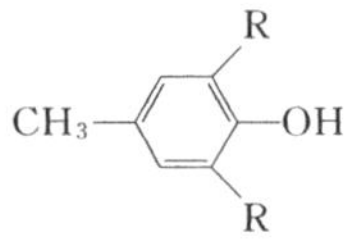 R, CH_3—, —OH, R	白色结晶，熔点67～71℃	广泛用于工业润滑油
T502	2,6-二叔丁基酚（混合酚）	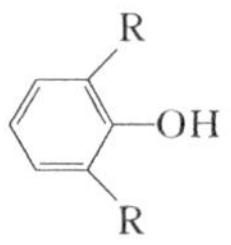 R, —OH, R	黄色液体，含量>75%	用于工业润滑油
T511	4,4'-亚甲基双-(2,6-二叔丁基酚)	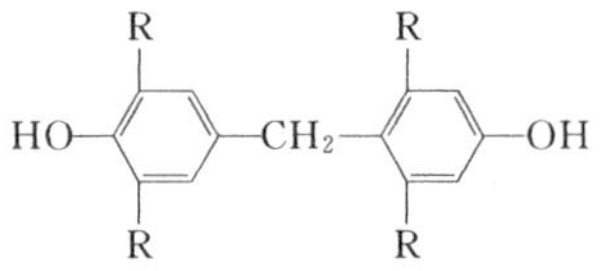 R, R, HO—, —CH_2—, —OH, R, R	浅黄色粉末，熔点154℃	使用温度比较高，主要用于内燃机油、压缩机油
	4,4'-亚甲基硫代双-(2,6-二叔丁基酚)	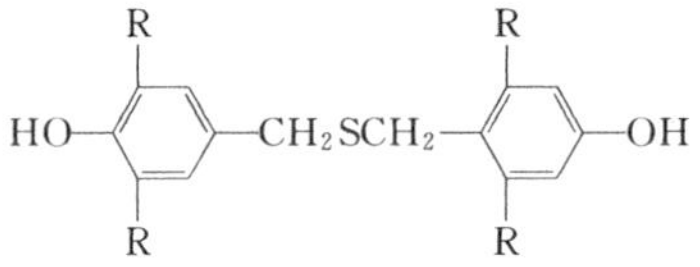 R, R, HO—, —CH_2SCH_2—, —OH, R, R	白色或浅黄色粉末，熔点161～164℃	使用温度比较高，还可作石油产品的颜色稳定剂

① R为叔丁基。

2. 芳胺型抗氧剂

芳胺型抗氧剂使用的工作温度比受阻酚型稍高，抗氧耐久性也比酚型好，但毒性较大，易使油品变色并生成沉淀，应用受到一定限制。主要产品有对羟基二苯胺、*N*-苯基-*N*'-仲丁基对苯二胺、对，对'-二异辛基二苯胺（TZ516）、*N*-苯基-*α*-萘胺（T531）等。芳胺型抗氧剂除了用于燃料外，主要用于酯类合成油及内燃机油。一般用量0.5%～2.0%。常用芳胺型抗氧剂的品种、性能和用途见表3-3。

表3-3 常用芳胺型抗氧剂的品种、性能和用途

代号	化学名称	主要性能	主要用途	参考用量
T531	*N*-苯基-*α*-萘胺	浅黄色结晶体，具有优良的高温抗氧性能	各种航空润滑油及其他工业用润滑油中，与酚型抗氧剂复合用于汽轮机油和工业齿轮油中	0.5%～3.0%
T534	液体混合二烷基二苯胺	透明浅色液体，高效的高温抗氧剂	中高档次油品中。用于内燃机油、透平油、导热油、液压油及润滑脂和燃料油	0.2%～0.5%

续表

代号	化学名称	主要性能	主要用途	参考用量
T557	辛/丁基二苯胺	环保型产品。高温抗氧性优异,流动性和配伍性好。与其他芳胺型及酚型抗氧剂复合有增效作用	调制高档内燃机油;调制汽轮机油、导热油、液压油及其他工业油品;用于燃料油中	0.3%~1.0% 0.1%~0.5% 0.1%~1.0%
T558	二壬基二苯胺	环保型产品。优异的抗氧化耐久性,对抑制油品的后期氧化效果显著。流动性和配伍性好,与其他芳胺型及酚型抗氧剂复合有增效作用	调制高档内燃机油;调制齿轮油、液压油、导热油、透平油及自动传动液;调制润滑脂;用于燃料油	0.3%~1.0% 0.1%~0.5% 0.1%~1.0%

芳胺型抗氧剂和酚型抗氧剂共同使用有协和增效作用，效果更好。

3. 硫磷型抗氧剂

元素硫是一种有效的抗氧剂，但是其腐蚀性很强；红磷具有氧化抑制功能，但因对有色金属与合金都有腐蚀性而无法应用。原则上，含硫磷化合物的效能显著高于只含硫的化合物和只含磷的化合物。最广泛应用的抗氧抗腐剂是二烷基二硫代磷酸锌。我国开发的二烷基二硫代磷酸锌有四个品种，其主要的抗氧抗腐剂性能及用途列于表 3-4 中。

表 3-4 我国几种主要的抗氧抗腐剂性能及用途

代号	化学名称	外观	主要性能和用途
T202	硫磷丁辛伯烷基锌盐	浅黄色油状黏稠液体	抗氧抗腐性及极压抗磨性能良好,有效防止发动机轴承腐蚀和因高温引起的油品黏度增长;与清净分散剂复合用于柴油机等油品中。参考用量 0.5%~3.0%
T203	硫磷双辛基伯烷基碱性锌盐	浅红色透明液体	热稳定性特别好;用于各种内燃机油 。参考用量 0.3%~3.0%
T204	碱式硫磷双辛伯烷基锌盐	棕红色黏稠液体	抗氧抗腐性、抗磨和抗乳化性能良好;适用于调制高档低温抗磨液压油及工业润滑油。参考用量 0.3%~5.0%
T205	硫磷丙辛仲伯烷基锌盐	浅黄色透明液体	有效防止发动机轴承腐蚀和因高温引起的油品黏度增长,适用于调制高档汽油机油。参考用量 0.5%~2.5%

二烷基二硫代磷酸锌（ZDDP）具有（代号 T202～T204）两个功能，一个是能作用掉一些自由基使之变为惰性基团；另一个是还能分解氢过氧化物，兼有抗氧化、抗腐蚀、抗磨损作用，是一种多效抗氧剂。在我国广泛用于内燃机油、抗磨液压油及齿轮油中。但由于这种抗氧剂有时要在分解以后才有效，所以在低温条件下油品的抗氧化问题，不采用这种抗氧剂解决。

由于使用的醇结构不同，含中性盐、碱性盐的比例不同，其性能各异。以伯醇为原料的其热稳定性好，兼具抗磨性好，如 T202 多用于内燃机油；T203 碱性盐含量高，热安定性及水解安定性均好，多用于抗磨液压油；从仲醇制取的 T204 抗磨性能好，多用于高档汽油机油；另外 ZDDP 含有磷，可导致汽车催化转化器的催化剂中毒，因此对发动机油的磷含量加以控制，抑制催化剂中毒将越来越重要；此外 ZDDP 还含有硫，能够腐蚀有银轴承的内燃机车，因此应控制 ZDDP 的加入量。

二烷基二硫代氨基甲酸金属盐（简称 ZDTC）是另一类多效添加剂，同样具有抗腐蚀抗磨作用，还有较好的极压性。ZDTC 耐高温性能比 ZDDP 好，热分解温度高出 50～60℃，用于合成油，最高能耐 300℃的高温。但价格较贵，在内燃机油中与 ZDDP 复合使用，还广泛用于齿轮油及润滑脂中。二烷基二硫代氨基甲酸盐结构式如下：

$$\begin{matrix} R_1 \\ \quad\diagdown \\ \end{matrix} \!\!\!\!\!\!\!\! \begin{matrix} \\ N \\ \end{matrix}\!\!\!\!\!\!\!\! \begin{matrix} \\ \quad\diagup \\ R_2 \end{matrix} \!-\! \overset{\displaystyle S}{\overset{\|}{C}} \!-\! S \!-\! M \!-\! S \!-\! \overset{\displaystyle S}{\overset{\|}{C}} \!-\! N \begin{matrix} R_1 \\ \\ R_2 \end{matrix}$$

R 为 C_6烷基，M 为金属，可为锌、钼、铅、锑、镉等。当 R 为 C_4 烷基时，金属 M 可被—CH_2—代替，得到无灰抗氧抗腐剂。二烷基二硫代氨基甲酸金属盐的性能主要与成盐的金属有关，金属不同其性能有差异，应用的油品和加入量也不同。

以航空用油为代表的高温润滑油，带动了高温抗氧化添加剂的发展。由于传统的烷基酚类和胺类抗氧剂在高温条件下易失去活性，其使用范围受到限制。而仅仅使用 ZDDP 系列抗氧抗腐剂，已无法满足高档润滑油的抗氧化性能的要求。所以，各种抗高温的屏蔽酚型、胺型、有机铜盐（CuDDP）、碱金属盐类等新型抗氧化添加剂的研制工作得到了较快的发展。

4. 金属减活剂

金属，尤其金属离子能引发烃类产生游离基，促进 ROOH 分解为游离基，催速油品氧化的进行。如汽油中含有铜、铁、锰、铅等金属时，对汽油的氧化有促进作用，其中尤以铜为甚。采用金属减活剂能在金属表面形成保护膜，使金属难以生成金属离子，减弱其催化氧化作用。常与抗氧剂复合使用于汽油、喷气燃料、柴油等轻质燃料中，可提高油品的安定性，延长储存期。

常用的金属减活剂有 N,N'-二亚水杨基丙二胺、苯并三氮唑及其衍生物。苯并三氮唑在铜铝或银轴承上形成吸附膜和化学反应膜，以防止其对氧化起催化作用，从而降低氧化速度。对于溶于油中的同样有催化作用的金属皂化物，则生成非活性的金属配合物，以阻止其对氧化的促进。

由于苯并三氮唑不溶于油中，添加在润滑油中时必须使用溶剂。为克服这一缺点，于是开发出了苯并三氮唑的衍生物，如苯三唑脂肪酸铵盐（T406）、苯三唑-甲醛-胺缩合物（T551）。这些衍生物改进了苯三唑的油溶性，适用于通用机床油、汽轮机油、变压器油、工业齿轮油。

另一类是噻二唑多硫化物（T561）。T561 具有优良的油溶性、铜腐蚀抑制性和抗氧化性能。适用于内燃机油，对提高抗氧化性能，延缓油品增稠有显著效果。如用于液压油能显著降低 ZDDP 对铜的腐蚀，解决水解安定性问题；用于内燃机油中可大大提高大庆石蜡基油的抗氧化性能，还可用于二冲程汽油机油中，能提高油品的抗胀紧性能。

金属减活剂用量少，一般为 0.02%～0.5%，与其他抗氧剂复合，显示突出的增效作用。

5. 高温抗氧剂

以航空用油为代表的高温润滑油及车辆不断朝着高温、高速和大功率方向发展，带动了高温抗氧化添加剂的发展。例如，汽油机采用燃料直喷、闭环控制以提高功率，使得发动机活塞第一环槽沟底部和油槽两点的温度分别达到 270℃和 180℃。由此大大加快了油品的氧化，使油品变稠，同时要求换油期达到 7000～10000km。这样，油品单纯依靠 ZDDP 剂以提高抗氧抗腐性能已不能满足高温性能的要求，需要有能在更高温度下使用的高温抗氧剂。

属于这一类型的抗氧剂有联酚（一个分子上有两个酚的基团，如 T511）、硼酸酯和吩噻嗪等化合物。

三、抗氧抗腐蚀剂的商品牌号、主要性能和用途

国内外主要的抗氧抗腐蚀剂的商品牌号、主要性能和用途见表 3-5。

表 3-5 国内外主要的抗氧抗腐蚀剂的商品牌号、主要性能和用途

商品牌号	化合物名称	主要性能	主要应用
T202	丁辛基 ZDDP	性能较全面的抗氧抗腐及极压抗磨添加剂，能有效地防止发动机轴承腐蚀和因高温氧化而使油品黏度增长。已经有七八十年的生产历史	适用于普通内燃机油和工业润滑油
T203	双辛基 ZDDP	优良的抗氧抗腐和抗磨性能，其水解安定性、热稳定性特别好，均优于 T202。它与清净剂和分散剂复合使用	主要用于高档柴油机油中，与其他添加剂复合可用于抗磨液压油中
T204	伯/仲烷基 ZDDP	抗磨性能好，抗氧性要更好一些	适用于调制高档低温抗磨液压油及工业润滑油
T205	仲烷基 ZDDP	其抗氧化和抗磨性能特别好，可有效解决发动机凸轮和挺杆的磨损和腐蚀	调制高档汽油机油
T206	伯仲烷基 ZDDP	性能较全面的通用型抗氧抗磨抗腐添加剂。控制油品的氧化，抑制轴瓦腐蚀及减少凸轮、挺杆的磨损。抗磨性能优于 T202，略好于 T203，但价格低于 T203	调制齿轮油、液压油、轴承油、导轨油及金属加工油。但不能用于含银金属部件。
LZL 204	二烷基二硫代磷酸锌	热稳定性好，抗水解性能优良	调制工业润滑油
LZL 205	仲烷基 ZDDP	抗氧化、抗磨性能好	调制高档汽油机油
LZ 1060	二烷基二硫代磷酸锌	抗氧化、抗磨性能好	齿轮油
LZ 1095	二烷基二硫代磷酸锌	抗氧、抗腐蚀和抗磨性能好	曲轴箱油
LZ 1097	二烷基二硫代磷酸锌	抑制曲轴箱油的氧化，轴承防腐和抗磨性能	曲轴箱油
LZ 1360	二烷基二硫代磷酸锌	提供曲轴箱油的抗氧化抗腐蚀性能	曲轴箱油
LZ 1371	二烷基二硫代磷酸锌	提供曲轴箱及工业润滑油的抗氧化和抗磨性能	曲轴箱油及工业用油
LZ 1375	二烷基二硫代磷酸锌	良好的抗氧、抗磨性能	优质的抗磨液压油
LZ 1395	二烷基二硫代磷酸锌	提供曲轴箱的抗氧抗腐蚀性能	曲轴箱油
Infineman C9426	伯烷基 ZDDP	较好的热稳定性	柴油机油
Hitec 7169	仲烷基 ZDDP	抗氧、抗腐蚀和抗磨性能	发动机油
Hitec 1656	伯/仲烷基 ZDDP	抗氧、抗腐蚀和抗磨性能	发动机油和船用柴油机油
Hitec 680		热安定性和水解安定性好，分水性强	对过滤性能要求高的油品

续表

商品牌号	化合物名称	主要性能	主要应用
Vanlube 622	二烷基二硫代磷酸锑	极压、抗氧、抗磨和抗划伤性能	车辆齿轮油、发动机油和润滑脂
Vanlube 648	二烷基二硫代磷酸锑	抗磨/抗划伤性、抗腐蚀、抗氧和极压性能	车辆及工业齿轮油、发动机油和润滑脂
MX 3103	伯烷基 ZDDP	具有优良的抗磨、抗氧和耐腐蚀性以及优良的耐水性，热稳定性好	车辆发动机油，特别是柴油机油
MX 3112	混合伯烷基 ZDDP	优良的抗磨、抗氧和耐腐蚀性以及优良的耐水性。热稳定性好	车辆发动机油和船用发动机油及工业润滑油
MX 3167	混合伯烷基 ZDDP	优良的抗磨、抗氧和抗腐蚀性及优良的耐水和热稳定性	曲轴箱润滑油、自动传动液、齿轮油和液压油
T323	氨基硫代酯	良好的极压抗磨性能和抗氧化性能，与其他添加剂配伍性好	汽轮机油、液压油、齿轮油和内燃机油等多种油品以及润滑脂
Vanlube 869	含硫添加剂和二烷基二硫代氨基甲酸锌混合物	极压剂和抗氧性能	润滑油和润滑脂
Vanlube 7723	4,4′-二(丁基二硫代氨基甲酸酯)	无灰抗氧、极压剂，作为抗氧剂加0.1%～1%，作极压剂加2%～4%	汽轮机油、液压与循环油
Molyvan	二硫代氨基甲酸氧硫化钼	抗磨、极压、抗氧性能	起落架球窝关节和转向机构长寿命润滑脂，及抗氧和抗磨性能润滑脂

四、抗氧抗腐蚀剂的发展方向

鉴于我国抗氧抗腐蚀剂的质量和性能与国外尚有差距，我国将致力于抗氧抗腐蚀的发展，并向着如下几方面努力。

① 开发新品种。我国现有抗氧剂品种很少，应参考国外文献报道，有目的地研究开发新型、高效抗氧剂品种，磷类抗氧剂 TNP 热稳定性特别好，需求量大，应组织生产。

② 对现有产品的改进。对现有的一些品种，针对其缺陷进行化学结构上的改进。例如亚磷酸酯类加工稳定性好，但对水敏感，易水解，可用胺类来降低水解敏感性，也可以提高亚磷酸酯的相对分子质量以降低挥发性、耐析出性和耐久性。

③ 复配技术。将两种或多种抗氧剂或其他助剂按协同效应原理进行复配，以提高其抗氧化能力和其他性能。这方面我们已经取得了不少成功范例，例如，受阻酚-硫醇类抗氧体系的复配技术。

④ 环境友好化与无毒、无害化。应大力开发像维生素 E 这样的完全无毒、无害化的环境友好型抗氧剂。

⑤ 无尘化。无尘化改善了操作环境，如采用浓缩母料的形式等。

⑥ 高分子量化。提高抗氧剂耐挥发性和耐萃取性，使其有效性延长，也有助于提高产品的卫生性。

第二节 提高燃料燃烧性能的添加剂

烃类物质与空气接触发生氧化乃至燃烧反应，也是按照自由基链反应进行的。其中氢过氧化物（ROOH）是生成自由基的关键中间物质。当需要延缓油品的氧化过程，提高油品的氧化安定性、储存安定性，降低生成胶质的速度以及使汽油在点火前不提前燃烧时，都是着眼于这种氢过氧化物。相反，当需要柴油、煤油在使用中烧得快一些时，也是考虑氢过氧化物能够大量生成的条件。

一、汽油抗爆剂（辛烷值改进剂）

（一）爆震现象

在汽油机的压缩过程中，气缸中可燃混合气的温度和压力都上升得很快，汽油随之开始发生氧化反应并生成一些过氧化物。当火花塞点火后，火花附近的混合气温度急剧升高，氧化加剧，进而出现最初的火焰中心。在正常燃烧的情况下，火焰中心形成后，随即发生火焰传播现象，火焰的前锋会逐层向未燃混合气推进。未燃混合气和易燃混合气的接触部分因受热而温度升高，同时由于易燃混合气的膨胀而使其压力升高，这样便以球状逐层发火燃烧，向前推进，传播速度较慢，气缸内的温度和压力均衡上升，直到绝大部分燃料燃尽为止。这种燃烧情况下，发动机工作平稳，动力性能和经济性能均较好。

在燃烧过程中，如果在火焰尚未到达的区域中过氧化物含量过高，温度已超过烃类的自燃点时，未燃气体中出现多个燃烧中心，开始自燃，使得火焰传播速度突增到 1000m/s 以上。此时，燃烧以爆炸形式进行，气缸内的温度和压力急剧上升，燃烧膨胀的气体撞击活塞头和汽缸壁，如同锤子猛烈撞击而发出金属撞击声，严重时会毁坏发动机的零件。同时由于火焰传播速度太快，有些部位的燃料来不及完全燃烧就被排出，以致排气管冒黑烟，造成燃料消耗量增加，这就是爆震现象。简而概之，爆震就是在正常火焰前方残余的未燃混合气，由于高压高温而急剧燃烧所引起的现象。

汽油在汽缸内燃烧产生爆震现象，主要与汽油的化学组成和馏分组成有关。如果汽油很容易氧化，且氧化后生成的过氧化物不易分解，自燃点很低，就比较容易产生爆震现象。反之，如果汽油不易氧化或氧化后形成的过氧化物容易分解，不易积聚或自燃点很高，就不易产生爆震现象。

另一方面取决于发动机的工作条件和机械结构（主要是压缩比）。汽油机的压缩比越大，压缩过程终了时混合气的温度和压力就越高，这就大大加速了未燃混合气中过氧化物的生成和积聚，使其更容易自燃。汽油机的压缩比与汽油的辛烷值有关，当发动机的压缩比增大时，所需汽油的辛烷值增加。因此，不同压缩比的汽油机，必须使用抗爆性与其相匹配的汽油，才不会出现爆震。

（二）汽油抗爆性的表示方法

汽油的抗爆性是表示汽油在一定压缩比的发动机中无爆震地运行的性能。

车用汽油的抗爆性能用辛烷值来评价，简称 ON。辛烷值越高，抗爆性能越好。辛烷值的测定都是在标准单缸发动机中，在严格的规定条件下，与一定的标准燃料相比较而测得的。测定辛烷值的标准燃料是异辛烷和正庚烷，异辛烷的抗爆性能最好，人为规定其辛烷值为 100；正庚烷的抗爆性能最差，人为规定其辛烷值为 0。两者按照不同的体积比混合，得到从 0 到 100 单位辛烷值的标准燃料，以异辛烷的体积分数表示该标准燃料的辛烷值。

辛烷值分为研究法辛烷值（*RON*）和马达法辛烷值（*MON*）。研究法辛烷值是表示低转速时汽油的抗爆性，马达法辛烷值反映重负荷、高转速时汽油的抗爆性。因马达法辛烷值测定比研究法辛烷值苛刻，所以测得辛烷值低于研究法辛烷值。两者差数一般为 7～12，这个差数称为汽油的敏感性。由于汽车在道路上行驶时对汽油辛烷值的要求，不能单独用 *MON* 或 *RON* 来描述，要用道路法辛烷值表示。道路法辛烷值用汽车进行车测或在全功率试验台上，模拟汽车在公路上行驶的条件进行测定，也可用马达法辛烷值和研究法辛烷值按经验公式计算求得。马达法辛烷值和研究法辛烷值的平均值称作抗爆指数，它可以近似地表示道路辛烷值。

辛烷值是车用汽油最重要的质量指标，它综合反映了一个国家炼油工业水平和车辆设计水平，添加抗爆剂是提高汽油辛烷值的重要手段。一种性能优良的抗爆剂必须具备效率高、燃烧性能好、无副作用、易溶解、性质稳定、价格低廉和无毒性、对环境不造成污染等条件。

（三）抗爆剂作用机理

抗爆剂主要用作提高汽油的辛烷值，防止汽缸中的爆震现象，减少能耗，提高功率。

抗爆剂实质上是与正构烷烃氧化生成的 ROOH 反应，生成醛、酮或其他氧化物，使反应链中断，提高了抗爆性。

作为抗爆震添加剂，必须具备破坏或分解过氧化物，延长反应诱导期的能力或加快火焰传播速度的能力；有机抗爆剂和大部分金属抗爆剂是通过延长烃类氧化反应的诱导期来发挥抗爆作用的。某些金属离子在氧化反应前期能和烃类分子形成配合物，一定程度上阻止烃和氧的氧化反应，而在反应后期加快反应速度使火焰传播速度加快，进而使燃料的抗爆性增强。

例如四乙基铅之所以能抑制发动机爆震，在于它能够破坏氢过氧化物。因为添加在汽油中的四乙基铅进入燃烧室后，在燃烧室的高温下能分解为金属铅，它与一起进入的空气中的氧反应生成氧化铅，而这种氧化铅能与汽油烃生成的氢过氧化物发生反应，生成一种比较稳定的氧化产物，这种稳定的氧化产物不再产生活泼的自由基，从而使整个氧化的自由基反应被打断，氢过氧化物就不会越积越多，爆震现象就不会产生。

抗爆并不是将所有点火前的氢过氧化物都被作用掉，只是部分地消除一些过多的氢过氧化物，以防止爆震。

（四）抗爆剂的主要品种与使用性能

从 1920 年以来，广泛使用的效果最佳的抗爆剂是四乙基铅，但由于其有毒，随着环境保护的要求，四乙基铅已被淘汰。国内外石油炼制行业陆续开发出许多替代四乙基铅的抗爆添加剂。

主要有金属抗爆剂和非金属有机物抗爆剂或其混合剂。

1. 金属有灰类抗爆剂

（1）锰系抗爆剂　可作抗爆剂的锰羰基类化合物有五羰基锰［$Mn(CO)_5$］、环戊二烯三羰基锰［$MnC_5H_5(CO)_3$］、十羰基二锰［$Mn_2(CO)_{10}$］、甲基环戊二烯三羰基锰［$MnCH_3C_5H_5(CO)_3$］。

最有代表性的是甲基环戊二烯三羰基锰（MMT），商品名 AK-33X。

MMT 能有效提高汽油的辛烷值，在催化裂化汽油、直馏汽油、不同比例调合汽油中添加 18mgMn/L 的 MMT，研究法辛烷值提高 2～3 个单位。以单位质量金属计，按研究法辛烷值比较时，MMT 对汽油和各种烃的提高比四乙基铅（TLE）稍高；但按马达法比较时，则两者的效率接近。各种烃对 MMT 的感受性与四乙基铅相近，即烷烃和环烷烃有较高的感受性，芳烃的感受很低，烯烃随其结构不同对 MMT 的感受性相差较大，而各种硫化物对 MMT 的感受性几乎相同。如对含芳烃组分较多的超级汽油基础油，加到含锰 0.8g/kg 时，研究法辛烷值只上升 4 个单位；当向优级汽油基础油加同样数量时，则上升近 8 个单位；当向石蜡基汽油基础油中加同样数量时，上升 15 个单位。同时，MMT 有助于减少汽油中芳烃、烯烃的含量，并且可以降低汽车尾气中的 CO、NO_x 等污染物的排放。

对 MMT 争议的重点是它对汽车排气控制装置及系统的影响。MMT 会在发动机燃烧室内表面形成多孔性沉积物，使火花塞寿命缩短。国外有研究认为，MMT 可能会堵塞或破坏尾气三元催化器里的催化净化剂。但也有很多的研究表明，MMT 对催化剂几乎没有影响，仅使 HC 排放略有上升，CO 和 NO_x 排放几乎没有变化。后又有研究认为，MMT 使环境中的锰含量上升。除此之外，另外还存在储存中光分解等问题。因为含锰车用汽油见光后，锰抗爆剂的抗爆作用丧失，汽油的诱导期急剧下降，汽油变浑浊并有沉淀生成；避光保存时，其性质半年内不会有大的变化。因此含锰车用汽油在取样、储存及检验过程中应避光操作。

（2）铁基化合物　可作抗爆剂的铁基化合物有五羰基铁［$Fe(CO)_5$］、二异丁烯羰基铁｛$[Fe(CO)_5]_3(C_8H_{16})_5$｝等。其代表化合物为二茂铁（$C_{10}H_{10}Fe$），也叫环戊二茂铁，是一种橙黄色针状结晶，具有类似樟脑的气味，能升华，熔点 173～174℃，沸点 249℃，不溶于水，易溶于有机溶剂中。化学性质稳定，400℃以内不分解，对人体无害。可替代四乙基铅作为抗爆剂，具有优良的抗爆、消烟功效，可作为柴油、煤油、火箭燃料的消烟助燃添加剂，可制成高档无铅汽油。

如在汽油中加入质量浓度为 0.01～0.03g/L 的二茂铁的同时加入质量浓度为 0.05～0.10g/L 的乙酸叔丁酯，辛烷值可增加 4.5～6.0 个单位。又比如在辛烷值 60 的汽油中加 0.1～0.5g/kg 时可提高辛烷值 7～15 个单位。

但是因燃烧后的氧化铁留在燃烧室里无法引出而增加发动机的磨损，易导致火花塞短路及二茂铁的生产成本太高未能推广应用。

2. 碱金属有机抗爆剂

含碱金属的有机化合物作为汽油抗爆剂，主要有碱金属羧酸盐和碱金属酚盐抗爆剂两大类。碱金属羧酸盐抗爆剂可分为支链羧酸盐、含氮羧酸盐、含烷氧基羧酸盐和双羧酸单酯盐抗爆剂等；碱金属酚盐抗爆剂主要是含二烷氧基氨基甲酸盐和含烷氧基羧酸锂的抗爆剂。碱金属酚盐在油中的溶解性良好，其典型的化合物有 2-二甲氨基甲基-4-甲酚盐、2-乙氨基甲基-4-甲酚盐、2-二正（异）丁基-4-甲酚盐等。碱金属有机抗爆剂的抗爆效果与汽油的组成、是否加助剂、抗爆剂的结构与用量等因素有关。如对于 90# 车用汽油，*N*,*N*-二苯基甲酸钠添加量为汽油质量的 0.2%时，研究法辛烷值可提升 1.3。某些支链羧酸锂盐的抗爆效果见表 3-6。

表 3-6 某些支链羧酸锂盐的抗爆效果

名称	Et_4Pb /(mL/L)	化合物计量 /(g/L)	基础油 *RON*/*MON*	助剂 /(mL/L)	掺合油 *RON*/*MON*	增量 *RON*/*MON*
2-乙基丁酸锂	11.36	17.03	100/85	719.21（甲醇）	107/96	7/11
2-乙基己酸锂	11.36	17.03	100/85	719.21（甲醇）	115/87	15/2
2,3-二己基丙酸锂	11.36	33.46	102/81	719.21（甲醇）	108/89	6/8
环己烷丙酸锂	11.36	18.36	103/78	719.21（甲醇）	108/83	5/5
二苯基乙酸锂	11.36	29.87	108/80	（甲醇）	113/84	5/4
2-甲基-2-新戊基环丙烷羧酸锂	11.36	25.74	98/81	575.36（乙二醇单乙醚）	107/91	—
2-乙基己酸锂	0	20.52	80/69	719.21（甲醇）	87/74	7/5

碱金属有机物作为汽油抗爆剂，燃烧后生成的氧化物熔点低，在燃烧室的高温下呈气态，容易排出，无需添加携带剂；不会使汽车尾气的三元转化器中的贵金属催化剂失活，能降低尾气中 CO、碳氢化合物的排放量，不会对人体和环境造成损害。此外，钠、钾等碱金属在自然界中储量比较丰富，其制备工艺简单，成本较低。但是碱金属有机抗爆剂大部分属于离子键型化合物，不易挥发，长期使用有可能在吸气管处产生沉积物，造成油路堵塞。另外，某些羧酸盐加入汽油中后，会使汽油诱导性变差，诱导期缩短。

3. 非金属有机无灰类抗爆剂

随着人们环保意识的增强及汽车保有量的逐年增加，人们对汽车尾气排放带来的环境污染问题越来越重视，因此对车用汽油的质量也提出了更高的要求。金属有灰抗爆剂由于存在颗粒物的排放问题，所以汽油抗爆剂的开发研究一直朝着有机无灰类方向发展。公认的优异汽油抗爆剂是既能使汽油完全燃烧、油溶性好、无毒，又不污染地下水，同时添加量少，抗爆效果佳。

常见的有机无灰抗爆剂主要有醚类、醇类、酯类及亚甲基环戊二烯类等。有机无灰类抗爆剂能改变燃料的燃烧历程，在一定程度上控制燃烧速度，即抑制反应的自动加速，将燃料燃烧的速度限制在正常燃烧范围内，确保加入的汽油抗爆剂不引起废气催化剂中毒，不增加污染物排放，具有良好的抗爆性能。

（1）胺系抗爆剂　苯胺、*N*-甲基苯胺、二乙基苯胺等苯胺类抗爆剂。向研究法辛烷值 85 的汽油基础油中加 5%时，则辛烷值上升到 100 左右。

胺系抗爆剂的优点是：

① 不像金属系抗爆剂那样燃烧后的灰分积炭中有金属成分，造成发动机的磨损和排气污染；

② 不像烷基铅那样受汽油中硫化物的影响而减小效力，对提高辛烷值没有妨碍；

③ 同时起抗氧化剂的作用；

④ 不论在高温还是低温情况下，几乎不发生腐蚀作用。

缺点是：

① 与烷基铅比较，添加量大，需 2%～5%；

② 由于胺使汽油颜色、安定性变坏，色度变深，不利于商品化；

③ 胺类对某些塑性材料或橡胶等弹性材料有侵润，不利于密封；

④ 添加量大而致使发动机排气中 NO_x 增多，加 5%（体积分数）时排气中的 NO_x 增加 47%。

胺类抗爆剂对低辛烷值汽油提高辛烷值效果大，对研究法辛烷值的提高作用大，对马达法辛烷值的提高作用最小，因而未得到推广使用。

(2) 醇类抗爆剂　甲醇、乙醇、丙醇和叔丁醇等低碳醇或其混合物都可用作汽油添加剂。其混合物用作汽油添加剂具有与 MTBE 相似的功能，还有价格优势，用作汽油抗爆剂具有较大的市场潜力。其中，甲醇和叔丁醇自身有很大的毒性限制了其在汽油中的发展和应用。乙醇自身毒性小，是可再生的资源，具有相当高的调合值。加入乙醇后的汽油具有良好的抗爆性能，同时尾气中的 CO、HC、NO_x 的排放量分别减少 35.7%、53.4%、33%，是一类非常有潜力和前途的抗爆剂甚至作为替代能源。不过醇类的水溶性很高，遇水易与汽油分离，对发动机使用性能造成一定影响，在一定程度上限制了醇类的使用。

(3) 醚类抗爆剂　醚类是提高辛烷值最好的品种，自身具有高辛烷值、低蒸气压和高燃烧热等突出优点，同时具有优异的燃料相容性和发动机性能，因而其用量不断增长。醚类的合成比较容易，目前国内已有多套成熟的工艺，可以生产甲基叔丁基醚（MTBE）、甲基叔戊基醚（TAME）、乙基叔丁基醚（ETBE）等各种醚类，足以满足作为汽油抗爆剂的需要。

这些醚化合物中，又以甲基叔丁基醚（MTBE）的性能最好。MTBE 是一种无色透明液体，具有醚样气味，研究法辛烷值为 118，马达法辛烷值为 101，是生产高辛烷值含氧汽油较理想的调合组分。MTBE 与汽油调合时具有明显的正调合效应，并具有改善燃烧室清洁度、减少发动机磨损、降低尾气中的 CO 含量等特点，同时降低了汽油的生产成本，目前已有广泛应用。当添加质量分数为 2%～7%的 MTBE 时，可将汽油研究法辛烷值提高 2～3 个单位。

为生产高标号汽油，在汽油中加入 MTBE 量一般都较高，才能产生与加入四乙基铅的同样效果。一般加入量为 3%～20%（体积分数），不同的汽油馏分加入量各不相同，提高的辛烷值幅度也不相同。不同组分的汽油加入 MTBE 后效果见表 3-7。

表 3-7　不同组分的汽油加入 MTBE 后效果

基础油样		MTBE 加入量/%(V)				
		0	5	10	15	20
直馏汽油	*MON*	56.2	58.7	61.6	64.6	67.9
	RON	56.0	60.0	64.7	68.0	71.3
烷基化汽油	*MON*	92.4	93.4	94.0	94.9	95.5
	RON	93.4	94.7	97.1	98.9	100.9
催化汽油	*MON*	77.6	79.0	80.0	81.3	82.6
	RON	88.3	90.8	91.6	93.3	94.4
宽馏分重整汽油	*MON*	84.3	85.0	86.0	86.9	87.8
	RON	95.4	97.5	98.6	99.6	100.9

但是 MTBE 有毒性，对环境有一定污染，并对发动机有一定的腐蚀性。

与 MTBE 一样，乙基叔丁基醚（ETBE）、甲基叔戊基醚（TAME）和二甲醚也具有较高的调合辛烷值、与水的互溶性低等优点。如 ETBE 不但在提高汽油辛烷值的效果方面比 MTBE 好，而且还可以作为共溶剂使用。但均存在原料不足和生产成本较高等问题。此外，醚类产品对土壤及地下水源具有潜在危害，一些国家和地区已限制使用。

（4）酯类抗爆剂　作为汽油抗爆剂，酯类化合物中碳酸二甲酯（DMC）最受关注，被认为是最具发展前途的辛烷值改进剂。另外，研究表明，加入 DMC 后，其对汽油的饱和蒸汽压、冰点和水溶性影响不大。DMC 和 MTBE 相比，DMC 的含氧量高，汽油中达到同样氧含量时，DMC 的添加体积只有 MTBE 的 40%左右。

另据美国专利报道，丙二酸酯添加剂可以提高汽油的辛烷值。如在基础汽油中加入体积分数为 10%的丙二酸二甲酯，可将汽油的辛烷值由 89.25 提高到 99.45。这种添加剂不会增加发动机的磨损，不损坏尾气催化转化器，不违背防污染法规，而且加水后也不发生相分离。

碳酸酯类化合物制备比较容易，一般都是采用醇类与一氧化碳反应制得。

4. 其他汽油抗爆剂

新型汽油抗爆剂的研制开发是国内外急需解决的问题。一些新型、有机、环保的抗爆剂正在受到关注。如 NY-02 直馏汽油抗爆剂、环保型 FA-90Ⅱ抗爆剂、TKC 抗爆助剂、邻甲酚型 Mannich 碱基化合物、MTN 汽油抗爆剂、YX-T-602 无铅汽油抗爆剂、HS 非金属抗爆剂和纳米燃料油添加剂。

（五）汽油抗爆剂的发展方向

汽油抗爆剂的发展主要经历了以下几个阶段：

① 没有理论的盲目探索阶段；

② 高效抗爆剂四乙基铅的发现及广泛使用阶段；

③ 四乙基铅的禁用及寻找非铅抗爆剂代替四乙基铅阶段；

④ 非铅金属类抗爆剂以 MMT 为代表的推广使用及发现存在的问题阶段；

⑤ 非金属类以 MTBE 和乙醇为代表的新配方汽油的推广使用及出现问题探索新抗爆剂的现阶段。

从发展历程上看，目前市面上主要有 MMT、MTBE 和乙醇三种抗爆剂。从环境保护的角度，MMT 和 MTBE 皆为非绿色抗爆剂，因自身的毒性和抗爆功能失效后会释放出有毒有害物质，危害人类健康及生态系统的安全，淘汰的可能性很大；乙醇类属于绿色抗爆剂，乙醇虽有从原料来源可再生，且制备过程绿色和使用后对环境冲击小等优点，但存在蒸气压高、遇水即醇油分相严重和价格较高等缺点限制了其应用，若不解决这些缺点，乙醇很难受到燃油业的广泛青睐。

鉴于抗爆剂的发展历程和目前使用的抗爆剂存在的问题，新一代抗爆剂的发展应从节能、减缓石油资源枯竭压力、环保和经济等多方面因素综合考虑：原材料的选取应倾向于天然且具有广泛易得、无毒和可再生等优点；具有制备工艺简单、过程绿色，使用效果显著且使用后对环境冲击小等优点的绿色高效抗爆剂，才能适应新型抗爆剂的发展要求。因而绿色高效的抗爆剂是今后抗爆剂的发展方向。

二、柴油十六烷值改进剂

随着柴油机的广泛应用，柴油需求量日益增加，需大量利用二次加工柴油，尤其是催化裂化柴油。而催化裂化柴油的十六烷值（CN）普遍偏低（<40），即使与十六烷值（>40）较高的直馏柴油调合往往也不能达到指标。除用加氢、溶剂抽提等方法精制外，添加十六烷值改进剂是一种经济、简便易行的途径。

1. 柴油机的爆震现象和燃烧性能

柴油在柴油机中的燃烧与汽油在汽油机中的燃烧是有区别的，柴油是靠自燃发火，而汽油是靠点火燃烧，故要求柴油有良好的自燃性。柴油从喷入气缸到着火燃烧要经历一段时间，这段时间称为滞燃期。各种柴油的滞燃期不同，从千分之几秒到百分之几。自燃点低的柴油，其滞燃期短，发动机工作平稳，柴油的燃烧性能好。柴油的自燃点高，滞燃期长，在自燃着火前喷入的柴油就多。开始自燃时，大量柴油在汽缸内同时燃烧，汽缸内温度、压力急剧上升，导致汽缸内出现敲击汽缸的声音并会有发动机过热等问题，即产生爆震现象。爆震使发动机功率下降，零件磨损增加，甚至损坏机件。所以，缩短滞燃期有利于改善柴油的燃烧性能。

因此，汽油机要求使用自燃点高的燃料，而柴油机要求使用自燃点低的燃料。

2. 柴油抗爆性能的表示方法

（1）十六烷值（CN） 柴油的燃烧性能通常用十六烷值评价，十六烷值高，表明该燃料在柴油机中的发火性能好，滞燃期短，燃烧均匀且完全，发动机工作平稳。但十六烷值过高，也将会由于局部不完全燃烧而产生少量黑色排烟。因此，各种不同压缩比、不同结构和运行条件的柴油机使用的燃料，各有其适宜的十六烷值。国产原油石蜡性较强，所生产的柴油十六烷值一般都较高。

（2）柴油指数（DI） 柴油的十六烷值除采用十六烷值机测定外，在没有条件直接测定燃料的十六烷值的情况下，可用下列经验公式从柴油的理化性质来关联其燃烧性能。曾比较普遍采用柴油指数（Diesel Index，简称 DI）作为柴油抗爆性的一种指标。

$$DI=\frac{(1.8t_A+32)(141.5-131.5d_{15.6}^{15.6})}{100d_{15.6}^{15.6}}$$

式中 DI——柴油指数；

t_A——柴油的苯胺点，℃；

$d_{15.6}^{15.6}$——柴油在 15.6℃时的相对密度。

十六烷值（CN）与柴油指数（DI）之间的关系：

$$CN=\frac{2}{3}DI+14$$

（3）十六烷指数（CI） 十六烷指数是表示柴油抗爆性能的一个计算值，是用来预测馏分燃料的十六烷值的一种辅助手段。对于直馏、催化裂化柴油以及二者的混合物，我国现提出可用十六烷指数来定量其抗爆性。

其计算按 GB/T 11139—89《馏分燃料十六烷指数计算法》标准方法进行，该标准参照采用了 ASTM D976—80 标准方法。当试样量很少或不具备发动机试验条件时，计算十六烷指数是估计十六烷值的有效方法。

试样的十六烷指数按下式计算：

$$CI=431.29-1.586.88\rho_{20}+730.97(\rho_{20})^2+12.392(\rho_{20})^3+0.0515(\rho_{20})^4-0.554B+97.80(\lg B)^2$$

式中 CI——试样的十六烷指数；

ρ_{20}——试样在 20℃时的密度，g/mL；

B——试样的中沸点,℃。

上式的应用有一定的局限性，不适用于计算纯烃、合成燃料、烷基化产品、焦化产品以及从页岩油和油砂中提炼的燃料的十六烷指数，也不适用于计算加有十六烷改进剂的馏分燃料的十六烷指数。

3. 十六烷值改进剂的作用机理

十六烷值改进剂是一些热稳定性相对较差的化合物，在低温时受热就可以分解产生活性自由基。柴油中加入十六烷值改进剂后，由于自由基的参与使得燃料即使在较低的温度下也可以发生氧化反应，并且反应速率加快，使得燃烧滞燃期缩短，表观上提高了燃料的十六烷值。十六烷值改进剂种类较多，常用的是硝酸酯类化合物。下面就以有机硝酸酯为例，介绍柴油抗爆剂的抗爆作用机理。

① 有机硝酸酯类物质比柴油更易分解，将其加到柴油中，在前焰阶段最初发生如下裂解反应：

$$RONO_2 \longrightarrow RO\cdot + NO_2\cdot$$

② 产生两种链引发剂，$NO_2\cdot$ 夺取燃料分子中的氢，引发链反应：

$$RH + NO_2\cdot \longrightarrow R\cdot + HNO_2$$

③ 亚硝酸和氧反应生成 $HO_2\cdot$ 和 $NO_2\cdot$，$NO_2\cdot$ 继续反应：

$$HNO_2 + O_2 \longrightarrow HO_2\cdot + NO_2\cdot$$

反应生成烷基和烷氧基进而生成氧化物和自由基，这些物质以及分解反应生成的 $NO_2\cdot$ 在燃烧过程中起着重要的作用。因此，加入烷基硝酸酯，能使燃料自燃的活化能大大降低，改善燃料的燃烧性能，自燃点降低，滞燃期缩短，从而起到抗爆作用。

4. 十六烷值改进剂的品种与使用性能

(1) 硝酸酯类　硝酸酯类改进剂主要包括烷基硝酸酯、多硝酸酯、含有官能团的硝酸酯、杂环化合物（如二氧杂环乙烷类）硝酸酯等。这类化合物对柴油着火性有很好的促进作用。但这种改进剂含有较多的氮元素，使得排放物中的 NO_x 含量增加，污染环境，因此这类改进剂的应用也面临着新的问题。且大多数硝酸酯类化合物十六烷值改进剂属于易爆品，生产、运输和储存都非常危险，常与胺类稳定剂一起使用。

烷基硝酸酯是一种传统的十六烷值改进剂，其易爆性与其相对分子质量成反比。这类硝酸酯的添加效果好，价格低，其中2-乙基己基硝酸酯已经作为一种经济型十六烷值改进剂使用了许多年，在市场上占主导地位。

(2) 含氧化合物　因硝酸酯类十六烷值改进剂产生的 NO_x 与烃类在光照作用下会发生光化学反应，产生光化学烟雾，造成环境污染。而含氧化合物仅由C、H、O三种元素组成，其自身燃烧产物为 CO_2 和 H_2O。在提高柴油的十六烷值的同时可以促进柴油燃烧，降低颗粒物排放，符合环境友好产品的要求和发展趋势。此类改进剂主要包括含过氧化合物类、酯类及醚类。

(3) 其他十六烷值改进剂　其他类型的十六烷值改进剂见表3-8。

表3-8　其他类型的十六烷值改进剂

种　类	举　例	CN改进效果
脂肪族类	乙炔、丙炔、二乙烯乙炔、丁二烯	较差，添加量大
醛、酮、醚、酯等	糠醛、丙酮、乙醚、乙酸乙酯、硝化甘油等	比脂肪族烃类好

续表

种类	举例	CN改进效果
金属化物	油酸铜、硝酸钡、氯酸钾等	比脂肪族烃类差
芳香族硝化物	硝基苯、硝基萘等	比烷基硝酸酯差
肟及亚硝酸	甲醛肟、亚硝酸甲基脲烷等	介于脂肪族烃和烷基硝酸酯之间
氧化生成物	臭氧	较差
多硫化物	二乙基四硫化物等	与肟相同

（4）柴油十六烷值改进剂的使用性能　适当加入十六烷值改进剂，可提高柴油的十六烷值，但不同的油品组分对添加剂的感受性不同。且各种柴油对十六烷值改进剂的感受性与加入量并不成线性关系，而是当加入量达到一定程度时，感受性逐步趋于零。在柴油中加入添加剂后，可影响柴油闪点，且加改进剂后的柴油，储存一段时间后十六烷值会衰减。因此，建议在使用十六烷值改进剂调合油品时，要尽量使十六烷值在46以上，并尽量减少储存期。

几种常用的十六烷值改进剂的添加效果如表3-9所示。

表3-9　几种常用的十六烷值改进剂的添加效果

十六烷值改进剂	基础柴油	裂化馏分85% 直馏馏分15%	乙醚	硝酸戊酯	2,2-二硝酸丙烷	丙烯基过氧化物	混合有机过氧化物
加入量(质量分数)/%	0		1.0	1.0	1.0	1.0	5.0
十六烷值	36.0		41.5	47.0	48.5	37.1	53.0
十六烷值改进剂	基础柴油	灯用煤油93% 直馏馏分7%	乙醚	硝酸戊酯	2-硝酸丙烷	丁烯基过氧化物	过氧己烷
加入量(质量分数)/%	0		1.5	1.5	1.5	1.5	1.5
十六烷值	39.1		38.9	51.2	41.8	59.3	63.8

硝酸戊酯和硝酸己酯作为十六烷值改进剂的添加量和十六烷值上升值的关系，及加十六烷值改进剂的柴油和未加的十六烷值和辛烷值的比较，如图3-2所示。

十六烷值改进剂一般加入0.3%就可以提高十六烷值约10个单位，而最高添加量不超过1%。直馏柴油对十六烷值上升剂的感受性好，一般加0.1%可提高十六烷值5～6个单位，催化裂化柴油的感受性差，一般加0.1%时只能提高十六烷值3～6个单位。

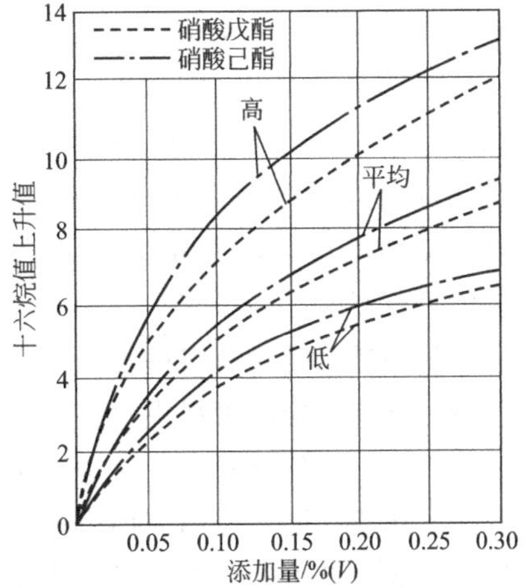

图3-2　十六烷值改进剂添加效果图

然而在这些类型化合物中，只有很少几种化合物得到实际应用。这是由于十六烷值改进剂除了要求能够提高燃料的十六烷值外，添加剂还应满足其他的要求，如易溶于燃料而不溶于水，无毒，储存安定，价格便宜等。有实用价值的十六烷值改进剂以硝酸烷基酯类为主，如硝酸戊酯、硝酸乙酯、硝酸正己酯及2,2-二硝基丙烷等，添加量为0.1%～0.5%，加入量少，成本低而收效大。我国柴油大都十六烷值较高，因而除个别油源外大都还未采用十六烷值改进剂。

5. **十六烷值改进剂的发展趋势**

随着对机车燃料油要求的提高和现有燃料油经济效益的约束，市场对于新型、安全且经济效益良好的十六烷值改进剂有着需求迫切。一般来说，十六烷值改进剂与柴油相比，黏度低，凝点低，闪点接近。选择十六烷值改进剂，除了能很好地提高柴油的十六烷值外，还必须有很好的稳定性。此外，还要考虑其他的一些因素，如对金属的高度腐蚀性、与柴油的相溶性，这些因素对于选择适当的十六烷值改进剂的作用基团非常重要。

十六烷值改进剂常与其他柴油添加剂一同起作用，这些添加剂包括抗氧剂、低温流动改进剂、分散剂、防锈剂、清净剂、消烟剂等。所以从十六烷值改进剂的应用情况来看，绝大多数情况下都是两种或两种以上改进剂复配使用的。在已有的改进剂基础上，将各种改进剂进行复配，找出更有效、更安全、更廉价的配方，必将会成为现今十六烷值改进剂的发展方向之一。另外，多功能十六烷值改进剂的研制也将成为为研究热点。

三、重油燃烧促进剂

助燃剂古已有之，我国的先人自古以来就有在薪柴上撒盐使燃烧更旺的生活经验，这就利用了 NaCl 的助燃作用。在 19 世纪，英国首都伦敦深受煤炉之忧，因而发明了作为烟囱洗净剂的固体助燃剂。进入 1950 年代，在欧美和日本等一些工业发达国家，石油燃料开始取代煤炭而上升为主要能源，锅炉、轮船等转而烧燃料油，助燃剂也随之变成了液体。

加助燃剂的目的是为了使燃料油燃烧效果好，热效率提高，消耗量降低，防止腐蚀设备和防止污染环境。助燃剂包含炭烟防治剂、油泥防治剂及油渣分散剂、水分离剂及灰分改质剂等各种性能的添加剂，通常是 Cr、Co、Cu、Na 的环烷酸和环烷酸以及高级醇的硫酸酯等。

燃料油未完全燃烧产生的炭烟为直径约 0.01～1.0μm（平均为 0.07μm）的炭颗粒，悬浮在空气中对大气造成污染。直径在 10μm 以上的炭颗粒下落速度快，并且下落时间短。

根据助燃剂催化燃烧后的产物的不同，一般将其分为含金属或非金属氧化物的有灰助燃剂和含纯有机物的无灰型助燃剂。

有灰助燃剂是以可溶性的羧酸盐、环烷酸盐、碳酸盐、磺酸和磷酸有机盐、酚盐、有机配合物、金属及其氧化物等形式引入燃料，作为燃料燃烧的催化剂。其具有提高燃料燃烧效率等功能，对于贵金属铂、钯、铑金属配合物来说，极少量加至燃油中，不仅可以消烟助燃作用，还可以大幅度降低排放尾气中的 NO_x 和 CO 的含量，从而达到很好地节能环保效果。

无灰助燃剂是含有多种官能团，不含金属的纯有机化合物，并具有多重作用。在燃烧起始阶段，这些化合物可提供自由基强化燃烧，有的还可在燃烧反应区引入补充氧；有的还具有表面活性，降低燃料与空气边界上的表面张力，使燃料雾化得更好，燃烧更完全；有的还具有清净作用，能在金属表面形成保护膜，防止燃烧室和喷油嘴上结焦。根据无灰助燃剂的结构和组成，其可分为羧基类、氨基类、复合有机物类、聚合物类、多功能复合物类，其结构、组成及作用如表 3-10 所示。

表 3-10　无灰型助燃剂的结构、组成及作用

类别	组成	添加量/%	使用燃油种类	功效
羧基及酯类	乳酸酯类	0.05～0.1	柴油、重油	助燃，节油 10%～20%
	有机氧化物	0.001～0.1	柴油、重油	助燃，降低 CO、NO_x 排放
	酮醚、酯醚	0.1～10.0	汽油、柴油、重油	助燃，节能，降污
	硝酸酯	0.01～0.1	柴油、重油	消烟，助燃
	羧基混合物	0.01～1.0	柴油、重油	助燃，降低 HC 和 NO_x 排放
氨基类	多乙烯多胺、醇胺 $CH_3(CH_2)_n(CO)_mNH$	0.01～0.3	汽油、柴油、重油	助燃，清净，降低 CO 和炭黑排放
复合有机物类	酚醛基取代丁二酰亚胺	0.01～0.5	汽油、柴油、重油	清净，助燃，节能
聚合物类	聚异丁烯，聚烯醇，聚异丁烯丁二酰亚胺	0.01～1.0	汽油、柴油、重油	清净，助燃，减少积炭结焦，改善雾化状况，节能
多功能复合物	多功能单剂复合	0.04～1.0	柴油、重油	助燃，清净，降低废气排放

由表 3-11 可以看出，无灰助燃剂主要是一些含有羧基、醚基、酮基、氨基、硝基等官能团的有机化合物，可以是单一的脂肪族或芳香族化合物，也可以是聚合物和多功能复合有机化合物。其主要功能是助燃、清净，降低污染物排放。主要优点是燃烧后无灰，不会对燃烧系统造成不利影响，是具有研究开发潜力的助燃添加剂。

第三节　润滑性能和抗磨添加剂

一、对油品润滑性能的基本要求

石油最早被人们加以利用就是将其涂覆在各种木轮轮轴上作为润滑材料。如用于马车、风车、纺车等低负荷、低速机器。可以说，这些机器对于石油的润滑性能并没有什么特殊的要求。当代的机械早已摆脱了木轮轮轴的状态，所以各种石油来源的润滑油料也已发生了很大的变化，以适应机械工业对油品润滑性能的各种要求。现代机械对油品的润滑性能的基本要求可以归纳如下。

1. 摩擦方面的要求

在润滑部件的运动速度、负荷和温度等条件越来越苛刻的条件下，润滑油料要使运动部件尽可能的满足以下摩擦方面的要求。

① 降低摩擦阻力，包括静止摩擦（即起动阻力）和运动摩擦。一种好的润滑油能使运动的表面覆盖上一层牢固的油性薄膜，从而降低运转中的功率消耗，也便于机器起动。

② 降低磨损。油品可使摩擦表面改性，当油膜破裂摩擦部件直接接触时，摩擦系数比较低的改性表面可防止大量磨损。

③ 不发生局部烧结（咬死）。摩擦表面从相对微观的角度看远不是绝对光滑的。当摩擦表面直接接触时，摩擦热的长时间积累会造成两个凸起部分的材料熔化，并熔合在一起，这就是烧结。被润滑油改性了的摩擦表面要能防止这种烧结现象的发生。

④ 不发生擦伤。高速运动的部件，常在摩擦表面出现浅的条状擦痕，称为擦伤。现代

润滑油料要求能够防止发生这种擦伤。

⑤ 不发生塑性流动。在一定的条件下，金属轴承表面会出现一些像鱼鳞一样的斑纹，并没发生磨损，只是产生了金属的局部移动，即塑性流动。具有一定性能的润滑油能够防止这种现象发生。

2. 稳定性能的要求

润滑油料要稳定，常温下没有物质析出，不分解，遇水也不水解。

3. 使用寿命的要求

润滑油料要有足够长的使用寿命。

此外，还有金属加工中的抛光性能，初次充油的磨合性能、导轨中的防爬性能和变速机中的防“卡卡”噪声性能，都是重要的润滑性能。但这些只是特定的条件下才出现，不属于通常的润滑性能要求。

减少机械的摩擦和磨损、防止烧结是润滑油的基本性能之一。为了提高这种性能，除了要求润滑油基础油具有良好的性能之外，更主要的是向矿物油中加入添加剂。把可以减少摩擦和磨损，防止烧结的添加剂称为抗磨添加剂或载荷添加剂。

二、抗磨添加剂（载荷添加剂）

（一）抗磨添加剂的类型和品种

抗磨添加剂可改善油品润滑性能、减少机件磨损、节省能量和延长机械使用寿命。抗磨剂可以分为三种类型，即油性剂、抗磨剂和极压剂。有关这三种类型的名称，很多人有不同的说法。如有人说油性不确切，应称为减摩，有人认为极压应改为负荷或载荷，也有人认为极压的实质是极温，所以应叫做极温剂，等等。在没有正式统一名称之前，这里仍沿用旧的名称。

抗磨添加剂具有很高表面活性，能在金属表面形成吸附膜，防止金属表面间直接接触发生烧结和卡咬，起到提高抗磨性、减小和稳定摩擦系数作用。

极压抗磨剂在高温高压条件下，与摩擦副的表面金属发生化学反应，生成化学反应膜，或是极压抗磨剂的活性物质与金属反应生成金属的硫化物、氯化物、磷化物等构成极压无机固体润滑膜。剪切运动在此膜上进行，化学反应膜防止了金属的直接接触，而固体润滑膜熔点低于基础金属的熔点，在接触点的温度条件下处于熔融状态，可以起到平滑金属表面的作用，从而减小摩擦系数，防止烧结和擦伤。

1. 油性剂和摩擦改进添加剂

以减少摩擦和磨损为目的而使用的添加剂称为油性剂。早期用来改善油品的润滑性（降低摩擦系数）多用动植物油脂，故称油性剂。

油性剂的实质作用就是加强边界润滑状态，增加润滑油的吸附及楔入能力，防止干摩擦，降低摩擦系数，加强油膜强度，减少动能消耗。油性剂是由范德华力或化学键力在摩擦副的金属表面上形成牢固的吸附膜，防止金属直接接触，从而减小摩擦系数，减少磨损。近来发现不仅动植物油脂有这种性质，某些其他化合物也有同样性质，如有机硼化合物。目前将具有降低摩擦系数的物质称为摩擦改进添加剂，因此摩擦改进添加剂的范围比油性剂更为广泛。

油性剂和摩擦改进添加剂通常是脂肪酸、脂肪醇、脂肪胺及长链脂肪酸酯的硫化物等，是由强极性基团和直链烃基组成的极性化合物。强极性基团一般为羟基、羧基、酯基（即脂肪酸、脂肪醇及脂肪酸酯）。

常用的油性剂有以下几种。

（1）硫化烯烃植物油　早期使用的代表性油性剂是硫化鲸鱼油（T401）。T401是一种优良的油性剂，易溶于高黏度石蜡基础油，有良好的热稳定性、极压抗磨性、油性以及和其他添加剂的相容性。它主要由长链不饱和酸和长链的不饱和醇的单酯构成。而绝大多数天然动植物油则是长链不饱和酸的三甘油酯。硫化鲸鱼油的制备一般是在氮气保护下，在160～180℃的温度下使鲸鱼油和硫黄粉硫化。

由于鲸鱼油需求量的增加，使鲸鱼面临绝种的危险，因而出现了鲸鱼油的代用品硫化烯烃植物（棉籽）油（T404，T405，T405A）。我国硫化烯烃植物油有两个品种，分别为T405和T405A，具有摩擦改进性，同时兼有极压性，可用于多种工业润滑油和润滑脂。以T405为主剂配制的减摩节能剂用于普通车用机油和汽车齿轮油，可节省燃料油2%～3%。

（2）磷酸酯　如酸式磷酸月桂酯及酸式磷酸油酰酯。国内磷酸酯可生产T451和T451A，具有优良的油溶性、抗磨和减摩性能。T451适用于导轨油、合成润滑油、轧制液等油品中。T451A用于铁路的车轴油中。

（3）有机酸改性剂　常用的脂肪酸有油酸和硬脂酸，对降低静摩擦系数效果显著，因此润滑性好，可以防止导轨在高负荷及低速下出现的黏滑，但油溶性差，长期储存易产生沉淀，对金属有一定的腐蚀作用，使用时要注意；硬脂酸铝用来配制导轨油，防爬行性能比较好，长期储存易出现沉淀；脂肪醇或脂肪酸酯在铝箔轧制油中有较好的减摩性能，如辛醇、癸醇、月桂醇、油醇等均有较好的减摩性能；对相同系列的油性剂，随碳链的增长，摩擦系数减小。如在摩擦系数为0.29的基础油中，分别加入1%（质量分数）的$C_{12}H_{25}COOH$和$C_{18}H_{37}COOH$，其摩擦系数分别降为0.18和0.10。

（4）有机硼摩擦改性剂和复合型摩擦改性剂　有机硼酸酯早期作为抗氧剂加到润滑油中，用作润滑油摩擦改进剂始于1960年代。近十多年来，美国专利陆续报道了大量硼酸酯减摩抗磨添加剂。烷基只含碳和氢的硼酸酯具有一定的减摩抗磨效果，若硼酸酯与有机胺反应产物的抗磨性和极压性能，在四球机上其承载能力将比硼酸酯高6倍以上。如茂名石化研究院生产的B-N-Ⅰ和B-N-Ⅲ有机硼摩擦改进剂，具有化学性能稳定，能提高油品的润滑性，节省能耗，适用于内燃机油、齿轮油、工业润滑油等油品中。

（5）有机钼摩擦改进剂　有机钼摩擦改进剂主要有硫磷酸钼和硫代氨基甲酸钼，硫磷酸钼国内牌号为T461、T471和T472，是优异的摩擦改进剂、抗磨剂和极压剂，目前主要用于磨合油。

国内还推出非硫磷型钨钼化合物（T473）摩擦改进剂，其用于10W/30 SD/CC内燃机油中，其磨损的铁含量、活塞磨损、活塞环和缸套磨损、连杆轴颈与轴瓦磨损均低于未加剂的10W/30 SD/CC内燃机油。

（6）苯并三氮唑脂肪铵盐（T406）　苯并三氮唑脂肪酸铵盐（T406）是苯并三氮唑的衍生物，是多效油性剂，具有降低摩擦系数、抗磨、抗氧化和防锈多种功能。T406的减摩性能优于二烷基二硫代氨基甲酸锌和三甲苯基磷酸酯（T306），与二烷基二硫代磷酸钼相当。与含硫极压剂复合使用时，具有明显的增效作用。适用于极压工业齿轮油、双曲线齿轮油、抗磨液压油、油膜轴承油等润滑剂，还可做防锈剂和气相缓蚀剂。T406在油中的溶解度较小，一般作为辅助添加剂使用，添加量为0.03%～0.3%。

（7）二烷基二硫代磷酸钼　油溶性的有机钼化合物主要有二烃基二硫代磷酸钼

(MoDTP)和二烃基二硫代氨基甲酸钼(MoDTC,T351)。油溶性钼化合物的用量一般为100~400μg/g,就能起到显著的减摩作用。MoDTP用作发动机油的减摩节能剂可降低汽油和发动机油的消耗,节约燃料3%~4%,延长发动机大修期。由于MoDTC不含磷,可防止发动机油对尾气净化装置催化剂的毒害,且减摩效果、抗氧性和抑制油温上升的效果优于MoDTP。但MoDTC的油溶性和腐蚀性比MoDTP差。油溶性的有机钼化合物还可用于金属加工油。

二烷基二硫代氨基甲酸钼(T351)国外已有商品,国内亦有研究但生产厂家甚少,现已有山东聊城市开发区诚斯达润滑剂有限公司生产型号为TM-08A的二丁基二硫代氨基甲酸钼。

2. 抗磨添加剂(抗磨剂)和极压添加剂(极压剂)

在苛刻的操作条件下,由于摩擦表面温度较高,即使采用加有油性剂的润滑油也不能维持半流体润滑,而出现边界润滑。这时,表面层金属润滑的化学性质对润滑起到决定性的作用。根据边界润滑条件的苛刻程度,可采用抗磨剂和极压剂。抗磨剂和极压剂在润滑概念上有着明显的区别,就是烧结的条件下能明显降低磨损的物质叫抗磨剂,而极压剂是一种能够使发生烧结的负荷大大提高的化合物。但这两类添加剂却很难明确区分开,常常是一种物质具有两种性能,只是其侧重面和特点有所不同。

抗磨添加剂能与金属表面发生化学反应,在摩擦表面上形成牢固的化学反应膜,在较苛刻的摩擦条件下保护金属表面。

化学反应膜不同于化学吸附膜。化学吸附时,添加剂分子和金属分子间形成化学键,金属原子不离开它本身的晶格,在热的作用下会发生脱附。化学反应时,由于接触部位的高温作用,使化学吸附在金属表面上的抗磨添加剂发生分解,分解产物与金属反应生成新的化合物,金属原子脱离原来的晶格,形成牢固的化学反应膜,从而起到隔离金属直接接触的作用。如非活性硫化物和磷酸酯在摩擦条件下能在金属表面上吸附、分解、反应,生成的硫醇铁和有机磷酸铁膜起到抗磨损作用。在苛刻的操作条件下,摩擦面上既没有相对厚的流体膜存在,也没有薄的半流体膜存在,表面隔离是由分子大小的薄膜来维持的,出现极端边界润滑。此时,有机化学反应膜也不能很好地起到隔离金属的作用。必须采用含有高活性的硫、磷、氯化合物以及金属有机化合物极压添加剂。

由于极压剂是通过化学反应生成固体极压膜来起作用的。因此,反应性大的极压剂有较大的载荷能力。但反应性太大,必然带来较大的化学磨损。因此,我们一方面要提高极压剂的反应性,另一方面还要提高极压膜在底层金属上的吸附性,减少摩擦流失从而减少化学磨损。

根据化学结构极压抗磨剂可分为硫系、氯系、磷系和有机金属系极压剂。

(1)硫系极压抗磨剂　普遍认为含硫极压抗磨剂的极压抗磨性能与硫化物的C—S键能有关,较弱的C—S的键能较容易生成防护膜,从而有较好的抗磨效果。在摩擦面的极压润滑条件下,硫化物在金属表面吸附,减少金属面之间的摩擦;随着负荷的增加,由于局部温度上升,硫化合物和金属急剧反应,形成硫醇铁覆盖膜(S—S键断裂),从而起到抗磨作用;随着负荷的进一步提高,C—S开始断裂,生成硫化铁固体膜,起到极压作用。

如在空气中二硫化物的抗磨作用是靠极性基团—S—S—先在铁表面上吸附,然后在摩擦条件下发生S—S键断裂,生成硫醇铁有机膜,从而起到抗磨作用(见图3-3)。而到达极压润滑条件时，C—S 键断裂，生成含硫无机保护膜来保护金属，使金属不发生直接接触。化学键断裂的难易取决于键能的大小，二烯丙基二硫化物、硫化异丁烯、二苄基二硫化物的 C—S 键能较低，极压性能和高负荷下的抗磨性能较好，而二异丙基二硫化物和硫化四聚丙烯的极压抗磨性能较差。所以，二硫化物随着负荷增加，可以起到抗磨和极压作用。

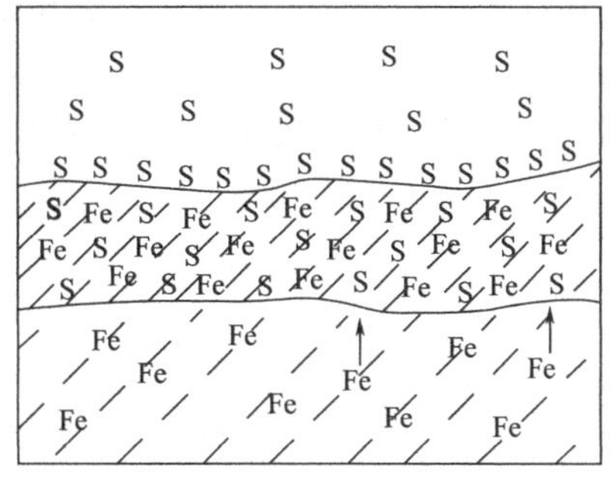

图 3-3 硫系极压剂作用机理示意图

为了使抗磨损效果增加，硫醇铁有机膜不仅要容易生成，而且要使生成的膜排列牢固。碳链短的以及立体障碍大的化合物，抗磨效果差。但碳链段和有分支的硫化物，由于诱导效应增大，C—S 键能下降，极压性能较好。通常添加量为1%～5%。

常用的含硫极压抗磨剂主要包括丁烯硫化油脂和硫化酯、硫代碳酸盐、二硫代氨基甲酸盐和多碱化合物等。它们的硫含量在 40%～45%，这类硫化物稳定性好、极压性高、颜色浅，但含硫极压剂抗磨性较差。因为含硫极压剂在高温、高压下与金属表面发生化学反应，生成硫化铁膜。硫化铁耐热性好，因此含硫极压剂烧结载荷高，但是硫化铁膜较脆，所以抗磨性较差。

含硫极压抗磨剂中获得广泛应用的产品是硫化异丁烯（T321）。其特点是含硫量高，油溶性好，具有中等化学活性，因而对铜腐蚀性较小，可作切削油、齿轮油、液压油、金属加工用油等的极压剂，特别适用于配制齿轮油。

如图 3-4 所示，硫化异丁烯在抗磨区由 S—S 键的断裂而生成有机的硫醇铁，在极压区则发生 C—S 键的断裂而生成无机的硫化铁。在摩擦表面生成的硫化铁膜，由于其抗剪切强度大，因此，摩擦系数较高，但水解安定性好，熔点高，其润滑作用可持续到 800℃。

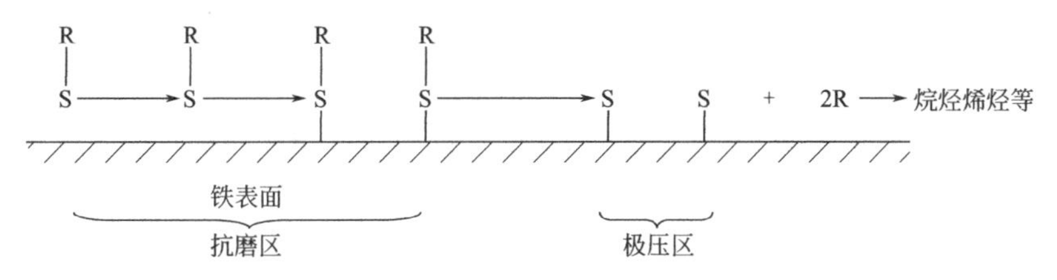

图 3-4 硫化异丁烯极压剂与铁作用示意图

我国还研制出了性能优良的多烷基苄苯基硫化物和多硫化合物等 5 个品种（T324、T324A、T324B、T325 和 T325A），其硫含量为 10%～38%。但由于普通硫化异丁烯的生产过程中会产生大量的有害物质，而且气味较大，因此普通硫化异丁烯替代品的研究是今后含硫极压抗磨剂的发展方向。

（2）磷系极压抗磨剂　有机磷化合物之所以有极压作用，是因为在较高温度的条件下，它能在金属件摩擦表面形成金属磷化合物。但含磷化合物的作用机理说法不一。

曾有观点认为，含磷化合物在摩擦表面凸起点处瞬时高温的作用下分解，与铁生成磷化铁，它再与铁生成低熔点的共融合金流向凹部，使摩擦表面光滑，防止了磨损，这种作用称为化学抛光。

现有人提出在边界润滑条件下，磷化物与铁不生成磷化铁，而是亚磷酸铁的混合物。磷化物首先在铁表面上吸附，然后在边界条件下发生 C—O 键断裂，生成亚磷酸铁或磷酸铁有机膜，起抗磨作用；在极压条件下，有机磷铁膜进一步反应，生成无机磷酸铁反应膜，使金属之间不发生直接接触，从而保护了金属，起到极压作用，如图 3-5 所示。

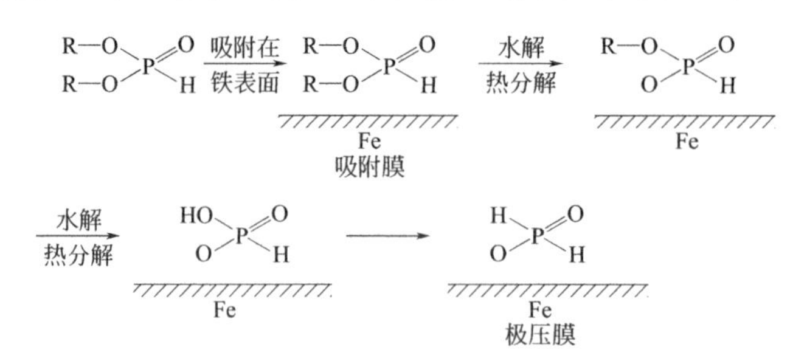

图 3-5 磷系极压剂作用机理示意图

磷系极压抗磨剂品种较为复杂，不仅表现在化合物种类上，也表现在元素组成上。有含单一磷元素的，有含硅、磷两元素的，有含磷、氮两元素的，也有含硅、磷、氟三元素的。主要是有亚磷酸二丁酯（T304）、磷酸酯、硫代磷酸酯、烷基硫代磷酸-甲醛-胺缩合物（T305）和酸性磷酸酯铵盐。添加量一般为 0.5%～5%。

磷系极压抗磨剂的热稳定性越差，则抗磨性越好，但抗磨持久性下降。

磷酸酯和亚磷酸酯载荷性能和抗磨性能明显地受到烃基的结构和链长短的影响，长链烃基能增加油溶性，亚磷酸酯的铜腐蚀性小。中性磷酸酯活性较弱，极压性较差，不易在摩擦表面形成化学保护膜；酸性磷酸酯的性能最好，但酸性较高，在高负荷条件下易产生化学腐蚀、磨损，削弱其极压抗磨作用。而且酸性酯易与油中的其他添加剂发生作用生成沉淀。

氨基硫代磷酸酯或氨基磷酸酯有较好的极压性，对金属的腐蚀性又比较少，是具有适度化学活性的极压剂，获得了广泛的应用。

氯代磷酸酯和氯代亚磷酸酯的极压性明显比相应的磷酸酯和亚磷酸酯高很多，也比硫代磷酸酯高。

硫代磷酸酯由于硫的电负性比氧的电负性小，抗磨性比相应的磷酸酯更好；四球机最大无卡咬负荷增大，但水解性增加，热稳定性降低。

磷系极压抗磨剂中，极压性能一般有如下规律：次磷酸酯＜磷酸酯＜酸性磷酸酯＜亚磷酸酯＜磷酸酰胺＜磷酸酯铵盐。

我国含磷极压抗磨剂主要的品种是 T304、T305、T306、T307、T308、T309 以及硼化硫代磷酸酯铵盐（T310）。T310 的突出优点除具有更好的极压抗磨性，还具有优良的抗腐蚀性、防锈性和抗氧化性，它是配制通用齿轮油复合剂的理想组分。

含磷极压抗磨剂的发展方向是在不降低其极压抗磨性能的前提下，提高其热氧化稳定性，降低磷消耗，以延长其使用寿命。

（3）氯系极压抗磨剂　含氯添加剂是通过与金属表面的化学吸附或与金属表面反应，或分解的元素氯或 HCl 与金属表面反应，生成 $FeCl_2$ 或 $FeCl_3$ 的保护膜，显示出抗磨和极压作用。通常添加量为 1%～10%。

常用的氯系极压抗磨剂品种有氯化石蜡、五氯联苯、氯化脂肪酸及其衍生物、氯化烷基酚、氯化芳烃、氯化硝基苯、氯化硝基酚、氯化烃类和氯化脂肪酸类等。

氯极压抗磨剂的作用效果取决于其结构、氯化程度和氯原子的活性。氯在脂肪烃碳链末端时最为活泼，载荷性能最高；氯在碳链中间时，活性次之；最不活泼的是氯在环上的化合物。

使用最多的含氯化合物是氯化石蜡（T301），主要用于配制金属加工油和汽车齿轮油。T301原料价廉易得，活性强。作为极压剂时，极压抗磨性好，特别适用于难加工的金属，如不锈钢合金钢用的切削油。但其安定性与抗腐蚀性差，在湿度较大时能生成HCl，对金属表面形成严重的腐蚀，腐蚀危险性与极压性能的增强都与氯原子活性的增长成正比。

近年来国外氯化石蜡代用品已有很大的发展。代用品主要是高分子酯类、磷酸酯、含磷、氟添加剂和高碱性的磺酸盐。但是代用品的价格高，极压活性却不太理想，对难加工的金属主要还是依靠氯化石蜡。

五氯联苯等环状氯化物非常安定，抗腐蚀性好，但缺乏足够的载荷性，极压抗磨损性较差。

由于含氯极压抗磨剂通过氯化铁膜而显示出抗磨和极压作用，而氯化铁膜有层状结构，临界剪切强度低，摩擦系数小，但是其耐热强度低，在300～400℃时破裂，遇水产生水解反应，生成盐酸和氢氧化铁，失去润滑作用，并引起化学磨损和锈蚀。故常在含氯极压抗磨剂配方中加入腐蚀抑制剂，如胺或碱性磺酸盐添加剂。所以氯系极压抗磨剂在有水混入的条件下不宜使用，只能在无水及350℃以下使用有效。如在切削油等方面受到限制，在极压汽轮机油规格中则被禁止使用。近来由于环境的因素，含氯添加剂受到一定的影响。

由此可见，含氯极压抗磨剂的优点是容易在缓和的条件和较低的温度下发生降解而与金属作用生成金属氯化物，因而在较低的温度下即有效。缺点是由于具有很高的反应活性易造成金属的腐蚀磨损，因而在使用时需要添加抗腐蚀剂。另外，含氯极压抗磨剂在金属表面形成的氯化铁膜容易在潮湿气氛下或高温下分解而失效。

综上所述，对比含硫、磷和氯三种活性元素化合物的极压抗磨剂，氯系极压剂形成氯化铁膜熔点比较低，在350℃失效；硫化铁膜在800℃仍有效。所以和含硫化合物相比，当反应相同时，氯化合物的载荷性能低得多。所形成极压膜载荷能力有下面排列次序：

氯系＜磷系＜硫系

（4）有机金属系极压抗磨剂　有机金属极压抗磨剂是脂肪酸皂类化合物，主要品种有环烷酸铅（T341）、二烷基二硫代磷酸锌（ZDDP）和锑、二烷基二硫代氨基甲酸钼（T351）和锑等添加剂。

环烷酸铅单独使用时效果不显著，必须和含硫化合物复合使用才有效。作为极压剂，环烷酸铅在铁表面与铁发生置换，生成铅薄膜。当铅皂与硫共存时，有铁表面生成$PbSO_4$、PbS、FeS、Pb等低熔点共融物。这种极压剂与硫、磷和氯系极压剂不同，以不牺牲摩擦面金属为优点，被称为无损失润滑，很早就应用于工业齿轮油、双曲线齿轮油和润滑脂等润滑剂中。但在80℃以上使用时，热稳定性很差，而且由于金属的环保问题，现在已被硫磷型取代。

二烷基二硫代磷酸锌（ZDDP）是内燃机油主要的添加剂之一，是具有抗氧、抗腐和抗磨的多效添加剂，广泛用于内燃机油、抗磨液压油、工业齿轮油和极压汽轮机油等油品中。

由于ZDDP能产生尾气中的粒状物质，而环保法规要求对粒状物质加以限制，使得ZDDP的应用受到限制。

低分子的二烷基二硫代磷酸锑或氨基甲酸锑比相应锌盐的极压性好，但随烷基相对分子质量增大，极压性下降。主要用于工业齿轮油中。

二烷基二硫代磷酸钼及其他有机钼系化合物，是近年开发出的一类极压抗磨剂，是有良好的AW（抗磨）和EP（极压）性能的优良摩擦改进剂，将其加入油品中比MoS_2在油中分散液降低摩擦和磨损的效果好。除具有减摩作用外，还可抑制油温上升，其有抗氧化性和良好的持久使用效果，被认为是减小边界摩擦领域最有希望的品种之一。如二异辛基二硫代磷酸硫氧钼是一种油溶性好、减摩抗磨效果显著的润滑油添加剂，是调制高效内燃机磨合油的主要组分。与其他润滑油添加剂（清净剂、分散剂、抗氧剂）具有较好相容性和配伍性，也是近年来为满足油品的环保节能要求而开发的新型添加剂。

(5) 硼酸盐和硼酸酯极压抗磨剂　硼酸盐极压抗磨剂是一种具有优异稳定性和载荷性的极压抗磨剂，其极压性能、抗磨损性能、热氧化安定性能、高温抗腐蚀性能和密闭性能均优于某些其他类型极压剂。

硼酸盐极压抗磨剂实质上是一种固体润滑剂的胶态分散液，在摩擦副表面电荷作用下，分散液中的带电粒子吸附于表面上，形成黏性厚膜。其特点是极压性抗磨性能好，有极好的油膜强度。加有硼酸盐极压抗磨剂的齿轮油油膜强度几乎是铅-硫型齿轮油的3倍，是硫-磷型齿轮油的2倍；加有硼酸盐润滑剂有一个突出特点是随着黏度变小，其耐负荷性能反而升高；其热氧化安定性好，温度超过150℃时仍能使用；且对铜不腐蚀、无臭无毒。但其缺点是对水比较敏感，不宜在有水的条件下使用，用途受到限制。

硼酸盐和硼酸酯极压抗磨剂主要包括有无机硼酸盐和有机硼酸酯两类。

无机硼酸盐（T361）添加剂主要包括硼酸钾、硼酸钠、偏硼酸钾及偏硼酸钠等若干金属化合物。添加量一般为1%～3%。它们的形态为玻璃状细微粒子，粒子直径小于1μm，多数小于0.5μm。是一种多功能的润滑油添加剂，具有优异的极压抗磨减摩性能、良好的热氧化安定性、防锈防腐蚀性及密封适应性，比硫系、磷系添加剂性能更优越，无毒无臭，不污染环境。已在工业齿轮油、车辆齿轮油、拖拉机液压油、二冲程油、润滑脂、金属成型润滑剂和发动机油中得到应用，并具有明显的节能效果。

无机硼酸盐的缺点是油溶性差，在油中不能形成稳定的固-油分散体系，也不能有效地进入摩擦界面而起作用。因此，目前商品硼酸盐润滑油添加剂主要依靠加入大量的表面活性剂，如石油磺酸盐和丁二酰亚胺，来保证硼酸盐的微粒均匀地悬浮在油中，并保证在水分存在的情况下硼酸盐不会结晶析出。

为了解决其耐水等性能，已经开发了有机硼酸酯极压抗磨剂。有机硼酸酯包括含氨基、丁二酰亚氨基、噻啉及咪唑等基团。属于多功能添加剂，除了具有良好的极压抗磨性能外，还具有较好的油溶性、防腐抗蚀性和抗氧化性能等特点，具有良好的发展应用前景。

(6) 其他极压抗磨剂　除了以上五种极压抗磨剂以外，新开发了一种碱性磺酸盐（Ca、Ba、Na），主要用于金属加工油，可以单独使用，但常与含硫的极压抗磨剂复合使用。此外，该剂还有防锈作用，具有良好的环保效益，可作为氯化石蜡的代用品。

还有一种新型的硫化烷基酚钙或硫化烷基萘铵盐极压抗磨剂，由于该类化合物不含灰分，具有优异的抗氧、抗磨性能，可以提高汽车或工业用油的抗氧、抗磨性能，被称为优异的无灰型抗氧、抗磨剂。另外，国外还有专利报道，可用二（硫代）乙烯作为无灰磨损抑制剂，这种化合物可作为润滑油和润滑脂的抗磨剂或极压剂，对于提高抗磨性或极压保护性具有很好的效果。

近几年来，随着原子级纳米摩擦技术的发展，纳米颗粒或表面修饰的纳米颗粒在润滑油添加剂中的研究应用也得到了很大的发展。纳米润滑油极压抗磨添加剂是值得关注的一个研究方向。

（二）抗磨剂的使用性能

不同的使用条件要求油品具有不同的使用性能。如何改善润滑油摩擦、磨损方面的使用性能也是由一定的使用条件所决定的。润滑性能的使用条件主要是负荷和温度，而温度常常是伴随负荷的变化而变化的。所以主要是负荷条件。

随着负荷条件的变化，处于油品中的两个相对运动的表面，可能发生不同的润滑现象。在低负荷条件下，纯矿物油或加入油性剂就能保证足够的润滑性能。在中等负荷条件下，需要加入抗磨剂才能使运动部件不发生明显磨损。在很高的负荷条件下，只有加入适当的极压剂才能保证不发生烧结。其情况如图 3-6 所示。

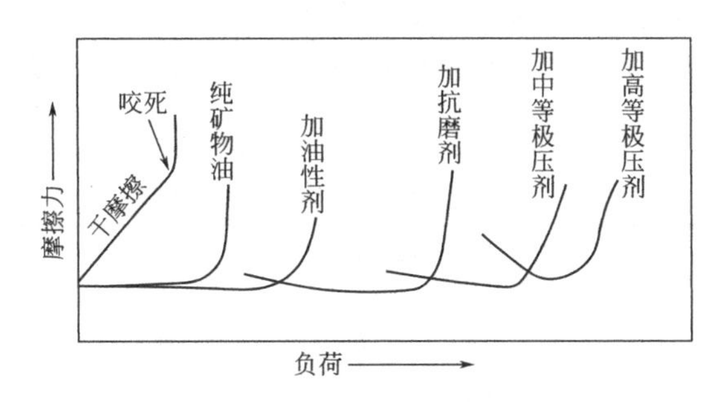

图 3-6　油性剂、抗磨剂、极压剂的使用

图 3-6 说明了油性剂、抗磨剂和极压剂是在不同的负荷条件下使用的添加剂。但是如果油性剂和抗磨、极压剂不在其相应的使用条件下使用就会产生不同的效果。油性剂在高负荷条件下使用，没有多少效果，而极压剂在低负荷下使用可能还会带来些不好的影响，油性剂、抗磨剂和极压剂的润滑效果见表 3-11。这项试验是在浸着试验油品的转动的金属球中进行的，称为四球试验机。

表 3-11　油性剂、抗磨剂和极压剂的润滑效果

负荷/(kg/mm^2)	油温/℃	摩擦、磨损指标	没有添加剂	油性剂硬脂酸	含磷添加剂	含氯添加剂	含硫磷添加剂
89	25	摩擦系数	0.20	0.16	0.24	0.25	0.25
		磨损痕迹长度/μm	120	115	144	174	242
	100	摩擦系数	0.20	0.17	0.18	0.18	0.19
		磨损痕迹长度/μm	135	130	132	119	175
246	25	摩擦系数	0.20	0.16	0.24	0.25	0.25
		磨损痕迹长度/μm	213	137	163	212	247
	100	摩擦系数	0.23	0.18	0.25	—	0.18
		磨损痕迹长度/μm	220	189	169	—	239
	150	摩擦系数	0.22	0.21	0.22	0.18	0.19
		磨损痕迹长度/μm	228	205	160	170	240

从表 3-11 列的数据可知：

① 油性剂在低温、低负荷条件下，对于改善摩擦系数（代表摩擦阻力）有明显的效果。随着温度、负荷的增加，油性剂的效果越来越差，在 150℃和 246kg/mm^2 的条件下，油性剂几乎没有什么效果。

② 油性剂对于改善磨损性能也很有效，但只是在低温高负荷时才有效。随着温度的升高，在高、低负荷条件下其性能都变差。

③ 抗磨剂对于改善在低温和高负荷条件下的摩擦性能不但无效反而有害。但在高温条件下，却有一定的效果。而含磷添加剂在高温、高负荷条件下却没有什么作用。

④ 在低温、低负荷条件下抗磨剂反而使磨痕长度增大，但在高温高负荷条件下，一般都有一定的效果。

表 3-12 是关于一些抗磨剂改善烧结性能的数据。其中烷基酚的硫代磷酸酯含有抗磨的活性元素硫和磷，但它的抗烧结性能远不如仅含硫的二苄基二硫醚有效。所以说抗磨剂的化合物类型对其性能也有很大作用。但抗磨作用毕竟是靠抗磨活性元素实现的，所以是否存在活性元素是第一位的。

表 3-12　一些抗磨剂的抗烧结性能

抗磨剂	添加量/%	开始产生烧结的负荷/kg	抗磨剂	添加量/%	开始产生烧结的负荷/kg
基础油	—	158	二苄基二硫醚	5	631
烷基酚硫代磷酸酯	6	200	三氯甲基磷酸丁酯	2	562
氯化石蜡	5	316			

抗磨剂的活性元素的作用特点归纳如下：

① 含硫极压抗磨剂有着非常优秀的抗磨损和抗烧结性能。一般来说，这类化合物的价格比较便宜，但要注意这类化合物中有的会对铜和银等部件产生腐蚀。

② 含磷极压抗磨剂也有显著的抗磨损和抗烧结性能。特别是对于防止负荷表面的隆起、鱼鳞斑等塑性流动有显著的效果，其抗擦伤性能也好。但也要注意有些酸性磷酸酯的化学腐蚀问题。

③ 含氯添加剂活性强，极压、抗磨性能好，能迅速与金属表面发生作用。但一般的含氯添加剂都有遇水水解并产生盐酸腐蚀的缺点。所以目前含氯添加剂的使用并不多见，尤其不能用在经常接触水的极压透平油中。

三、抗磨添加剂的主要品种

常见的油性剂和摩擦改进剂的主要品种见表 3-13。

表 3-13　常见油性剂和摩擦改进剂品种

商品牌号	化合物名称	主要性能	主要应用
T404	硫化棉籽油	良好的油性和极压性	润滑油和润滑脂
T405	硫化烯烃棉籽油	极压抗磨性及减摩性能和油溶性好，对铜腐蚀性小	导轨油，液压导轨油，液压导轨油，工业齿轮油和切削油
Mobilad C-109	硫化植物油	极压和减摩性能	导轨油，拖拉机油，传动油和润滑脂

续表

商品牌号	化合物名称	主要性能	主要应用
Sul-Perm 10S	硫化植物油	减摩性能及对铜有减活作用	齿轮油、液压油和导轨油
Sul-Perm 307	硫化三甘油酯	减摩性能	曲轴箱油和齿轮油
Sul-Perm 60-93	硫化鲸鱼油代用品	减摩和抗磨性能	燃料经济的曲轴箱油
Sul-Perm 110	硫化鲸鱼油代用品	减摩性能	导轨油和工业齿轮油
Becrosan LSM 15L	硫化脂肪油脂肪酸酯	水和非水互溶的金属加工液及润滑脂中的极压剂	金属加工液
Becrosan LSM 17	硫化脂肪油脂肪酸酯	水和非水互溶的金属加工液及润滑脂中的极压剂	金属加工液
Mayeo Base 2018	硫化鲸鱼油代用品	重型可溶性切削油	重型可溶性切削油
Mayeo Base 1214	硫化猪油		用于金属加工液，齿轮油和润滑脂
Mayeo Base 19SP	硫化猪油		重型切削油，延长刀具寿命及表面抛光
T451	磷酸酯	优良的油溶性、抗磨和减摩性能	导轨油，合成润滑油，轧制液等油品
T452	含磷氮的化合物	较好的抗磨性能和油性	齿轮油和压缩机油
Mobilad G-204	含硫磷的化合物	优良的减摩和极压抗磨性能	汽车齿轮油
EM 706	磷酸酯	抗烧结、润滑性和抗磨性能，是水可分散性	可复合与半合成油冷却剂
EM 711	磷酸酯	抗烧结、润滑性和抗磨性能，是油溶性的	切削油和可溶性切削油
T462	二烷基二硫代磷酸氧钼	良好的抗氧和减摩性能	润滑脂
T462A	二烷基二硫代磷酸氧钼	良好的抗氧和减摩性能	内燃机油(中国)
T462B	二烷基二硫代磷酸氧钼	良好的抗氧和减摩性能	齿轮油
T463	烷基硫代磷酸氧钼	良好的抗氧和减摩性能	润滑脂
Molyvan 807	含钼-硫的化合物	优良的减摩性能	发动机油
Molyvan 822	有机二硫代氨基甲酸钼	优良的减摩性，推荐0.25%～0.5%，在降低硫含量的情况下，用于保持或改善发动机油的抗磨特性	发动机油
Molyvan 855	有机钼化合物	优良的减摩性能	汽油机油，不适用于柴油机油
T403A	油酸乙二醇酯	较好的抗磨和减摩性能，抗氧化性，抗乳化性和防锈性	导轨油，车辆齿轮油，液压传动油和涡轮蜗杆油
T406	苯三唑十八铵盐	良好的油性，抗氧和防锈性能	齿轮油，抗磨液压油，油膜轴承油
B-N-1	硼氮的化合物	化学性能稳定，能提高油品的润滑性，节省能耗	内燃机油，工业润滑油和工艺用油
YP-1202	多种复合剂	良好的极压抗磨性和油性	内燃机油
LZ 8572	有机硫化合物	可节省燃料消耗	曲轴箱油
Mobilad C-130	硝化脂肪酯和脂肪酸	优良的减摩性能	汽缸油，压缩机油和涡轮润滑油

续表

商品牌号	化合物名称	主要性能	主要应用
Mobilad M-106	无硫聚异丁烯丁二酸酐	优良的减摩性能	切削油
Irgalube F10	酚酯型	优良的减摩性能	酯基的工业润滑油中
Methyl Ester B-LT	脂肪酸酯	优良的减摩性能和润滑性能	切削油
Lubester 106	合成酯	优良的减摩性	合成油或半合成油冷却剂
Polartech APL	亲油的合成乙二醇酯	润滑和乳化性能	油基和水混的金属加工液及拉拔、成形和拔丝润滑剂
Base MT	脂肪酸甲酯	良好的润湿性和减摩性	可溶性切削油，发动机油和轧辊油
EM 980	混合脂肪酸二乙醇酰胺	润滑性和抗腐蚀性能	合成和半合成油的金属加工液
Inversol 140	水溶性润滑剂	减摩性能	水溶性切削液

各种抗磨剂有着广泛的用途，在切削油、齿轮油、内燃机油、透平油、液压油和变速机油中都有应用。国内外极压抗磨剂的商品牌号如表 3-14 所示。

表 3-14 几种主要的极压抗磨添加剂

类型	代号	化学名称	主要性能和用途
含氯抗磨剂	T301	氯化石蜡	使油品在高负荷下保持油膜润滑，用于润滑油和切削油
	Mayco Base DC-33LV	氯化脂肪油	抗磨性及极压性能。主要用于金属加工液和其他切削油，可溶性切削油冷却剂配方
	Mayco Base DC-40	氯化石蜡	具有高承载性能的油溶性 EP 剂，用于工业润滑油和金属加工液
	Mayco Base EM-400	可乳化的氯化石蜡	具有高承载性能的乳化特性的极压剂，用于金属加工液冷却剂配方
	Mayco Base FA-28	氯化脂肪酸	极压和抗磨性能。用于重型切削油，加工不锈钢、高合金刀具钢和铝及铜合金
	Maysol 759	氯化脂肪酸	优异的边界润滑性能。用于新一代透明重型合成切削液中
	CW 60	氯化石蜡	具有优良的热稳定性。是金属加工液的高效极压剂，用于拉拔、可溶性切削油和合成油
	CW 35	氯化石蜡	良好的稳定性、抗热分解性和抗水解性及腐蚀抑制性，是可溶性切削油和拉拔液的有效极压剂
	CW 80E	氯化脂肪族化合物	润滑性、极压性和金属润湿性。用于拉拔液、可溶性切削油、齿轮油和切削油
含硫极压抗磨剂	T321	硫化异丁烯	含硫高、极压性能好、油溶性好和颜色浅，与含磷化合物有很好的配伍性。用于配制车辆齿轮油、工业齿轮油和润滑油脂等
	T322	二苄基二硫化物	较好的极压抗磨性能，与其他添加剂复合可用于车辆齿轮油、工业齿轮油和润滑脂
	T324	多烷基苄硫化物	外观为浅黄色或棕黄色液体，极压抗磨性能良好。用于油膜轴承油、齿轮油和切削油
	LZ 6505	有机硫化物	推荐 0.2%～0.3%的量与清净剂、分散剂、抑制剂和抗磨剂复合可配制各种水平的曲轴箱润滑剂

续表

类型	代号	化学名称	主要性能和用途
含硫极压抗磨剂	Mobilad C-100	硫化异丁烯	优良的极压抗磨性能,对铜腐蚀性小,用于汽车及工业齿轮油和润滑脂
	Mayco Base 1536	高硫有机化合物	油溶性产品,用于工业润滑油
	Mayco Base 1540	硫化 α-烯烃	中等气味和低挥发性,用于金属切削油
	Mayco Base 1548	浅色高硫添加剂	用于配制金属加工液冷却剂或可溶性切削油,有助于配制清洁液或透明液
	Mayhlor HV Lite	硫-氯化脂肪油	在切削油和磨削油中具有优良的抗磨性和抗烧结性能。与高黏度和优质脂肪油调合成理想重负荷拉拔和压模油
	Mayhlor 214	硫-氯化添加剂	是配制金属加工液冷却剂的极压抗磨剂,用于半合成和合成油中的极压添加剂
	T304	亚磷酸二正丁酯	较强的极压抗磨性。用于工业齿轮油及双曲线齿轮油,可配制各档汽车齿轮油和工业齿轮油,还可作汽油添加剂和阻燃剂
	T305	硫磷酸含氮衍生物 *N*,*N*-双(*O*,*O*′-二烷基二硫代磷酸-*S*-亚甲基)十八胺	有优良的极压抗磨性、水解安定性、热稳定性。有臭味。与其他添加剂复合,用于极压工业齿轮油、双曲线齿轮油。添加量 0.3%~1.0%
	T306	磷酸三甲酚酯	良好的极压抗磨、阻燃和耐霉菌性能。透明油状液体,挥发性低,电气性能好,有毒。适用于齿轮油和抗磨液压油
	T307	硫代磷酸复酯铵盐	优良的极压、抗磨和抗氧抗腐蚀性能及热稳定性,较高的化学稳定性能。有臭味。其磷含量比 T305 高。与其他添加剂复合,可配制各档汽车齿轮油和工业齿轮油。添加量 0.4%~2.0%
	T308	异辛基酸性磷酸酯十八铵盐	良好的极压抗磨性、抗氧性。与其他添加剂复合,可配制各档汽车齿轮油和工业齿轮油
	T309	硫代磷酸三苯酯	良好的抗磨性、抗氧性、热稳定性和颜色安定性。适用于抗磨液压油、齿轮油、油膜轴承油、航空润滑油脂和汽轮机油等油品
	T311	单硫代正丁基磷酸酯	良好的水解安定性、氧化安定性、抗腐蚀性和极压抗磨性。用于极压齿轮油。与硫烯复合可调至工业和车辆齿轮油
	T361	硼酸酯	良好的极压和抗氧化性能,用于调制重负荷车辆齿轮油
	Vanlube 672	有机磷酸铵	优良的极压抗磨性能。用于压延、冲压、成形等金属加工液和润滑脂
	Vanlube 692	磷酸芳胺	优良的极压抗磨和抗氧性能。用于无灰工业齿轮油。可增强硫烯、硫代氨基甲酸盐及硫代磷酸盐的极压性
	Vanlube 719	有机磷、硫化合物混合物	优良的极压抗磨、高温抗氧和破乳性能。用于大部分轧钢齿轮油,也可用于二冲程发动机油
	Ingalube 232	丁基三苯基硫代磷酸酯	优良的热稳定性及抗磨性能和对黄色金属不腐蚀。用于发动机油、抗磨液压油、润滑脂和合成油中,在工业润滑油中可取代 ZDDP
	Ingalube 349	磷酸壬基铵盐混合物	极压抗磨和防锈性能。用于轧辊油、发动机油和润滑脂,可用于与食品机器接触的润滑剂

续表

类型	代号	化学名称	主要性能和用途
有机金属极压抗磨剂	T351	二丁基二硫代氨基甲酸钼	与其他添加剂复合，主要应用于润滑脂，提高润滑脂的抗磨和承载能力
	T352	二甲基二硫代氨基甲酸锑	应用与锂基脂、极压复合锂基脂、轴承脂和减速箱脂等润滑脂中，提高其抗磨和承载能力
	T353	二丁基硫代氨基甲酸铅	优良的极压抗磨和抗氧性能。适用于润滑脂、发动机油、齿轮油和汽轮机油，提高其极压抗磨和抗氧性能
	Vanlube 71	二戊基二硫代氨基甲酸铅	极压、抗氧和抗腐蚀性能。用于工业齿轮油和润滑脂
	Vanlube 622	二烷基二硫代磷酸锑	优良抗磨和极压性能。用于轧钢及工业齿轮油

四、抗磨添加剂的发展方向

1. 油性剂和摩擦改进剂的发展方向

① 单剂功能加强，向多功能方向发展；

② 无灰添加剂的开发及功能的加强，代替或部分代替目前的有灰金属添加剂，如氮或硼的化合物；

③ 探索摩擦改进剂类型，寻找更有效的添加剂类型，特别是某些稀土元素添加剂的研究，有望取得良好的进展；

④ 研究能替代磷酸金属盐的添加剂，减少磷对发动机系统的影响；

⑤ 添加剂复合技术的研究，以符合更好的经济原则和综合性能。

2. 极压抗磨剂的发展方向

① 普通硫化异丁烯替代品的研究是今后含硫极压抗磨剂的发展方向；

② 含磷极压抗磨剂的发展方向是，在不降低其极压抗磨性能的前提下，提高其热氧化安定性，降低磷消耗以延长其使用寿命；

③ 硼酸盐是一类性能优越的润滑油极压抗磨添加剂。具有良好的氧化安定性、防腐防锈性能以及好的密封性能，无毒无味，有利于环境保护。但其储存稳定性、水解安定性和抗乳化能力需不断改善，是一种待开发的具有抗磨减摩的多功能润滑油添加剂；

④ 钼系极压抗磨添加剂是优异的摩擦改进剂、抗磨剂和极压剂，具有良好的润滑性能，应用广泛；

⑤ 含稀土极压抗磨添加剂，具有优异的抗磨减摩性能，应用前景广阔，其作用机理有待于进一步研究；

⑥ 纳米摩擦学的研究刚刚起步，对于进一步研究其润滑机制、开拓其在润滑油领域中的应用、丰富摩擦学的内容具有重要的意义，是值得关注的一个研究方向。

第四节　清净分散性和清净分散剂

清净剂和分散剂是油品添加剂中最主要的添加剂之一。在润滑油添加剂中的生产量在很多国家占一半以上；在燃料添加剂中，是仅次于抗爆震添加剂的主要品种。

润滑油在高温下，特别是在内燃机或压缩机中，发生氧化、聚合、缩合等一系列变化，生成积炭、漆膜和油泥。清净剂和分散剂可用来消除这些沉积物并将其悬浮分散在油中。

人们将防止高温时积炭的添加剂称为清净剂；而将防止在较低温度下生成油泥，并将油泥、胶质等分散在油中的添加剂称为分散剂。实际上一种添加剂往往同时具有这两种作用。

一、清净分散剂的品种和结构

清净剂是现代润滑剂的五大添加剂之一。以前把清净剂和分散剂统称为清净分散剂，目前一些文献把这两者统称为沉积物控制的添加剂。而清净剂和分散剂在润滑油中的作用上还是有区别的，因此，在20世纪70年代以后把清净分散剂分为清净剂和分散剂两个品种。

1. 清净剂、分散剂和高碱性添加剂的结构特点

从原油中炼制的各种燃料、润滑油，应该说基本上都不具有清净、分散和中和性能，这些性能几乎完全是借助于添加剂来实现的。

清净分散剂和表面的活性剂相似，基本上是由亲油、极性和亲水三个基团组成。

(1) 亲油基团　亲油基团基本上是烃类，有烷基和烷基芳基两大类。他们的相对分子质量一般在350～2000，相对分子质量大则油溶性好，空间障碍也大，故分散作用也好一些。对聚合型分散剂其相对分子质量也有达几十万的。分散作用好坏还要看亲油基团和亲水基团的平衡，相对分子质量并不是越大越好，因为相对分子质量增大，清净性有降低的趋势。

(2) 极性基团　极性基团是连接亲油与亲水两大基团的过渡基团，一般有羧基、羟基、水杨酸基、磺酸基、硫代磷酸基等，本身的酸性强弱直接影响盐类的稳定性。他们本身的耐热氧化程度直接影响添加剂的热稳定性。

(3) 亲水基团　亲水基团分为离子型（含金属盐的有灰剂）和非离子型（无灰剂）。离子型所用的金属一般为Ca、Ba、Mg等，非离子型一般用多胺、多元醇、聚醚（如环氧乙烷及环氧丙烷聚合物）等。其性能直接影响到清净性与分散性。有灰剂清净性较好，无灰剂分散性突出。

有关金属清净剂的结构组成见表3-15。

表3-15　主要金属清净剂的结构组成

类　别	亲油基团	极性基团	亲水基团	分子结构示意
磺酸盐	烷基芳基 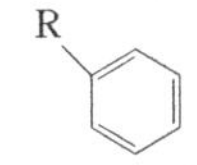 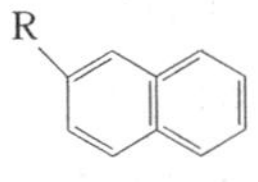 R-(苯环) R-(萘环)	磺酸基 $—SO_3H$	钙，镁，钡，钠 Ca，Mg，Ba，Na	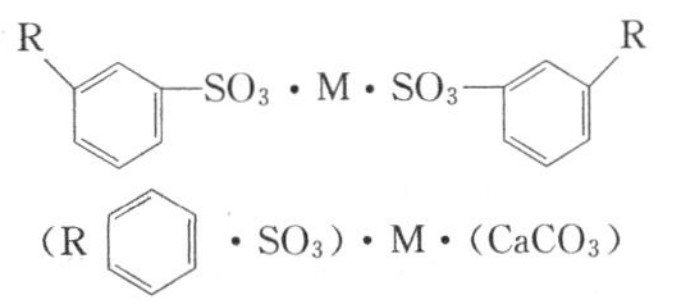 R-(苯环)$-SO_3\cdot M\cdot SO_3-$(苯环)-R (R-(苯环)$\cdot SO_3$)$\cdot M\cdot$($CaCO_3$) M=Ca，Mg，Ba，Na R=C_{18}～C_{25}烷基
烷基酚盐和硫化烷基酚盐	烷基芳基 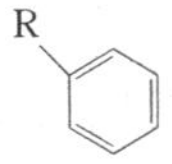 R-(苯环)	酚型羟基 —OH	钙，钡 Ca，Ba	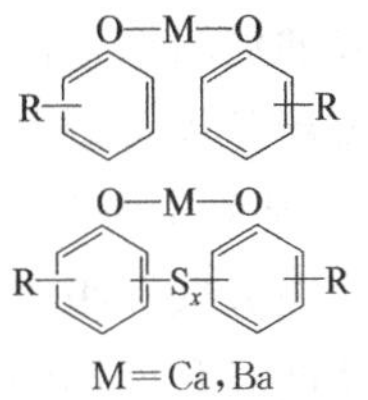 O—M—O R-(苯环)　(苯环)-R O—M—O R-(苯环)$-S_x-$(苯环)-R M=Ca，Ba R=C_9～C_{12}烷基

续表

类别	亲油基团	极性基团	亲水基团	分子结构示意
烷基水杨酸盐	烷基芳基 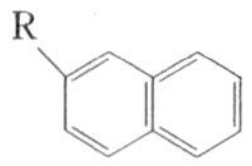	水杨酸基 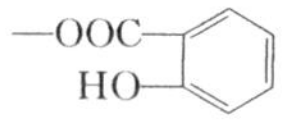	钙，钡，镁 Ca，Ba，Mg	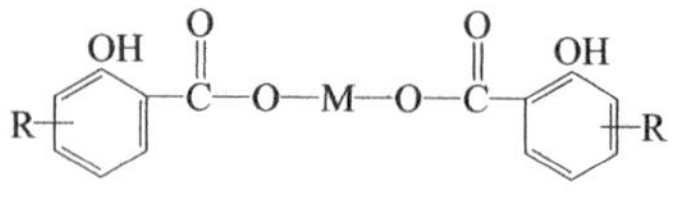 M=Ca，Ba，Mg R=C_{14}～C_{18}烷基
硫代磷酸盐	聚异丁烯 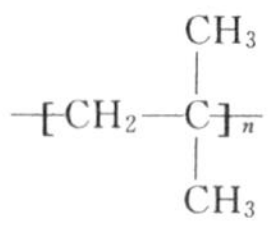 $-[CH_2-C(CH_3)_2]_n-$ n=17～20	硫代磷酸或磷酸基 	钙，钡 Ca，Ba	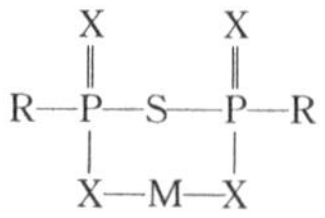 M=Ba，Ca R=C_{60}～C_{70} X=S或O

2. **清净剂、分散剂和中和剂的类型**

(1) 清净剂（金属或有灰型清净剂）的主要品种　清净剂属于油溶性表面活性剂，是现代各种内燃机油的重要添加剂，主要品种为磺酸盐、硫化烷基酚盐、烷基水杨酸盐和硫磷酸盐等。作为清净剂的金属盐主要有三种，即钙盐、钡盐和镁盐。在磺酸盐类型中，这三种盐都有；硫化烷基酚盐和烷基水杨酸盐主要是钙盐和钡盐；硫磷酸盐主要是钡盐。其共同特点是都含有金属，因而燃烧后均残留有一定量的灰分，所以也称为金属（或有灰）型清净剂。

磺酸盐清净剂依原料来源分为石油磺酸盐及合成磺酸盐两种，其化学结构有所不同。从总碱值（*TBN*）高低，又分为低碱值（中性）、中碱值（*TBN*80～160mgKOH/g）及高碱值（*TBN*>300）3种。石油磺酸盐烃基中的环状结构可以是单环芳烃，还可是双环芳烃和环烷芳烃，环上的烷基侧链类型也较复杂。合成磺酸盐以合成烷基苯的高沸馏分为原料，其烃基结构比较简单，基本为单烷基苯或双烷基苯。由于现代润滑油加氢精制工艺的发展，在白油生产中较少地使用硫酸深度精制，使石油磺酸盐原料逐渐减少，合成磺酸盐的产量日益扩大。

硫化烷基酚盐和烷基水杨酸盐分为低碱值与高碱值两种，高碱性硫化烷基盐的碱值高达300～350mgKOH/g，一般的碱值达50～300mgKOH/g，皂含量为30%～50%。

烷基水杨酸盐是在烷基酚上引入羧基，并将金属由羟基上转到羧基上。这种转变使得其分子极性极强，高温清净性大为提高，形成了低、中、高和超高等不同碱值及不同金属（钙、镁）的系列化产品。

(2) 无灰分散剂的主要品种　无灰分散剂的化学结构是由亲油基的烃基部分与极性基部分组成，其特点是分子结构中不含金属元素，燃烧后没有灰分，故称为无灰分散剂。

20世纪40～50年代国外汽车增多，出现因道路拥挤而频繁开开停停的现象，导致汽油机内低温油泥堵塞油路的严重问题。为了解决低温油泥分散问题，1955年美国杜邦公司研究出一类新型聚合型分散添加剂，这种无灰分散剂分散低温油泥的效果不够明显。20世纪60年代出现了非聚合型的丁二酰亚胺无灰分散剂，但国内外普遍采用的丁二酰亚胺分散剂，对黑色油泥分散和吸附不好，不能解决黑色油泥问题。增加丁二酰亚胺无灰分散剂的用量，则对油品低温黏度影响较大，不利于调制多级油品。因此，要求无灰分散剂除分散性能外，还应提高黏度指数，降低对低温黏度的影响，这样可减少黏度指数改进剂的用量。只有合成新的无灰分散剂和丁二酰亚胺的衍生物，才能解决这些问题。

无灰分散剂的主要品种有聚异丁烯丁二酰亚胺、聚异丁烯二酸酯、苄胺、硫磷化聚异丁烯聚氧乙烯酯（无灰磷酸酯）、高分子量无灰分散剂及硼改性无灰分散剂等。多胺为基础的丁二酰亚胺系无灰分散剂的使用量占整个分散剂用量的80%以上。

（3）中和剂　含金属的清净剂一般都具有一定的中和能力。对于一般燃用低硫燃料的发动机来说，其中和能力已经够了。但是当所用燃料的含硫量比较高，例如0.3%～1.0%，就要用高碱性的添加剂，否则就会发生严重的发动机腐蚀。这些高碱性添加剂不仅具有中和能力，同时也是很好的清净剂。不仅如此，研究还发现高碱性添加剂在与其他性能添加剂同使用时，还能促进其他添加剂发挥更大的效能。

高碱性添加剂，是一种含有极丰富的碱性金属的添加剂，其碱性金属的含量是一般相应类型的清净剂的3～5倍。碱性金属可以是钙、镁和钡，主要是钙。

经常使用的高碱性添加剂有高碱性烷基酚钙、硫化高碱性烷基酚钙、高碱性烷基水杨酸钙和高碱性磷酸钙。

二、清净剂（金属或有灰型清净剂）和无灰分散剂的作用机理

1. 清净剂（金属或有灰型清净剂）的作用机理

清净剂的主要作用是防止内燃机油形成烟灰和漆状物沉积，中和酸性物质，减少腐蚀和磨损，阻止其黏附在活塞上，或将开始黏附在活塞上的漆膜和积炭洗下来。其作用机理包括酸中和作用、增溶作用、分散作用和洗涤作用等过程。

（1）酸中和作用　多数清净剂具有碱性，一般用总碱值表示，简称*TBN*。酸中和作用一方面是为了能够持续地中和润滑油氧化和燃料不完全燃烧而生成的酸性氧化产物，阻止其进一步氧化和缩聚，减少漆膜和积炭的生成；另一方面中和含硫燃料燃烧后生成的SO_2、SO_3，以抑制其促进烃类氧化生成沉积物，同时也可避免气缸、活塞等受腐蚀。

（2）增溶作用　增溶是指借少量表面活性剂的作用，使原来不溶解的液态物质“溶解”于介质内。清净剂是油溶性表面活性物质，可使润滑油氧化及燃料不完全燃烧所生成的非油溶性胶质增溶于油内。由于这种增溶，使胶质中的各种活性基团失去反应活性，从而阻止它们进一步氧化形成漆膜、积炭和油泥等沉积物。

（3）分散作用　分散作用也称为悬浮或胶溶作用（见图3-7）。清净剂是极性化合物，可吸附在润滑油氧化后生成的聚合物和炭粒的表面上，使其保持分散悬浮的状态，从而防止它们聚集起来形成较大颗粒而黏附在汽缸上或沉降为油泥。

（4）洗涤作用　清净剂对漆膜与积炭有很强的吸附性能，因此当无外力或有外力（搓洗）时，能将已经黏附在活塞上的漆膜与积炭洗涤下来而分散在油中。

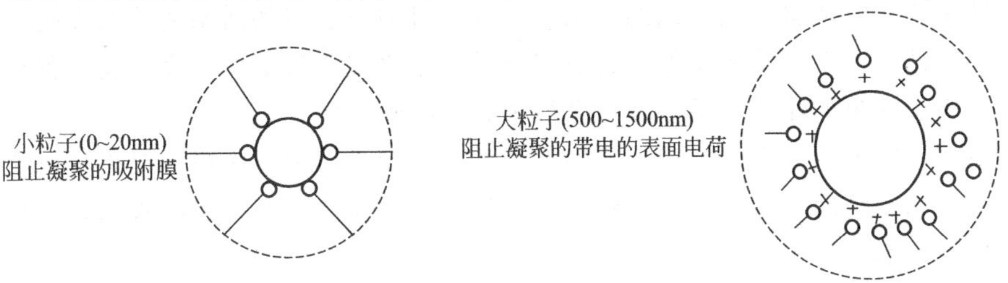

图3-7　金属清净剂的分散作用

2. 无灰分散剂的作用机理

无灰分散剂主要作用是控制汽油发动机油泥生成，控制柴油机油沉积，中和燃烧生成物中的酸。其作用机理包括氢键作用、分散作用和增溶作用等过程。

(1) 氢键作用　由于发动机油泥及漆膜来源于燃料及润滑油氧化产物的聚合，氢键理论认为分散剂中极性基团与含氧化合物之间形成氢键，从而使含氧化合物“钝化”而难以进一步聚集沉淀。金属清净剂则无氢键作用。

(2) 分散作用（吸附理论）　分散剂提供的油溶性基团比清净剂大，能有效地屏障积炭和胶状物相互聚集，可使0～50nm大小的粒子被胶溶，这些分散剂（丁二酰亚胺）含有离子化极性大，也通过电荷斥力胶溶更大的粒子使之分散于油中。而聚合型分散剂烷基分子量非常大，能在离子之间形成较厚的屏障膜，胶溶高达100nm的粒子，因此分散剂能有效地把0～100nm的粒子分散于油中。清净分散剂的增溶、分散作用见图3-8。内燃机油中的积炭或树脂状聚合物的外部吸附一层分散剂，这层吸附膜防止了沉积物的进一步聚集，使其分散悬浮于油中。这一点与金属清净剂有相似之处。

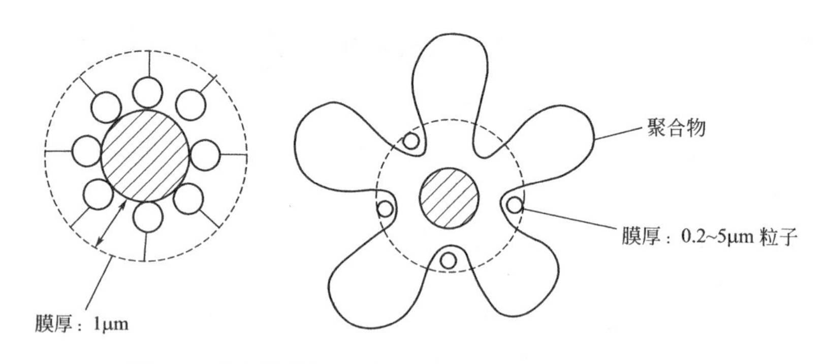

图3-8　清净分散剂的增溶、分散作用（立体屏蔽作用）

(3) 增溶作用　不溶于油的极性物质，由于存在着和分散剂之间的相互作用而被分散到油中，犹如溶质的溶解现象。发动机油的油泥是一些氧化产物进行聚合后与冷凝水混合后生成的，这些聚合物使发动机油的积炭增加，附在油箱上阻止了油泵的吸入，从而堵塞滤网。而分散剂能与生成油泥的羰基、羧基、羟基、硝基、硫酸酯等直接作用，并溶解这些极性基团。丁二酰亚胺分散剂优良增溶作用在于，其极性基与极性物质间形成配合物而分散于油中。分散剂的增溶效果要比清净剂高出约10倍。

三、清净剂、分散剂及中和剂的性能和应用

1. 清净剂的性能和应用

清净性主要是指燃料、润滑油的作用下，发动机的燃烧室和活塞清洁的程度。一般没有加入清净剂的油品，在发动机工作一段时间以后，燃烧室和活塞头就会布满了积炭，活塞的侧面就会布满了深色的漆膜，活塞环也会被树脂和漆膜粘住。

对金属型清净剂的要求中，最重要性能是酸中和能力，为此应极力提高金属含量。目前国外使用的金属型清净剂大部分是过碱性的。过碱性清净剂一般是将碳酸钙和氢氧化钙分散在中性金属清净剂中。

表3-16列出我国的各类磺酸钙的化学组成。

表 3-16 各种磺酸钙的化学组成

标 样	T101	T102	T103	T105	T106	T106A
品名	低碱性石油磺酸钙	中碱性石油磺酸钙	高碱性石油磺酸钙	中碱性合成磺酸钙	高碱性合成磺酸钙	高碱性合成磺酸钙
总碱值/(mgKOH/g)	20～40	140～170	280～310	140～170	280～310	280～310
钙/%	2.5	6.8	11	6.7	12	12
稀释油/%	60	62	53	59	49	50
皂含量/%	38	22	19	25	21	20

高碱性烷基酚钙主要和其他清净剂及抗氧化剂合用在汽油机油和柴油机油里，其主要作用是中和腐蚀性酸并清净及控制高温增压柴油机活塞积炭，此外还有很好的抗氧化作用，以防止活塞环胶结。

酚系清净剂是重负荷级柴油机油（CD 级），或高负荷、高速汽油机油（SC 级）用的耐热性能和清净性能较好的添加剂。

高碱性水杨酸钙减摩性能好，主要用于节能内燃机油 SF 级油和 SG 级油里，SF/CC 级油加烷基水杨酸钙 2%～5%。

烷基水杨酸盐具有较强的高温清净作用，其常与无灰分散剂、ZDDP 复合剂调制各级内燃机油。低碱值烷基水杨酸钙灰分低，与高碱值硫化烷基酚钙有较好的协和效应，可用来调制低灰分的内燃机油。高碱值烷基水杨酸钙碱值高，中和能力强，分水性较好，可调制船用油。高碱值烷基水杨酸镁灰分低，抗磨性能较好，兼有一定的防锈能力，可用于调制汽油机油。

硫化烷基酚盐分子中由于引入了硫，不仅使酚盐的极性加强，清净性有所改善，尤其使其抗氧化抗腐蚀性以及抗磨性能显著提高；同时，分子链的加长，对其分散性和油溶性也均有一定的促进作用。与其他金属清净剂相比，酚盐的酸性较弱，制备高碱性产品不太容易，但酚盐在油介质内较易离解，使酚盐具有较强的中和能力；同时，其抗氧化抗腐蚀性能特别优良，与磺酸盐的协和效应较好，尤其还可与磺酸盐在使用性能的许多方面互相弥补。

高碱度硫化烷基酚盐除了具有特好的中和能力和一定的高温清净性外，还具有很好的抗氧化、抗腐蚀性能，且与其他清净剂适当复合后可具有协和作用，使油品使用性能明显改善，因而得到了很好的应用，但仅有中高碱值的钙盐产品面世。

清净剂很少在油中单独使用，为配制性能较好的油品，大多数几种添加剂复合使用。一般是清净剂、分散剂和抗氧抗腐蚀剂复合使用，即使是清净剂本身也是几个品种复合使用。清净剂的用量也由性能要求不同而异。

目前，清净剂产品仍以钙盐为主，灰分高、毒性大、对环境有污染的钡盐的应用日渐减少，灰分较低的镁盐的应用日渐增多。

新型金属清净剂需要具备良好的综合使用性能，可通用于各类高档油品中；能降低在油品中的加入量，达到节能降耗、降低成本的作用；要求低灰分、高性能、无毒性，满足油品低碱、低磷、低灰分需要，能减少对环境的污染及危害。因此，金属清净剂的发展向着高碱值产品、多功能清净剂、节能型清净剂、环保型清净剂、抗氧型清净剂的方向发展。

2. 分散剂的性能和应用

分散剂能够把油箱中的油泥分散开来，使之成为一种胶体溶液的状态存在于油中。这时虽然油的颜色会变得很深，但却不会堵塞油的管路和滤清器，也不会使油的黏度上升。

丁二酰亚胺无灰分散剂是调制内燃机油的主剂，与有灰添加剂及抗氧抗磨剂复合，可调制各种汽油机油、柴油机油、船用油、活塞式航空发动机油等。不同品种的无灰分散剂应用如下：

T151低温分散性好，可用于调制中、高档汽油机油，也可作表面活性剂；T152具有较好的热稳定性和低温分散性，可用于调制中、高档汽油机油和柴油机油，也用于高碱性船用汽缸油；T153热稳定性好，能较好地控制高温沉积物生成，多用于中、高档柴油机油；T154具有优良的分散性和增溶作用，能有效地抑制低温油泥生成，可用于调制各种汽油机油和柴油机油；T155分散性好，能有效地抑制低温油泥生成，保持曲轴箱清洁，可调制各种汽油机油和柴油机油。

随着国内汽车工业的发展，对车用润滑油的要求也越来越严格，普通丁二酰亚胺由于自身结构方面的原因，很难满足这些要求，高分子无灰分散剂的出现解决了这一问题。试验证明（见表3-17），丁二酰亚胺分散剂的分散性及黏度，随聚丁烯相对分子质量的增加而增大。

表3-17 丁二酰亚胺相对分子质量对分散性及黏度的影响

相对分子质量	相对分散性	黏度(100℃)/(mm^2/s)
1000	0.17	32
2000	0.67	135
3000	0.98	170

高分子无灰分散剂在保持良好低温分散性能的同时，大幅度提高了产品的热稳定性能和高温清净性能，更适于高档内燃机油。

硼改性无灰分散剂具有较好的分散性能、良好的高温稳定性能和抗氧化性能，且具有一定的抗磨性能与良好的橡胶相溶性，主要用于调制CF-4及以上级别的高档柴油机油和通用内燃机油。

酯类无灰分散剂具有良好的高温热稳定性能和高温清净性能，主要用于调制SC级以上的高档汽油机油。加入量2%～8%（质量分数）。

为满足人们对高档内燃机油的要求，未来无灰分散剂向着以下三全方面发展。

① 高分子化。高分子无灰分散剂自身热稳定性好，其分散性能也较好，在高温条件下可表现出良好的清净性能和抗氧化性能。

② 无氯化。在国外，油品中使用的无灰分散剂已经向无氯产品全面过渡。

③ 多功能化。即在原有产品的基础上，通过引入功能基团或改进产物部分片断结构，增加产品功能、改善产品性能。目前，较为常见的有通过引入小分子酚、胺，改善产品的氧化性能；引入硼，改善产品的抗磨性能及与橡胶相溶性能。

3. 中和剂的性能和应用

中和剂总是在清净剂的基础上发展其碱性和超碱性的。因此，一般没有单纯的中和性添加剂。高灰分或高碱性清净性添加剂，除了有很强的中和性能外，还能与其他添加剂配合使用发挥互相促进的作用。这里只谈前一个问题。

近年来，世界各地含硫原油的产量已占全部原油的75%。在各种含硫燃料中，车用柴油燃料和船用重油燃料使用较多。前者的含硫量有0.3%、1%，后者的含硫量有1%～4%

不等。为了中和这些含硫燃料在燃烧时所生成的亚硫酸或硫酸，就要使用一种含有超乎一般金属清净剂所具有的碱度的高碱性添加剂，以便用碱性去中和所生成的硫酸，避免发生硫酸腐蚀，以及避免在腐蚀的同时，还能引起的腐蚀性磨损。无论为了对付腐蚀还是对付腐蚀性磨损，都需要按照实际情况，适当地使用高灰分添加剂。

四、清净剂和分散剂的主要品种

国内外清净剂的主要商品牌号见表3-18。

表3-18 国内外主要清净剂商品牌号

商品牌号	化合物名称	主要性能与应用
T101	低碱值石油磺酸钙	良好的清净性、分散性和防锈性，用于内燃机油和防锈油
T104	低碱值合成磺酸钙	很好的清净性、分散性和防锈性，用于内燃机油和防锈油
T102	中碱值石油磺酸钙	很好的清净性，酸中和性和防锈性，用于内燃机油和防锈油
T105	中碱值合成磺酸钙	很好的清净性、酸中和性能和防锈性，用于内燃机油和防锈油
T103	高碱值石油磺酸钙	优良的酸中和性能，高温清净性，用于内燃机油
T106	高碱值合成磺酸钙	优良的酸中和性能，高温清净性
T107	超碱值合成磺酸镁	优异的酸中和能力，灰分低，良好的防锈性能，用于调制中高档内燃机油
T107B	超碱值石油磺酸钙	优异的酸中和能力，较好的高温清净性
LZ 52J	低碱值磺酸钙	优良的防锈性和清净性能
LZ 57A	低碱值磺酸钙	优良的防锈性和清净性能
LZ 6478	高碱值磺酸钙	较好的清净性和防锈性能，用于发动机油
LZ 58B	高碱值磺酸钙	较好的清净性，70*TBN* 船用汽缸油和固定式分开润滑气缸的柴油机油
LZ 75	高碱值磺酸钙	较好的清净性和防锈性能，用于曲轴箱油和高碱值船用汽缸润滑油
LZ 78	超碱磺酸钙	提供清净和防锈性。加9.5%～19%的量可配制高碱值船用和固定式气缸润滑剂
Infineum C9353	中性磺酸钙	良好的高温稳定性、防锈性和柴油清净性，推荐1%～3.5%的量与其他添加剂复合用于汽、柴油机油中
OLOA 246S	低碱值磺酸钙	很好的清净性、分散性和防锈性，与酸中和剂和抑制剂复合用于发动机油中
OLOA 249S	超碱值磺酸钙	优异的酸中和性能，高温清净性，用于涡轮增压柴油机油和船用气缸油
上206和上206B	高碱酯硫化烷基酚钙	良好的高温清净性和较强酸中和能力，并具有一定抗氧化及抗腐蚀性能，主要用于CC、CD级以上的柴油机油及船舶用油
LZ 115A	中碱值硫化烷基酚钙	良好的高温清净性、防锈性和一定的酸中和能力，抗氧抗腐蚀性能，对控制活塞顶环积炭效果显著，有良好的协同效应，皂含量高。用于普通内燃机油

续表

商品牌号	化合物名称	主要性能与应用
LZ 6499	高碱值硫化烷基酚钙	推荐0.5%～25%的量与其他添加剂复合，用于汽油机油及汽车，船用和铁路柴油机油
LZ 6500	高碱值硫化烷基酚钙	推荐1.2%～6.0%的量，与其他清净剂、分散剂、抑制剂和抗磨剂复合，用于各种不同性能水平的曲轴箱润滑油
LZ 692	烷基酚钙	清净和抗氧化性能，用于曲轴箱润滑油
T 109	中碱值烷基水杨酸钙	优良高温清净性和良好的中和能力，较佳的抗氧抗腐蚀性能及高温稳定性，与分散剂和ZDDP复合显示优异的加合效应，可以调制中、高档发动机油
LZL 109A	低碱值烷基水杨酸钙	优异的清净性能、较强的抗氧化能力，与其他的高碱值的清净剂和分散剂复合，用于中、高档内燃机油中
LZL 109B	高碱值烷基水杨酸钙	优良的清净性、抗氧抗腐蚀性能及高温稳定性，中和能力强，与分散剂和ZDDP复合显示出优异的加合效应，可以调制中、高档发动机油
Infineum C9371	中碱值烷基水杨酸钙	优良的清净、抗氧和抗腐蚀性能，一定的酸中和能力，与其他剂复合可配制优质的汽油机油
Infineum C9372	高碱值烷基水杨酸钙	优良的清净、抗氧和抗腐蚀性能，与其他添加剂复合、用于汽油机油，特别是高速和中速柴油机油
Infineum C9375	高碱值烷基水杨酸钙	优良的清净、抗氧和抗腐蚀性能以及酸中和能力，与其他剂复合用于车用汽、柴油机油，也能用于柴油发动机润滑油
Infineum C9006	高碱值烷基水杨酸硼酸镁	含有2.9%的硼，具有优良的清净、抗氧和防锈性能以及酸中和能力，在高温下有减少阀系磨损的趋势
Infineum C9012	超碱值烷基水杨酸钙	优良的清净和氧化稳定性及水解稳定性，与其他添加剂复合用于汽、柴油机油
OSCA 405	中碱值烷基水杨酸钙	优良的清净和氧化稳定性及水解稳定性，与其他添加剂复合用于汽、柴油机油
OSCA 420	高碱值烷基水杨酸钙	优良的清净性、热稳定性和水解稳定性，与其他添加剂复合用于汽、柴油机油
T112	中碱值环烷酸钙	较好的清净分散性能和一定的酸中和能力，抗乳化性、分水性、扩散性和油溶性好，用于船用柴油机油中及内燃机油
T113	高碱值环烷酸钙	较好的清净分散性能和较好的酸中和能力，抗乳化性、分水性、扩散性和油溶性好，用于船用柴油机油中及内燃机油
T114	高碱值环烷酸钙	较好的清净分散性能和很好的酸中和能力，抗乳化性、分水性、扩散性和油溶性好
OSCA 255	高碱值环烷酸钙	好的油溶性，在水中稍微乳化，并有好的扩散性，用于船用气缸油
OSCA 255C	高碱值环烷酸钙	好的油溶性，在水中稍微乳化，并有好的扩散性，用于船用气缸油
OSCA 256	高碱值环烷酸钙	优异的溶解性，抗乳化性好和分水性好，在气缸油中扩散性好。用于船用气缸油

国内外分散剂的主要商品牌号见表 3-19。

表 3-19 国内外主要分散剂商品牌号

商品牌号	化合物名称	主要性能及主要应用
T151A	单丁二酰亚胺	优良的抑制低温油泥、高温积炭生成的能力，与其他添加剂复合具有很好的协同作用，用于汽油机油
LZL 151A	单丁二酰亚胺	优良低温分散性，对高温烟灰有好的增溶作用，与清净剂和 ZDDP 复合适宜调制高档汽油机油
T152	双丁二酰亚胺	优良的低温分散性和高温稳定性，适于调制内燃机油
T154	双丁二酰亚胺	优良的低温分散性和高温稳定性，一般用于柴油机油
LZL 153	多丁二酰亚胺	较好的分散性和高温稳定性，多用于柴油机油
T161	高分子丁二酰亚胺	优异的高温清净性和较好的低温分散性，氯含量低，用于调制 SE 和 SF 级的汽油机油，可显著降低配方的剂量。一般用于汽油机油
T161A 和 T161B	高分子丁二酰亚胺	优异的高温清净性和较好的低温分散性，用于调制 SE 和 SF 级的汽油机油，可显著降低配方的剂量
LZL 157	高分子分散剂	优异的分散性和热稳定性，用于调制 SG 级以上汽油机油，并可降低油品的加剂量
LZL 153	丁二酸酯	优良的低温分散和热稳定性，用于调制 CD/SE 以上内燃机油
LZ 3000	无灰分散剂	推荐 0.5%～5%的量，与清净剂和抑制剂复合，改善发动机油在低温和高温下的分散性能
LZ 6401	丁二酰亚胺-丁二酸酯	与其他添加剂复合可满足各种发动机油性能要求
LZ 6412	无灰分散剂	低温分散性以及良好的高温柴油机油分散性能
LZ 6418	高分子丁二酰亚胺	推荐 0.5%～5%的量，与清净剂和抑制剂复合，改善发动机油在低温和高温下的分散性能
LZ 890	双丁二酰亚胺	添加量 1%～5.2%，提供低温分散性及良好的高温柴油机油分散性能
LZ 935	分散剂组分	添加量 1.1%～5.4%，与清净剂及抑制剂复合，可极大地改进发动机油的低温和高温的分散性能
LZ 936	聚异丁烯丁二酸酯	添加量 1%～5.2%，与清净剂及抑制剂复合，可极大地改进剂发动机油低温和高温分散性能
LZ 948	丁二酰亚胺-丁二酸锌	添加量 1%～5.2%，为重负荷发动机油提供分散性能
Infineum C1231	丁二酰亚胺	优良的低温分散性能和漆膜控制，与其他剂复合用于高质量汽、柴油机油
Infineum C9237	单/双丁二酰亚胺	优良的控制漆膜和油泥的生成以及分散烟灰的能力，与其他复合剂用于高质量汽、柴油机油
OLOA 11000	丁二酰亚胺	在汽油机油中具有优良的低温油泥和漆膜控制能力，在柴油机、天然气发动机和船用气缸油中具有有效分散性能
OLOA 15500	无灰分散剂中间体	是由 1000 相对分子质量的聚异丁烯，经热加合工艺制得的聚异丁烯丁二酸酐

续表

商品牌号	化合物名称	主要性能及主要应用
Hitec 646	丁二酰亚胺	推荐0.5%～6%的量，用于汽、柴油机油控制低温油泥
Hitec 7049	硼化曼尼斯分散剂	在汽油机油和柴油机油中的高、低温条件下，均可提供优异的分散性能和漆膜控制
Mobilad C-212	无氯950分子量PIB丁二酰亚胺	优良的分散性，推荐用量1%～10.0%，用于金属加工液
Mobilad C-213	无氯丁二酰亚胺	优良的分散性和防锈性能，推荐用量1%～10.0%，用于齿轮油

第五节　黏温性能和黏度指数改进剂

为了获得具有一定黏度特点的油品，过去人们总是选择一定的原油馏分。但原油中所含的馏分常常不能满足人们的需要，有的原油黏稠的馏分太少，有的馏分油在春天或秋天的气温下稀稠程度还合适，但到了冬天就显得太稠，到了夏天又显得太稀薄。这种现象通过石油炼制可以得到一些改善，但冬、夏要换油的问题却仍不能解决。能不能够制取一种不需要因气温的不同而换油的油品呢？黏度指数改进剂（增黏剂，黏度指数添加剂）的发展，解决了这个问题。可以说，这种四季通用油，主要是由于黏度指数改进剂的作用才得以实现的。黏度指数改进剂主要用于多级内燃机油、液压油、变速器油、机械油等，近年来在齿轮油中也有应用。

一、油品的黏度和黏温性能

黏温性能是指一种油品的黏度要随着温度的变化而变化的性能。当温度升高时，油品的黏度变小，而当温度降低时，其黏度就增大。不同品质的油品，随温度而改变其黏度的性能是不同的。黏温性能好的油品，温度降低黏度增大的小，温度提高时，黏度降低得也少；相反地，黏温性能差的油品，其黏度随温度变化的幅度就很大。可以用黏度指数来表示油品的黏温性能，黏度指数越大，油品的黏温性能就越好。

黏度可用绝对黏度、运动黏度和条件黏度表示，我国油品常用运动黏度作为黏度指标，单位是 mm^2/s。

油品的黏度特性和黏温性能和石油炼制时所用原油的种类、馏分范围和精制深度密切相关。石蜡烃类成分含量高的原油，如我国的大庆原油，一般黏温性能好。由环烷烃含量高的原油炼制的油品，其黏温性能就差一些，如我国的新疆原油。石油的黏温性能并不是不能改变的，通过选取合适的馏分、进行深度加工和加入添加剂，黏温性能差的原油也能生产出黏温性能好的油品来。

二、黏度指数改进剂

黏度指数改进剂是20世纪50年代发展起来的添加剂，也是近年来各种油品添加剂中产量增长最快的。其产量在很多国家都仅次于抗爆剂和清净分散剂，在油品添加剂中居第三位。

随着大功率、高负荷、高转速发动机的问世和节能的需要，内燃机油也逐步向高档化和多级油的方向发展。在研制多级油时，为了满足油品的高、低温性能，需在所使用的较低黏度的基础油中加入油溶性链状高分子聚合物，即黏度指数改进剂。

黏度指数改进剂主要是为了改善油品的黏温性能，提高油品的黏度指数，以适应宽温度范围对油品黏度的要求。除此之外，还具有降低燃料消耗、维持低油耗、降低磨损及提高低温启动性、增产重质润滑油和简化油品、实现油品通用化的优点。

1. 黏度指数改进剂的主要品种和应用

以下概述目前世界上广泛使用的几种黏度指数改进剂的性能和应用。

(1) 聚异丁烯（PIB，T603）　聚异丁烯采用典型的阳离子聚合，以炼油厂裂解生成的丁烷-丁烯馏分作原料，$AlCl_3$、BF_3、$AlCl_3$-Al（i-C_4H_9）$_3$ 或 $AlCl_3$-甲苯-二氯乙烷作催化剂，在低温下进行选择性聚合，精制后得到产品。可用氯代烃或低分子饱和烃为溶剂，也可不用溶剂直接聚合。

聚异丁烯（PIB）是用得最早的黏度指数改进剂，相对分子量（2～6）$\times10^4$，添加量8%～20%。PIB具有良好的抗剪切安定性和热稳定性，但抗氧化能力较差，一般用于多级内燃机油、汽车传动液和液压油。

(2) 聚甲基丙烯酸酯（PMA，T602）　PMA是采用不同碳数的甲基丙烯酸酯单体，以苯甲酰过氧化物或偶氮二异丁腈作引发剂，用硫醇作相对分子质量调节剂，在甲苯或其他烃类溶剂中进行溶液聚合。甲基丙烯酸酯的侧链基的结构对其性能有较大的影响。通过改变侧链基的平均碳数、碳数分布和聚合物的平均相对分子质量，可以得到一系列用于不同目的的增黏剂、增黏-降凝剂、降凝剂。作为黏度指数改进剂，烷基的平均碳数为8～10，添加量一般为2%～5%。

聚甲基丙烯酸酯具有优异的低温性能，但增黏能力和剪切稳定性差，适用于要求低温性能好的多级内燃机油（如5W/30）；相对分子质量较低的聚甲基丙烯酸酯适用于各种液压油和齿轮油。

(3) 乙烯丙烯共聚物（OCP，T611）　乙烯丙烯共聚物是采用钒系催化剂，在10～50℃溶液中聚合，一般用氢气调节相对分子质量，也可用三氯醋酸乙酯调节相对分子质量。聚合物中乙烯丙烯的比例对产品性能有较大影响。乙烯含量过高，则由于较长烷链—CH_2—对称性，使聚合物洁净度增加，油溶性变坏，低温下易形成凝胶，但有利于提高黏温性能。丙烯含量过高则由于主链碳数减少，使增黏能力降低，且由于叔碳氢增加导致聚合物的热氧化安定性变坏。

异丙共聚物具有良好的增稠能力，而且抗剪切能力好，同时具有一定的低温清净性、抗氧性、防锈性和抗磨性。主要用于需高剪切稳定性的油品。

(4) 聚正丁基乙烯基醚（T601）　聚正丁基乙烯基醚是乙炔和正丁醇在氢氧化钾或$BF_3\cdot H_2O$的催化下，先合成得到正丁基乙烯基醚，再以$FeCl_3$、$SnCl_4$、BF_3为催化剂进行聚合制得的。

聚正丁基乙烯基醚的低温性能和抗剪切安定性好，但热氧化安定性和增稠能力较差，可用于工作温度不太高的液压油中，加量4%～8%。不适用于内燃机油。但原料价格贵，性能不突出，使用渐趋减少。

(5) 氢化苯乙烯双烯共聚物（HSD、SDC）　双烯一般用丁二烯、异戊二烯或两者的混合物，苯乙烯和双烯的比例为（25∶75）～（40∶60）（摩尔比）。采用典型的阳离子聚合，以丁基锂为催化剂，在50℃左右进行溶液聚合。苯乙烯双烯共聚物再以有机镍和三乙基铝为催化剂氢化，主要饱和双烯中剩余的双键，以提高其热氧化安定性。

相应产品有苯乙烯/丁二烯共聚物和苯乙烯/异戊二烯共聚物。氢化苯乙烯/双烯共聚物的相对分子质量在5万～10万，其增稠能力和剪切稳定性很好，与乙丙共聚物接近，低温性能和氧化稳定性很差。这类化合物的高温剪切下的黏度较低，难于满足低黏度多级内燃机油对高温高剪切速率下的黏度要求。

(6) 苯乙烯聚酯　苯乙烯聚酯是用苯乙烯与马来酸酐共聚后，先用少量含氮化合物进行酰胺化反应，再用混合醇对未酰胺化的酸酐进行酯化而成。苯乙烯聚酯是具有一定分散性的酯型黏度指数改进剂，低温性能较好，但剪切稳定性较差，增黏能力也不好。

在以上六种黏度指数改进剂中，聚异丁烯占黏度指数改进剂总量的80%左右。其具有良好的剪切稳定性和热稳定性，能改善油品的黏温性能，提高黏度指数，但增黏能力及低温性能较差。

2. 黏度指数改进剂作用机理

高分子化合物随溶剂的种类、溶液的浓度和温度的不同，其分子具有不同的形态（从缠绕的蜡曲状直至近似的棒状）。在不良溶剂中，高分子化合物凝集为蜷曲状；在良好的溶剂中扩展伸长。黏度指数改进剂这类高分子化合物在烃类基础油中，高温条件下，分子溶胀，体积和表面积增大，基础油的内摩擦显著增加，导致油品的黏度显著增高；相反，在较低温度下，高分子收缩蜷曲，体积和表面积减小，对油品的内摩擦影响不大，因此，对油品的黏度影响较小。黏度指数改进剂正是基于不同温度下、不同形态对黏度影响的差异，达到增加黏度和改善黏温性能的作用。黏度指数改进剂的作用机理见图3-9。

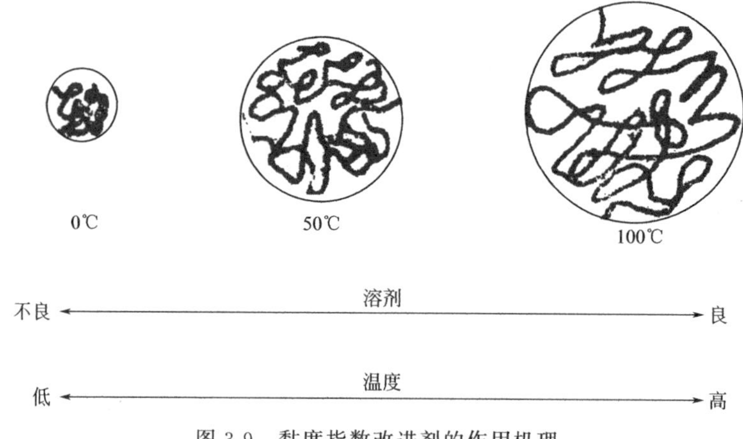

图3-9　黏度指数改进剂的作用机理

显然，从改善黏温性能考虑，理想的增黏剂应该是高温增黏能力大，而低温增黏能力小。

同一黏度指数改进剂，添加到不同的基础油中的黏温性能是不一样的。因为基础油的来源、精制深度不同，对黏度指数的感受性不同。例如，多级油的黏温性能优于同黏度的单级油，这主要是由于多级油使用了黏度基础油。

3. 黏度指数改进剂的使用性能

衡量黏度指数改进剂的好坏，除考虑其改善黏温性能的能力外，还要评定：其增黏能力，即加入此类添加剂后润滑油黏度增加的百分比；剪切稳定性，即在剪切力作用下高聚物分子链不易断裂；热安定性和低温泵送能力等性能。

（1）增黏能力　增黏能力是指黏度指数改进剂加量相同时黏度的增加量，即要增加相同黏度时增黏能力强的增黏剂加量少。黏度指数改进剂的增黏能力与其分子中主链的相对分子质量有关，主链相对分子质量大则增黏能力强。在增加相同黏度时，各种黏度指数改进剂的增黏能力的顺序为：

OCP＞SDC＞PIB＞PMA

增黏能力与基础油性质有关。基础油的黏度和烃组成对增黏能力有一定影响，一般黏度指数改进剂对环烷基基础油的增黏能力较石蜡基基础油强。这是由于不同的烃类对黏度指数改进剂分子具有不同的亲和性（溶剂化作用）。

（2）热氧化安定性　热氧化安定性是黏度指数改进剂的另一重要性能。在实际使用过程中，黏度指数改进剂要经受高温氧化。聚合物的热氧化分解会导致黏度下降，酸值增加，环槽积炭增多，黏环等一系列问题。

高分子化合物一般在60℃以下不发生明显的热氧化分解，在100～200℃开始热氧化分解。聚合物的热氧化安定性取决于结构中化学键的强度，而其最弱键代表整个高分子链的强度。聚合物的热氧化分解服从氧化连锁反应机理，氧化反应的链引发和链增长中，多氢反应起决定作用。所以聚合物链上碳氢键的强度对氧化断裂的难易关系极大。乙烯/丙烯共聚物（OCP）和氢化苯乙烯/双烯共聚物（HSD）有叔碳氢，易受攻击，热氧化安定性较差；聚甲基丙烯酸酯（PMA）和聚异丁烯（PIB）没有叔碳氢，较稳定；而正丁基乙烯基醚不仅有叔碳氢且受到醚键的活化，其稳定性最差。

提高黏度指数改进剂的热氧化安定性最简便的方法是加适量的抗氧剂二烷基二硫代磷酸锌。试验表明，各种黏度指数改进剂的热氧化安定性虽有明显差别，但在抗氧剂ZDDP存在时基本接近（聚正丁基乙烯基醚除外）。

（3）剪切稳定性　纯净的矿物油在其浊点温度以上时，黏度不随剪切力而变化，称为牛顿流体。如图3-10所示，含有高分子黏度指数改进剂的油品，在剪切速率非常小时显示牛顿流体特性；随着剪切速率增加，表现为典型的非牛顿流体特性；黏度降低，而一旦剪切应力消失，则又恢复原来的黏度，这也称为暂时黏度降低。当高分子主链由于高剪切应力断裂时，就产生了永久黏度降低。

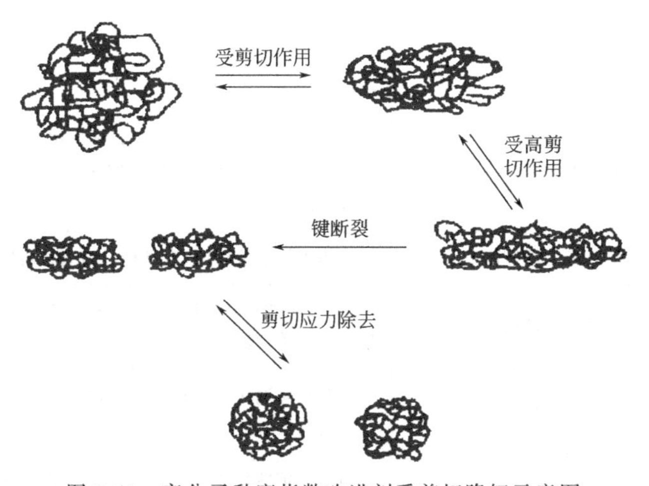

图3-10　高分子黏度指数改进剂受剪切降解示意图

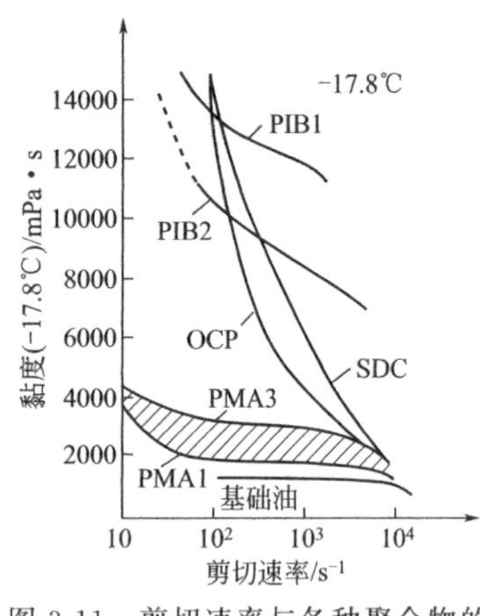

图 3-11 剪切速率与各种聚合物的低温黏度的关系

剪切稳定性差的增黏剂在使用中不能保持原有黏度级别，对磨损、油耗等产生一系列影响。高剪切稳定性与相对分子质量、相对分子质量分布、侧链结构有关。

（4）低温黏度和低温启动性 表示多级油的低温性能的指标有低温启动性和低温泵送性。每种发动机存在一最小临界启动转速，低于临界转速发动机不能启动。临界启动转速与润滑油的黏度有关，使用黏温性能好、低温黏度小的多级油是保证启动转速的有效而简便的方法。含高分子的油品是非牛顿流体，其低温黏度不能用外推法测定。一般采用冷启动模拟机来测定的多级油的低温黏度。剪切速率与各种聚合物的低温黏度关系如图 3-11 所示。

多级油的低温黏度决定于基础油的低温黏度，精制程度高、黏度高的基础油低温黏度低。

三、国内外黏度指数改进剂的主要品种

我国黏度指数改进剂的研发速度很快，目前已生产应用的有聚异丁烯、聚甲基丙烯酸酯和乙烯-丙烯共聚物。国内黏度指数改进剂的用量与国外相当，但品种不平衡，其中 PIB 的用量达到 80%以上。PIB 剪切稳定性和低温性能差，在配制低黏度多级油时受到限制。近年来，随着低档油品的淘汰，OCP 的用量逐步上升，并且品种在逐步多样化。国内外黏度指数改进剂主要品种、性能和应用如表 3-20 所示。

表 3-20 国内外黏度指数改进剂的主要品种、性能和应用

商品牌号	化学组分	主要性能和应用
JINEX 6095	聚异丁烯	化学性能稳定，高温挥发或热分解后留残留物，耐氧化，不透气体，憎水。用于生产低分子无灰分散剂、黏合剂和调配二冲程油等
JINEX 6130	聚异丁烯	可用于生产低分子无灰分散剂，调配二冲程油、齿轮油，亦可用于润滑、密封、黏合剂、橡胶、电绝缘材料等行业
低分子 PIB 800 低分子 PIB 1000	聚异丁烯	较好的剪切稳定性和良好的热氧化安定性，用于 LZL108 和分散剂生产的原料、润滑油增黏剂、二冲程发动机油消烟剂和电缆浸渍料
Glissopal V 33 Glissopal V 90 Glissopal V 220	聚异丁烯	非常适合作润滑剂增稠的高黏度组分，常常用来代替光亮油，特别是在二冲程发动机油中。用于二冲程发动机油、传动润滑油和合成多级齿轮油
T602	聚甲基丙烯酸酯	适用于航空液压油、自动传动液、低凝液压油和内燃机油中
T632	聚甲基丙烯酸酯	增黏、降凝和分散作用，剪切稳定性好，可用于调制 Dexron-ⅡE 规格自动传动液
T633	聚甲基丙烯酸酯	增黏和降凝作用，剪切稳定性好，可用于调制 Dexron-ⅡE 规格自动传动液
T634	聚甲基丙烯酸酯	剪切安定性优于 T633，可以用于齿轮油中调制 75W/90、80W/90 GI-5 的低凝和高负荷车辆齿轮油

续表

商品牌号	化学组分	主要性能和应用
LZ 7774	聚甲基丙烯酸酯	增黏和分散性能，用于自动传动液
Hitec 5708		增黏和降凝作用，用于液压油
Viscoplex 0-120	聚甲基丙烯酸酯与苯乙烯的共聚物	SSI 为 CEC L-45-T-93 方法测定的、可调制高剪切安定性的多级齿轮油，同时具有降凝作用
Empicryl HVI 120		用于配制 HVI 液压油，可用于石蜡基油、环烷基油和合成油中，加 10%的量可增加黏度 $6mm^2/s$
T611	乙丙共聚物	良好的增黏能力和热稳定性好等性能，中等剪切稳定指数。适用于调制多级内燃机油，改善油品的黏温性能
T612	乙丙共聚物	具有色泽浅、稠化能力强、剪切性能良好与降凝剂的配伍性能好的优点。适用于调配 CC、SE、SD 级等中档内燃机油
T613	乙丙共聚物	良好的热稳定性和化学稳定性，增黏能力强，对润滑油降凝剂感受性良好。适用于调制多级汽油机油、柴油机油
T614	乙丙共聚物	优良的剪切稳定性、增稠能力、热稳定性，显著改善油品黏温性能，与降凝剂的配伍性能优秀。适用于调制 SH、SG、SJ、SL、CF、CF-4 以上级别的高档内燃机油及各种润滑油产品
T621	乙丙共聚物	良好的热稳定性和化学稳定性，增黏能力极强和改进油品黏度指数的作用
T622	乙丙共聚物	低氮 OCP(0.1%)，用于柴油机油
LZL 615	乙丙共聚物	很好的抗剪切性能、稠化能力、特优之低温泵送性及降凝效果，调制高档内燃机润滑油，作齿轮油、金属加工用油的辅助增稠剂
JINEX 9900	苯乙烯异戊二烯共聚物	优良的低温启动性和泵送性能，低温流动性及对润滑油降凝剂有良好的感受性。用于调制多级内燃机油，特别适用于调配 5W/30、10W/30 等黏度级别的多级油
JINEX 7441	苯乙烯异戊二烯共聚物	
T601	聚乙烯基正丁基醚	较好的增黏能力，优良的低温性能。用于调制 10 号航空液压油、炮用液压油、8 号液压传动油

第六节 油品的低温流动性能和降凝剂

油品在温度下降到一定程度后，就会发生凝固，失去流动性。燃料或润滑油一旦凝固，就无法使用，不慎使用了凝固的油品，就会造成机器设备的事故。

一、油品的倾点或凝固点

倾点是指油品在规定的试验条件下，被冷却的试样能够流动的最低温度；凝点指油品在规定的试验条件下，被冷却的试样油面不再移动时的最高温度，都以℃表示。

倾点和凝点均是用来衡量润滑油等低温流动性的常规指标，没有本质区别，只是测定方法不同。同一油品的倾点比凝点略高几度，过去常用凝点，现在国际通用倾点。

倾点是反映油品低温流动性好坏的参数之一，倾点越低，油品的低温流动性越好。

1. 油品凝固的原因

油品在低温情况下失去流动性的原因有两个。一是黏温凝固，含蜡量极少的油品，油品随着温度下降，黏度不断增加，温度下降到一定程度，最后因黏度过高而失去了流动性，称为无定型的玻璃状物，就可以说是“凝固”了。但这个“凝固”并不是油品凝固的主要原因。二是构造凝固，对于含蜡量较多的油品来说，油品在冷却过程中，其中所含有的蜡逐渐结晶出来，当析出的蜡逐渐增多长成为一个网状的骨架后，便将尚处于液体状的油品包在其中，使油品失去了流动性。油品经常是由于这种原因而凝固的。

当然，温度下降后，蜡的结晶和油品本身黏度的增大，这两个因素共同发挥作用才导致油品凝固，只是蜡的结晶是主要的。

2. 降低油品倾点的方法

降低油品的倾点温度，通常可以采取两个方法。一是适度蜡脱，把油品中所含的蜡脱除出去，这样可以有效地降低油品的凝固温度。但是脱除蜡程度过深既是对油品资源的浪费，也会使油品的某些性能变差，如黏度指数降低过多。二是加入添加剂，向油品中添加降低凝固温度的添加剂。一般在油品中加入 0.1%～1.0%的降凝剂，可以使油品凝固温度降低很多，且不使油品遭受损耗。

二、降凝剂及其使用性能

1. 降凝剂的作用机理

含蜡油品之所以在低温下失去流动性，是由于在低温下，高熔点石蜡烃（除正构烃外，尚包含少量异构和环状烃）正常单蜡晶的生长方向如图 3-12 所示，其在 X 轴和 Z 轴方向的生长速度较快，形成大的片状或针状结晶，这些结晶通过棱角相互黏结，进而形成三维网状骨架。三维网状结构将低凝点的油分、胶质、沥青质、污泥、水等吸附并包于其中，犹如吸水的海绵，形成蜡膏状物质，致使整个油丧失流动性。

降凝剂（SPD）是一种油溶性的聚合或缩合的高分子化合物。其分子中一般含有极性基团（或芳香核）和与石蜡烃结构相似的烷基链，长链烷基结构可以在侧链上，也可以在主链上或者两者兼有。依靠自身的分子特点，降凝剂可改变多蜡原油冷却过程中析出的蜡晶形态，抑制蜡晶在油品中形成的三维网状结构。加入量很少时，即能大大地改变油品中石蜡的结晶形态，改变体系的界面状态和流变性能，降低原油和油品的凝点和黏度，从而改善原油的低温流动性。

降凝剂作用机理是降凝剂分子在蜡晶表面的吸附或与其共晶。降凝剂对蜡晶生长产生了所谓定向作用，即在三维空间中，抵制蜡晶向 X 轴和 Z 轴方向生长，促进其向 Y 轴方向生长，从而得到比较均一的等方形结晶，增大了蜡晶的体积对面比；另一方面，降凝剂分子留在蜡晶表面的极性基团或主链段，阻碍了蜡晶粒间的黏结作用。如图 3-13 所示。

降凝剂并不能阻止蜡结晶析出，但是能阻碍蜡结晶形成三维网状结构，从而使其倾点降低。所以降凝剂仅对含蜡的油品起作用，并且不能降低蜡的析出温度（油品的浊点）和析出量。

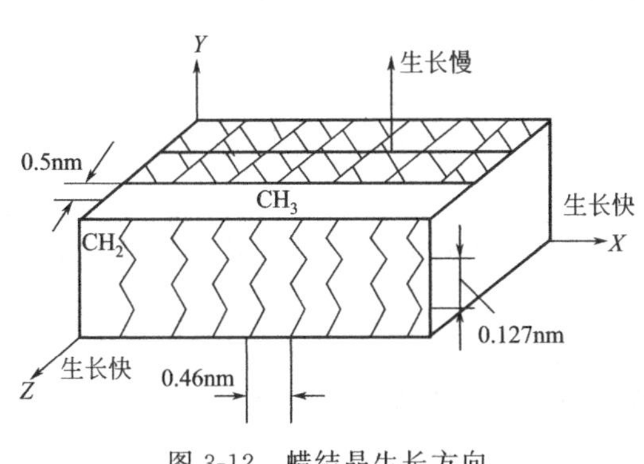

图 3-12　蜡结晶生长方向

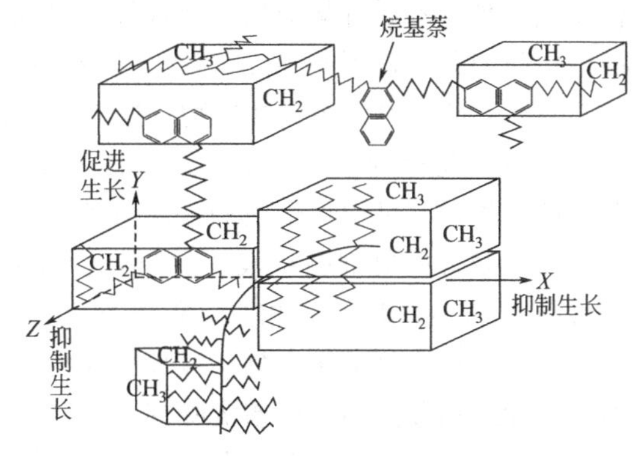

图 3-13　降凝剂对蜡晶生长方向的影响

降凝剂的化学结构对降凝效果有很大影响，不同结晶点的蜡要求不同长度的烷烃链与其共晶，因而降凝剂分子上的烷烃链长度对降凝作用具有决定性影响。在使用降凝剂时，应根据基础油来选择不同的降凝剂。

2. 降凝剂的分类

降凝剂广泛用于调制各种深色润滑油，如机械油、变压器油、齿轮油、内燃机油、汽轮机油和冷冻机油等。以下概述目前国内外生产的降凝剂的主要类型和性能。

（1）具有乙烯骨架、靠乙烯主链与蜡作用的聚合物　该类聚合物是一类具有乙烯聚合链结晶相和极性链段非结晶相（如 EVA 中醋酸乙烯酯链段）的聚合物，合理的乙烯平均序列长度对降凝度与冷滤点降低影响很大，分为均聚物和共聚物。利用聚合物主链上与蜡相似的具有锯齿形结晶结构的聚乙烯链段与蜡发生共晶作用，极性链段起到降低聚乙烯的结晶度、降低熔点、增加油溶性和抑制石蜡结晶生长的作用。

乙烯-醋酸乙烯酯共聚物（EVA）是目前使用最广、效果较好的柴油低温流动改进剂。如埃克森公司的 Paradyne 20、Paradyne70、ECA5920、ECA5966，我国的 T1804。用作柴油低温流动改进剂的 EVA，平均相对分子质量一般为 2000 左右，醋酸乙烯酯含量在30%～40%。该共聚物可以单独使用，也可与其他聚合物复配使用。

其他以乙烯为主链的聚合物有以乙烯为主链的聚合物还有低相对分子质量聚乙烯、聚氯乙烯、乙烯-丙烯共聚物、乙烯-丙烯酸异丁酯共聚物、乙烯-*N*-乙烯基乙酰胺共聚物等。

（2）具有树形结构、靠长侧链烷基与蜡形成共晶的聚合物　这类聚合物中，长链烷基是直接连接在主链上或通过氧或其他原子联结在主链上的。温度降低时，聚合物将借助侧链烷基与蜡晶边缘结合形成共晶，抑制其向平面方向生长，破坏石蜡的结晶行为和取向性。聚合物的主链和极性基团将起到屏蔽和分散作用，抑制蜡晶的增长，从而改善油品的低温流动性。

聚甲基丙烯酸酯类（PMA）降凝剂是一类被广泛应用的降凝剂，其对柴油的降凝效果与聚合物中酯的组成和酯基侧链平均碳数有关。因为丙烯酸酯与油品有良好的对应关系，被越来越多地用来与其他单体共聚，如马来酸酐、富马酸酯、醋酸乙烯酯以及苯乙烯等。

PMA 是一种高效浅色降凝剂，对各种润滑油均有很好的降凝效果，同时还具有改进黏度指数（T602）的作用。

（3）富马酸酯（或马来酸酯）类聚合物　醋酸乙烯酯和富马酸酯共聚物是一类应用较为广泛的产品，市场上的 Paradyne80、Paradyne85、Keroflux M 均属此类。这类共聚物单独使用或与具有乙烯骨架的聚合物或极性含氮类添加剂复配使用，对于具有窄馏程、终馏点较高的中间馏分油，可起到降低浊点和冷滤点，改善低温流动性的作用。

（4）α-烯烃均聚物或共聚物　这类聚合物中长侧链烷基直接连接在聚合物主链上，有单一α-烯烃的均聚物、具有不同烷基链长度的混合α-烯烃的共聚物及α-烯烃与其他单体进行共聚的产物，都可用作柴油的低温流动改进剂。

聚α-烯烃降凝剂颜色浅、效果好、价低。可适用于各种润滑油中，其效果与聚甲基丙烯酸酯（PMA，T814）相当，但价格比PMA便宜。

（5）极性含氮类化合物　极性含氮类化合物主要为烃基二羧酸酰胺/铵盐型。此类化合物多作为蜡晶分散剂或抗蜡沉降剂，与其他降凝剂（主要为EVA）复配使用，可改善柴油的低温过滤性。国外许多大公司，如Exxon、Mobil、BASF公司等都在对此类添加剂进行研制，典型的为以下两种。

① 烯基丁二酰胺酸盐。烯基丁二酰胺酸盐是由雪弗龙公司开发的产品，兼有分散、破乳、防锈等多种性能。该公司以它为主要成分，与聚乙烯-醋酸乙烯酯、聚乙烯-丙烯酸酯等复配，生产了OFA410、OFA414、OFA418等产品，此类产品的使用效果较好，但原料成本较贵。

② 酸酐类胺化物。酸酐类胺化物用作蜡晶分散流动改进剂（包含酸酐类胺化物的复合添加剂），对降低柴油的冷滤点效果较好。

（6）烷基芳烃类　烷基芳烃类是一类能有效改善柴油中石蜡结晶大小的添加剂，这类添加剂的作用被认为是在蜡的表面吸附了芳香族基团的结果。氯化石蜡-萘的缩合物是应用较早的流动改进剂，一般与其他聚合物配合使用。如与聚乙烯按一定比例混合，可使柴油的冷滤点由0℃降至－9℃。

润滑油降凝剂国内以烷基萘（T801）为主，占降凝剂黏度70%，其次是聚α-烯烃降凝剂（T803和T803A），少量是聚甲基丙烯酸酯、聚丙烯酸酯降凝剂。

3. 降凝剂的使用性能

烷基萘是我国生产的第一个添加剂品种，至今已有70多年的历史。烷基萘降凝剂呈深褐色，对中质和重质润滑油的降凝效果好。由于颜色较深，不宜用于浅色油品，多用于内燃机油、齿轮油和全损耗油中。

表3-21是各种降凝剂在不同基础油中的降凝效果。

表3-21　各种降凝剂在不同基础油中的降凝效果

基础油	石蜡基油										中间基油		
	75SN		150SN		500SN		600SN		150BS		150ZN	300ZN	600ZN
凝点/℃	－18	－13	－18	－8	－9	2	－6	3	－13	－8	－18	－18	－6
降凝剂	降凝度/℃												
烷基萘(T801)	5	6	6	12	6	9	8	19	0	0	26	22	20
聚甲基丙烯酸酯(T814)	20	19	21	13	—	13	12	28	6	6	—	25	18
聚α-烯烃(T803)	19	15	8	20	8	18	14	25	4	10	25	25	19

从表3-21中可以看出烷基萘对浅度脱蜡的石蜡基中质和重质润滑油的降凝效果较好；聚α-烯烃和聚甲基丙烯酸酯在各种油品中的降凝效果相当；均适用于各种黏度和脱蜡深度的基础油。各种降凝剂对中间基润滑油的降凝效果均好，但对残渣润滑油的降凝效果均较

差，而以烷基萘最差。

表 3-22 列出了我国几种主要的降凝剂。

表 3-22　我国几种主要的降凝剂

代　　号	化学名称	主　要　用　途
T801	烷基萘	降低润滑油的凝点
T803	聚 α-烯烃-1	浅度脱蜡后的各种润滑油降凝
T803A	聚 α-烯烃-2	深度脱蜡后的各种润滑油降凝，并可以增黏
T814	聚甲基丙烯酸酯(C_6～C_{18}酯)	较好的降凝效果，用于内燃机油、液压油和变压器油
T602	聚甲基丙烯酸酯(C_{14}酰胺醇)	具有较好的降凝效果，用于内燃机油液压油和齿轮油中
LZ 7749B	聚丙烯酸酯	是 LZ 7749 的稀释品，用于发动机油、齿轮油和液压油
Infineum V 100		各种黏度级别的矿物油
Infineum V 110		各种黏度级别矿物油基础油
Viscoplex 1-202		推荐加量 0.1%～0.3%，在石蜡基基础油中有最佳效果，适用于溶剂精制的基础油，用于内燃机油、液压油和齿轮油
T801	烷基萘	内燃机油、车轴油和全损耗的浅度脱蜡的润滑油。由于颜色深，不适用于浅色和多级油
T803A	聚 α-烯烃	相对分子质量较大，用于内燃机油、车轴油及其他润滑油
T808A	苯乙烯富马酸酯共聚物	用于含蜡量高、黏度较大的基础油
Infineum V 386	富马酸酯	良好的剪切稳定性，特别适用于液压油和其他工业润滑油中，可降低 10℃。对轻质基础油和多级内燃机油特别有效

第七节　防锈性能和防锈添加剂

一、概述

为了防止机械在运转或停止时生锈，必须使用防锈性能好的润滑油。防锈性能是润滑油重要的使用性能，尤其对汽轮机油和齿轮油等易与水分或湿气接触的润滑油更为重要。备用机械或封存设备的润滑系统用润滑油，同样要有良好的防锈性。还有专门用于封存防锈的防锈油脂，对其防锈性能的要求更高。石油基润滑油有一定的防锈能力，但一般基础油对金属表面吸附力很弱，容易被水置换，使油很难发挥防锈作用。提高润滑油的防锈性能主要通过添加防锈剂来实现。

油品在较高的使用温度下，如大于 100℃，一般不发生单纯的锈蚀作用，因为这时没有水的凝结。但各种使用油品的机器，经常有运转间歇的阶段。就是在运转的机器上，有的部位温度高，有的部位温度低。因此，各种金属机器都可能发生锈蚀。

二、防锈油的类型

防锈油就其使用时的状况而言，一种是静止的封存防锈，另一种是动态的操作防锈。

在封存防锈的情况中，一种是将防锈油涂覆在金属设备或零件，另一种是将金属物品浸没在防锈油中。将金属物品浸没在防锈油里，一般情况下，能够比较有效地防止锈蚀发生。所以至今一些微型轴承等，还使用浸没在油中的方法进行封存防锈。但稍大一些的金属设备，采用这种方法就很不方便了。涂覆防锈固然相对简便，但是存在着防锈油被流失和被抹掉的问题。有时所形成的防锈涂层没有足够的厚度，会造成防锈失败。

操作防锈主要是指各种润滑油除了作为润滑油使用外，特别增加了防锈性能的要求，以适应在油中接触到凝结水时发生锈蚀的问题。

现代战争要求各种储备的军事装备有高度的机动性能，即平时能妥善的防锈封存，一旦需要，不需清洗防锈油就能立即投入使用。为了适应这种需要，出现了一种新型的防锈油类别，即封存防锈、润滑操作两用油。在这类油品中，当前主要是提供了一种能够长期封存、短期润滑的品种。当然，如果能制造一种能够长期封存、长期润滑的两用油将是人们所希望的。不过这种两“长”的油料，研制中技术上有很多困难，经济上也不尽合理。

为了使用上的方便，各种防锈油可以用一些挥发性溶剂来稀释，以利喷涂、涂覆和浸渍。称为溶剂稀释型防锈油。

还有一类防锈油，能够在油料所通过的气相空间释放出一种气相防锈物质，称之为气相缓蚀油。气相缓蚀油是以矿物润滑油为基础油，加入油溶性防锈剂和油溶性气相缓蚀剂配制而成。由于气相缓蚀剂是持续挥发，能够在密闭空间始终处于“饱和”状态，因而气相缓蚀油具有良好的接触防锈和良好的不接触（或叫空间防锈）双重性能，可达到长期、稳定、优良的防锈效果。多用于发动机、齿轮箱、空压机、油压装置、传动装置等短期润滑和密封系统的内腔金属表面长期存封防锈，并具有水膜置换性。

三、防锈添加剂（防锈剂）

纯矿物油的防锈性能是很有限的，各种防锈油主要靠防锈剂（也称缓蚀剂）赋予其防锈性能。防锈剂是一种超级高效的合成渗透剂，能强力渗入铁锈、腐蚀物、油污内从而轻松地将其清除掉。其具有渗透除锈、松动润滑、抵制腐蚀、保护金属等性能。故采用添加防锈剂的防锈油脂来保护金属制品，是最普通、最常用的方法。

1. 钢铁锈蚀的原理

铁在自然界以氧化物、碳酸盐或硫化物等状态存在。以游离金属铁元素状态存在的钢铁具有较高的能量，但不稳定，有自动转向低能位的倾向。钢铁在大气中的锈蚀是最常见也是最重要的腐蚀。

金属受外界环境或介质的化学作用或电化学作用而引起的变质和破坏称为腐蚀，黑色金属在大气中的腐蚀称为锈蚀。世界上绝大多数地方的大气中都含有水蒸气锈蚀，在相对湿度未达到饱和（60%～70%相对湿度）时，就能在金属表面形成极薄的水膜，随着湿度增大，在金属表面形成较厚的水膜和凝露，致使金属表面潮湿。钢铁材质内含有少量碳、硅等无机物，表面总是沾着各种灰尘、砂土等脏物。钢铁经常受到各种应力加工，电、气焊、弯曲变形等，这些都使钢铁各部分能量分布不均匀，当有腐蚀介质存在时，会自动形成局部腐蚀电池，产生腐蚀。

钢铁在潮湿的大气中，在有杂质的情况下，通过水膜或水滴电解液，组成许多微电池（铁质为阳极，杂质为阴极），发生电化学腐蚀，从而发生钢铁锈蚀的现象，如图3-14所示。铁原子变成二价铁离子进入溶液，放出两个电子通过金属本身作导体流向杂质阴极。Fe^{2+}与阳离子OH^-形成可溶性$Fe(OH)_2$。$Fe(OH)_2$很不稳定，进一步与水和O_2反应生成红

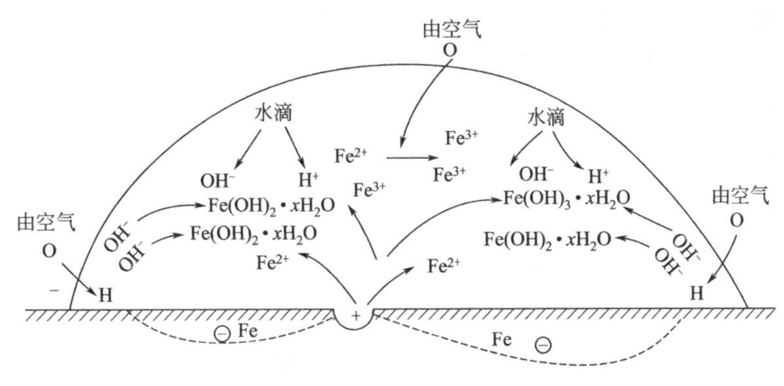

图 3-14 铁的锈蚀示意图

褐色 $Fe(OH)_3$，沉淀于铁表面，即铁锈。铁与铁锈电位相差很大，进一步形成腐蚀电池，使铁进一步腐蚀成铁锈，使铁锈面积不断增大加深。

2. 防锈剂的作用机理

从这种钢铁锈蚀的机理可以看出，要防止锈蚀，从金属材质本身考虑，应尽量除去有害的杂质，并使材料内部结构均一。从金属外部看，可以在金属表面涂覆一层屏蔽膜，排除水、空气等腐蚀介质与金属接触，起到覆盖或钝化腐蚀电极的作用，即使内部有不同电位的电极，由于腐蚀介质不存在，也不能构成腐蚀电池，从而阻止金属腐蚀。在金属表面涂覆添加防锈剂的防锈油脂就是这种作用。

(1) 防锈剂在金属表面形成吸附性保护膜　防锈剂是表面活性剂，其分子由极性基和非极性基两个部分组成。极性基团称为疏油基，与金属表面有很强的吸附能力。非极性基团称为亲油基，有排斥水的性质。在油中，防锈剂分子的亲油基在油中是朝外排向，疏油基是朝里排向，聚集在一起形成胶束或胶团溶于油中。在金属表面上，防锈剂分子离开胶束转而吸附在金属表面上，形成一层吸附性的保护膜，这种膜就起到隔绝外部空气、水和其他杂质的作用，从而保护了金属不受侵蚀。

(2) 防锈剂对水和酸的极性物质有增溶作用　水是引起钢铁锈蚀的主要原因之一，酸的存在也易对钢铁有腐蚀，尤其是无机酸。防锈剂分子能对水、酸等极性物质有增溶作用，即将水、酸等物质增溶到防锈剂分子形成的胶束中央，起到分散、减活作用，从而消除水、酸对金属表面的侵蚀。

(3) 防锈油对水的置换性能　防锈油能将金属表面的水置换成防锈剂或油分子，从而使水脱离金属表面，保护了金属免受腐蚀。这一点对金属加工过程很重要。

(4) 油效应　防锈油是由基础油添加防锈剂组成的。基础油没有什么防锈效果，只有配成防锈油后防锈性能才大为提高。但单独用防锈剂时却没有效果，有时还稍微加快腐蚀。当加入少量基础油后，则显示出良好的防锈性，这种现象称为油效应。这是因为油分子深入吸附的添加剂分子之间，增加与添加剂分子中烃基的吸引力，共同堵塞空隙，使吸附膜更完整更密实，从而提高了防锈性能。

3. 防锈剂的类型

防锈剂主要有水溶性防锈剂、油溶性防锈剂、乳化型防锈剂和气相防锈剂。

(1) 水溶性防锈剂　顾名思义就是可以直接溶解于水的防锈剂。

① 阳极防锈剂。可以抑制阳极过程，增大阳极极化的防锈剂称为阳极防锈剂。其作用是防锈剂吸附于金属表面，阻碍金属离子进入溶液，或者是与金属表面反应生成氧化膜或钝

化膜，阻碍阳极过程，从而起到缓蚀作用。当阳极型防锈剂用量不足或溶液过分稀释时，不足以有效地阻碍整个阳极表面的阳极过程，会形成大部分的钝化区和微小的活化区，即所谓大阴极小阳极的腐蚀电池，导致局部阳极的加速点蚀，产生严重的腐蚀后果，故有“危险的”防锈剂之称。

阳极型防锈剂包括两类：一类是氧化性物质，如铬酸盐（$M_2Cr_2O_7$，M_2CrO_4）、亚硝酸盐（$NaNO_2$）等，这类物质绝大多数是毒性物质，通常不易使用；另一类是非氧化性物质，如磷酸盐（Na_3PO_4，Na_2HPO_4，$Na_6P_6O_{18}$）、硫酸盐、碳酸盐、硅酸盐（Na_2SiO_3）、苯甲酸盐、巯基苯并噻吩、苯并三氮唑等。

在中性或碱性溶液中，阳极缓蚀剂中基本上都是无机物，防锈效果有限。为了提高防锈效果和减少毒性，往往在冷却液中加入一些有机缓蚀剂。

② 阴极型防锈剂。可以抑制阴极过程，增加阴极极化的防锈剂称为阴极型防锈剂。其作用是增大阴极过程的过电位，使阴极反应难以启动或者在阴极表面形成难溶的化合物保护层，阻碍阴极过程，从而起到防锈作用。

这类防锈剂不影响阳极过程，不改变活性阳极面积，不会导致膜孔电池，故又称为“安全的”防锈剂。但这类防锈剂使用浓度相对较大，防锈效率较低。工业应用的阴极型防锈剂主要有聚磷酸盐、碳酸钙及某些有机物。

③ 混合型防锈剂。可同时抑制阳极过程和阴极过程的防锈剂称为混合型防锈剂。工业常用的混合型防锈剂多为有机物，如琼脂、生物碱防锈剂。

水溶性防锈剂用得最多的主要是阳极缓蚀剂和有机缓蚀剂。

(2) 油溶性防锈剂　油溶性防锈剂又称为油溶性缓蚀剂，大多数是极性和非极性部分两部分构成的长碳链有机化合物。极性部分与金属和水等极性分子的物质有亲和能力，非极性部分即长碳链烃基，因其结构相似于油，所以具有亲油憎水的能力。正是由于缓蚀剂分子的这种不对称结构，其极性基憎油亲金属亲水，而非极性基亲油憎水，容易吸附在油-气界面和油-金属界面，这样水、氧和腐蚀介质难于穿透这层界面薄膜，从而起到防锈的作用。

油溶性防锈剂主要有磺酸盐，包括石油磺酸盐、合成磺酸盐。其中钡盐最多，其次是钠盐、钙盐、铵盐。常用的是二壬基萘磺酸钡、重烷基苯磺酸钡、石油磺酸钡；羧酸及其盐类，如十二烯基丁二酸（T746)、*N*-油酰基肌氨酸十八铵盐（T711)、环烷酸锌（T704)；酯类及其衍生物，如山梨糖醇单油酸酯（司本-80)、羊毛脂及羊毛脂皂；胺类及含氮有机化合物，如十七烯基咪唑啉十二烯基丁二酸盐、*N*-油酰基肌胺酸十八铵盐、苯并三氮唑、苯三唑铵盐（如双苯三唑月桂铵、苯三唑十二铵盐、苯三唑十八铵盐）等。

(3) 乳化型防锈剂　乳化型防锈剂有两种，一种是油的微粒在水中的悬浮液，即水包油型乳化液，通常呈乳白色；另一种是水的微粒在油中的悬浮液，即油包水型乳化液，通常是透明的或半透明的液体。乳化型防锈剂既具有防锈性能，又具有润滑性能和冷却性能，因此常用作金属切削加工的润滑冷却液。

(4) 气相防锈剂　气相防锈剂是靠常温时缓慢挥发出来的气体在金属表面形成保护层，达到防锈目的的。

目前在工业加工中，使用较多的是水溶性防锈剂和油溶性防锈剂，但是水溶性防锈剂更能满足现代工业生产的要求，所以更多的厂家选择使用水溶性防锈剂。

我国的防锈添加剂，伴随着工业润滑油及工艺加工用油的增长而相应得到发展。主要的品种有石油磺酸钡（T701)、石油磺酸钠（T702)、二壬基萘磺酸钡（T705)、十二烯基丁二酸（T746）及其单酯（T747）以及环烷酸锌（T704）等。

4. 防锈剂结构对防锈性能的影响

防锈油效果取决于防锈添加剂的性能，防锈添加剂是一类油溶性表面活性剂。其结构特点是分子中有一个极性基团，另一端是非极性烃基。

（1）极性基的影响　通过大量的实验证实，磺酸盐、羧酸盐（金属盐、铵盐）具有较好防锈性能，羧酸、磷酸酯次之，单胺效果较差，醇、酚、酯、酮、腈类最差。多元醇酯（如山梨糖醇单油酸酯）具有良好的防锈性，虽然它具有防锈弱的醇基和酯基，但分子中含有5个羟基和1个酯基，综合起来就显出较强的防锈性。实践证明，不同极性基团在一种腐蚀介质中得到的防锈规律，不能完全应用于另一腐蚀介质，因为不同腐蚀介质中的腐蚀，腐蚀机制是不完全相同的。这也说明腐蚀和防腐技术的复杂性。

（2）亲油基的影响　防锈剂分子在金属表面吸附的同时，其分子间依靠范德华引力相互紧密吸引在一起，烃基之间的引力不可忽视，占总吸附能的40%。在极性基相同时，烃基大比烃基小的防锈性好，直链烃基比支链烃基防锈性能好。烃基太大，亲油性增加，减弱了对金属表面的吸附性。因此，许多性能优良的防锈剂，烃基碳数大多数在14～20之间。

四、防锈剂的使用性能

磺酸盐有良好的防锈效果，而且抗盐雾效果好，几乎用于所有防锈油中。适用于钢、铁、铜等金属，并且是一种油溶性乳化剂，可配制成防锈和清洗性均好的防锈乳化油。钡盐是最广泛应用的防锈剂，石油磺酸钡主要应用于内燃机油，具有清净、分散、防锈、酸中和作用；石油磺酸钠具有乳化性、防锈性，主要应用于金属切削油、切削液中，具有润滑、冷却、防锈、清洗作用。

随着润滑油规格的发展变化，一些新型的润滑油防锈剂如硼化丁二酰亚胺、硼化高碱值羧酸盐、硼化脂肪酸羟乙基酰胺等相继问世，随即成为今后润滑油防锈剂的主要研究方向。含硼化合物为硼酸、硼酸酯，在齿轮油中作为一种有用的防锈剂，价廉易得，不仅能抑制腐蚀、锈蚀的生成，而且对防小齿轮油的氧化和老化也有一定的作用，同时可提高齿轮油性能，克服使用胺类防锈防腐剂对齿轮油热氧化安定性产生不良影响的缺点。

我国目前的防锈油中，一般均加有两种以上防锈剂。通过复合配方的防锈性能评选，使其具有比较全面的综合防锈性能。例如，石油磺酸钡的抗盐水性较好，耐湿热性差一些；而二壬基萘磺酸钡、烷基磷酸咪唑啉、*N*-油酰肌氨酸及其盐的抗盐水性较差，耐湿热性较好。两类防锈剂复合作用，性能更为全面。主要的防锈剂的性能和用途见表3-23。

表3-23　国内外主要的防锈剂

代号	化学名称	主要性能	主要用途
T701	石油磺酸钡	黄至棕红色半透明膏状物，相对分子质量900～1200，磺酸钡含量>50%，具有优良的抗潮湿、抗盐雾、抗盐水和水置换性能，对多种金属具有优良的防锈性能	对黑色及有色金属均有良好的防锈性能，可用置换工序间及封存防锈润滑两用
T702	石油磺酸钠	具有乳化和防锈性的红棕色稠膏状液体，磺酸钠含量50%～55%，矿物油含量≤45%，具有较强的亲水性能和较好的防锈和乳化性能	用于置换型防锈油和乳化油，对黑色金属有良好的防锈性能，工序间防锈和制备水溶性乳化油

续表

代号	化学名称	主要性能	主要用途
T703	十七烯基咪唑啉的十二烯基丁二酸盐 1-(氨乙基)-2-十七烯基咪唑啉	油溶性透明液体，中性或碱性。碱氮：1.0% ～ 2.2%，酸值 30 ～ 68mgKOH/g，具有良好的油溶性能，对其他防锈剂有助溶作用	对黑色、有色（铜铝合金）金属有良好防锈作用，与其他添加剂复合使用效果更佳
T704	环烷酸锌	黄至褐色黏稠状流体，相对分子质量 700～800，含锌量 7.6%～9%，抗盐雾性能较差	良好的油溶性，对铜、钢、铝有良好的防锈作用，常与磺酸盐联用
T705	二壬基萘磺酸钡	红棕色黏稠液体，闪点 140℃，灰分 20%～34%，钡量 12%～14%，具有良好的防锈和酸中和性能，特别对黑色金属防锈性能更好	油溶性石油磺酸钡为佳，缓蚀性能与石油磺酸钡相似，适用于钢铜防锈
T706	苯并三氮唑	白色到浅黄色针状结晶，含量 > 98%，熔点 97 ～ 99℃，沸点 201 ～ 204℃。对铜、铝及其合金等有色金属具有优良防锈性能和缓蚀性能	用于对铜、银金属缓蚀剂，使用时常加入助溶剂如丙醇、丁醇、石油磺酸钠等
T707	亚硝酸钠	苍黄色斜方晶体，相对密度 2.168，熔点 271℃。极易溶于水，难溶于乙醇和乙醚，能从空气中吸收氧而变为硝酸钠	将碱土金属皂作为载体的亚硝酸钠作为塑性润滑防锈剂，主要用于黑色金属防锈
T743	氧化石油脂钡皂	黄褐色块状物，钡含量 76%，T743 实际是由 75.7%氧化石油钡皂、18.8%二壬基萘磺酸钡及 5.5%的 5132 机油配制而成	用于军工器械、枪支、炮弹及各种机床、配件、工卡量具等，对铜、钢、铝有良好的抗大气缓蚀性能和抗湿热性能
T746	十二烯基丁二酸	黏稠状液体，酸值 250～340，碘值 50～90，pH≥4.2。能在金属表面形成固定油膜，保护金属不被锈蚀和腐蚀，但对铅和铸铁的防腐蚀性差	用于汽轮机油封存油中
Vanlube RI-BA	磺酸钡	具有优良的防锈性能和抗水性能	用于汽车润滑剂、汽轮机油、液压油和循环油中，也常作软膜和硬膜涂层
Polartech SS4060N	合成磺酸钠	平均相对分子质量 400，具有防腐和乳化性能	用于高水含量液压液及半合成水混合液压液
ADDCOCP-9	天然有机酸盐	水溶性腐蚀抑制剂，对铸铁和钢铁合金具有高效防锈作用	用于金属加工液，在硬水中稳定性好
Mobilad C-614	咪唑啉	具有优良的防锈性	用于压缩机油、汽轮机油、金属加工液和润滑脂
Polartech MA430R	脂肪酸二乙醇酰胺	具有防腐、乳化和润滑性能	用于合成及半合成水混合切削液、清洗液
Synkad 202	硼酰胺	为润滑和腐蚀抑制性的水溶性产品	用于合成和半合成金属加工液
Polartech MA450 TM	脂肪酸单乙醇酰胺	具有防腐、乳化和润滑性能	用于合成及半合成水混合切削液和清洗液
Polartech MA500 MG	脂肪酸单乙醇酰胺	具有防腐、乳化和润滑性能	用于合成及半合成水混合切削液、液压液和清洗液
Synkad 204	硼酰胺	为润滑和腐蚀抑制性的水溶性产品	用于合成和半合成金属加工液

五、防锈剂的应用

1. 溶剂稀释型防锈油

溶剂稀释型防锈油包括硬膜防锈油和软膜防锈油等，均由成膜材料、防锈剂、溶剂汽油组成。

（1）硬膜防锈油　这种油涂覆到金属表面后，随着溶剂挥发留下一种干燥而坚硬的固态薄膜，可用汽油或煤油洗去。其组成的成膜材料有沥青、氧化沥青、氧茚树脂、石油树脂、叔丁酚甲醛树脂；防锈剂有磺酸钡、磺酸钙、氧化石油脂钡皂、羊毛脂等；溶剂为汽油、溶剂油。

（2）软膜防锈油　通常以羊毛脂、石蜡、凡士林、蜡膏、氧化蜡膏、钡皂、钙皂为成膜材料；防锈剂有磺酸钡、磺酸钙、司本-80 等；溶剂为汽油或溶剂油。

软膜防锈油涂覆金属表面，溶剂挥发后形成一层软脂状膜，不流失，具有较好的防锈性，形成的膜很容易用石油溶剂洗去。此种油适合室内较长时间封存防锈。

2. 液态防锈油

液态防锈油是防锈油的主体，品种多，数量大，由润滑油添加多种防锈剂组成。按其用途分为封存防锈油和防锈润滑两用油。

（1）封存防锈油　封存防锈油具有常温涂覆、不用溶剂、油膜薄、可用于工序间防锈和长期封存、与润滑油有良好的混溶性、启封时不必清洗等特点。通常可分为浸泡型和涂覆型两种。

① 浸泡型。可将制品全部浸入盛满防锈油的塑料瓶内密封，油中加入质量分数为 2%或更低的缓蚀剂即可，但需经常添加抗氧化剂，以使油料不至氧化变质。

② 涂覆型。可直接用于涂覆的薄层油品种。油中需加入较多的缓蚀剂，并需数种缓蚀剂复合使用，有时还需加入增黏剂，如聚异丁烯等，以提高油膜黏性。若配合外包装，可用于室内长期封存，防锈效果良好。

封存防锈油使用范围很广，从工序间零部件、半成品、组件、成品整机封存，到运输过程中防锈。封存防锈油国家标准为 GB 4879—85 B3。

封存防锈油有很多，如 201 防锈油的组成为石油磺酸钡 20%、环烷酸锌 15%、微晶蜡 5%，余量为 30 号机械油（全损耗系统用油）；204-1 置换型防锈油的组成为磺化羊毛脂钙 30 份、磺化羊毛脂钠 1.5 份、丁醇 3 份、乙醇 2 份、汽油 10 份、机械油 55 份、苯三唑 0.15、水 1～1.5 份；501 特种防锈油的组成为石油磺酸钡 4%、环烷酸锌 2%、石油磺酸钠 1%，余量为 15 号车用机油；F-23 置换型防锈油由石油磺酸钡 5%～7%、羊毛脂镁皂3%～4%、10 号机械油 12%～15%、苯三唑 0.2%～0.5%、司本-80 为 2%，余量为煤油组成。

（2）防锈润滑油　防锈润滑油具有润滑和防锈双重性质，一般用于需要润滑或密封的系统。根据用途又可分为内燃机防锈油、液压防锈油、主轴油、齿轮油、空气压缩机油、仪器仪表和轴承防锈油、防锈试车油等。

内燃机防锈油主要用于飞机、汽车和各类发动机的防锈。如 72 号发动机防锈油是由 10 号车用机油 100 份、二壬基萘磺酸钡 5 份、司本-80 0.3 份、降凝剂 0.3 份、二烷基二硫代磷酸锌 0.5 份、甲基硅油 110×10^{-6}组成。

液压防锈油主要用于机床等设备的液压系统及液压筒的封存防锈，是由二烷基二硫代磷酸锌 2 份石油磺酸钡 3 份、烯基丁二酸 0.3 份、聚甲基丙烯酸酯 0.2 份、2,6-二叔丁基对甲酚 0.5 份、余量为 20 号机械油组成。

仪器仪表和轴承防锈油品种较多，并都兼有一定的润滑性。一般要求基础油黏度低、精制程度高、防锈添加剂加入量质量分数为3%～5%、有较好的低温安定性、低挥发度和油膜除去性好等特点，适于多种金属使用。如某防锈仪表油是由十七烯基咪唑啉1%，环烷酸锌1.5%，苯三唑0.2%，五氯联苯0.3%，余量为8号航空润滑油组成。

防锈汽轮机油（防锈透平油）通常是由深度精制的润滑油加入十二烯基丁二酸0.02～0.03%，2,6-二叔丁基对甲酚0.3%，二甲基硅油抗泡剂5×10^{-6}等组成。

目前，在我国防锈润滑油国家标准中，防锈润滑油标准为GB 4879—85 B5，防锈润滑脂标准为GB 4879—85 B6，液压防锈油标准为GB 4879—85 B7，防锈内燃机油标准为GB 4879—85 B8。

3. 气相防锈油

气相防锈油是一种具有润滑性并对设备空间也有防锈作用的特种防锈油，可应用于内燃机、传动设备、齿轮箱、滚筒、油压设备等密闭式润滑设备或体系中作润滑防锈。例如1号气相防锈油的组成为辛酸三丁胺1%、苯三唑三丁胺1%、石油磺酸钠0.5%、石油磺酸钡0.5%、司本-80 1%，余量为32号机械油。

4. 防锈剂应用中应该注意的问题

① 防锈剂与清净分散剂之间存在竞争吸附作用，所以尽量不要与清净分散剂共用，无法避免时应该平衡二者的性能。

② 防锈剂与油性剂、极压剂之间也存在竞争吸附作用，因此使用于齿轮油、液压油中时要注意，防锈剂会降低油性剂和极压剂的极压抗磨性能。

第八节　其他添加剂及其使用性能

一、乳化剂和抗乳化剂

乳化是两种互不相溶的液体，其中一种液体以细微液滴的形式分散在另一种液体中。能使两种以上互不相溶的液体（如水和油）形成稳定的分散体系（乳化液）的物质，称为乳化剂。切削油、磨削油、拔丝油和压延油等金属加工油和不燃性工作液，都是用水和矿物油制成乳化液使用的。

许多润滑油，如齿轮油、汽轮机油和船用油，在使用过程中，会不可避免地混入冷却水、冲洗水、冷凝水以及环境中其他形式的水及水汽。如果油品不具备将混入油中的水迅速彻底分离的能力，油品就会出现乳化。乳化后的油品降低甚至失去润滑作用造成设备损坏，同时产生有害的酸性物质腐蚀设备，引起设备事故。水分和磨损产生的金属颗粒又加速了油品的氧化变质，使油品使用寿命缩短。所以许多油品对其抗乳化提出了要求。在油品中加入抗乳化剂，可以加速油水分离，防止乳化液的形成。

1. 乳化剂和抗乳化剂的作用机理

乳化剂是表面活性物质，其化学组成是亲油基（长链烷基、芳基、烯基）与亲水基（羟基、羧基、氨基、醚基、磺酸基）。

乳化剂的作用是降低油-水之间的界面张力，在界面上表面活性剂的分子亲油基和亲水基分别吸附在油相和水相，排列成界面膜，防止乳化粒子的结合，促使乳化液稳定。

油和水用乳化剂乳化后，形成 0.1μm 至几十 μm 的微粒子。可分为水包油型和油包水型两种，乳化时是成为水包油还是油包水型，是依据乳化剂种类、两液相的体积比、乳化方法和器壁种类等因素而不同，但一般形成乳化型的倾向是：

① 水包油型：乳化剂的亲水性能较强时；水量多于油量时；向水中加入油时。

② 油包水型：乳化剂的亲油性能较强时；油量比水量多时；向油中加入水时。

将石油或油脂用水乳化时，其润滑性能为油包水型的比水包油型的好，而冷却性能及耐燃性能则是水包油型的比油包水型的好。乳化型润滑油的使用目的，是使冷却效果和清洗性能好，同时具有耐燃性及可使用水溶性添加剂的优点。因此，作为润滑剂使用乳化油时，应根据使用目的而制出适用的乳化类型。

抗乳化剂也是表面活性物质，其可增加油与水的界面张力，使得稳定乳化液处于不稳定状态，破坏了乳化液。抗乳化剂大都是水包油（O/W）型表面活性剂，吸附在油-水界面上，改变界面的张力或吸附在乳化剂上破坏乳化剂亲水-亲油平衡，使乳化液从油包水（W/O）型转变成水包油（O/W），在转相过程中油水便分离。

2. 乳化剂的主要品种及应用

乳化剂和抗乳化剂都是表面活性物质，表面活性物质按其离子的性质大致分为阴离子型、阳离子型、非离子型、两性型及高分子型。乳化剂除特殊用途外，仅限于阴离子的与非离子型的。

乳化剂用于切削油、磨削油、拉拔油、轧制油等金属加工液及含水系的抗燃液压油中。使用乳化剂的主要是水溶性的切削油，在切削油中不仅要求乳化性，而且还要求防锈性、清洗性、润滑性等。因此切削油用矿物油作基础油，除复合少量的阴离子及非离子表面活性剂作乳化剂外，还配有乳化助剂、防锈剂、稳定剂、防腐剂、水等。

油品的抗乳化性能是工业润滑油的一个重要性能之一。如工业齿轮油除要求良好的极压抗磨、抗氧和防锈性能外，还要求具有良好的抗乳化性能，因为工业齿轮油遇水的机会多。如果抗乳化性差，油品乳化降低了润滑性和流动性，会引起机械的腐蚀和磨损，甚至引起齿轮的损坏事故；汽轮机油经常与水蒸气接触，冷凝水常会进入油中，因此要求汽轮机油具有良好的分水能力；抗磨液压油的抗乳化性也是重要的性能之一。

抗乳化剂主要用于工业齿轮油、液压油、汽轮机油、发动机油等油品，以防止乳化，也用于切削油和轧制油等废乳化液的处理。

目前国内生产的润滑油抗乳化剂有以下几种。

① 胺与环氧化物缩合物（T1001）。是目前国内外商品化的一种润滑油抗乳化剂，油溶性好，不易溶于水。具有低温、快速、高效的破乳能力，抗乳化效果优良，适应性广，储存稳定。一般添加量在 0.1%以下，油品就获得良好的抗乳化性。含有该添加剂的油品长期储存后仍具有良好的抗乳化性，同时能与其他添加剂配伍，组成性能更好的复合抗乳化剂，如与 T746 复合使用效果更佳。可用于工业齿轮油、抗磨液压油、汽轮机油等。

② 环氧乙烷、丙烷嵌段聚醚（T1002）。它用于工业齿轮油、液压油及汽轮机油。

③ 聚环氧乙烷-环氧丙烷醚（SP169）。该剂为无色或淡黄色黏稠液体至膏状物或固体，依具体牌号不同而定。适用于油品脱水、破乳、降黏、防蜡，具有一剂多效的作用。

抗乳化剂朝着优良抗乳化性、适应性广和储存稳定性好等方向发展。

3. 乳化剂和抗乳化剂的主要商品牌号

国内外主要乳化剂的商品牌号、主要性能及用途见表 3-24。

表 3-24 国内外主要乳化剂的商品牌号、主要性能及用途

商品牌号	化学名称	主要性能及用途
S-80	失水山梨醇油酸酯	是制备 W/O 型乳化液的乳化剂，同时具有防锈性能
T-80	山梨醇油酸酯聚氧乙烯醚	有乳化、润湿和分散作用。用于纺织及合成纤维行业中
平平加 A-20	脂肪醇环氧乙烷缩合物	对硬脂酸、石蜡和矿物油等混合物具有独特的乳化性能
平平加 O-20	月桂醇环氧乙烷缩合物	对硬脂酸、石蜡和矿物油等混合物质具有独特的乳化性能
平平 SA-20	脂肪酸环氧乙烷缩合物	对动、植物油和矿物油乳化性能良好
平平 OS-15	脂肪醇环氧乙烷缩合物	乳化、分散、净洗和润湿性能
平平 C-125	蓖麻油与环氧乙烷缩合物	对矿物油(高速机油)有独特的乳化性能
Mobilad C-267	聚异丁烯丁二酸酐	具有优良的乳化性能，推荐用量 0.25%～2.0%，用于油包水的乳化液
Emulamid TO-27	妥尔油脂肪酰胺	润滑、乳化、防腐和润湿金属性能，用于金属加工液
Emulamid TO-50	脂肪酸二乙醇酰胺	润滑、乳化性能和锈蚀抑制性能，并且可生物降解，用于可溶性切削油、磨削、模压拉拔液中
Maypeg DT-600	聚树脂酸双乙二醇酯	与石油磺酸钠复合用于金属加工液，不仅作为乳化剂，而且平衡最大的乳化稳定性的 HLB
Mayspense 95-S	松香油钾皂	用于可溶性切削油乳化剂及拉拔和模压液润滑性添加剂
Base 75	磺酸钠	乳化和润滑性能，用于普通、极压和透明可溶性切削油
Polartech AK200	羧酸月桂酯	乳化和防腐性能，用于金属加工液、水混合液压液和火车清洗液

国内外抗乳化剂的商品牌号、主要性能及用途见表 3-25。

表 3-25 国内外主要抗乳化剂的商品牌号、主要性能及用途

商品牌号	化学名称	主要性能及用途
T1001	胺与环氧乙烷缩合物	很好的抗乳化性能，用于齿轮油、汽轮机油、抗磨液压油、压缩机油和在工作中与水接触的润滑油品
T1002	环氧丙烷/环氧乙烷共聚物	用于工业齿轮油、液压油及汽轮机油
SPl69	聚环氧乙烷-环氧丙烷醚	用于油品的破乳、脱水
Mobilad C-404	乙二醇酯	优良的抗乳化性能，推荐用量 0.025%～1.0%，用于工业润滑油
Mobilad C-310B	环氧丙烷/环氧乙烷共聚物	优良的抗乳化性能，推荐用量 0.05%～0.3%，用于工业润滑油

二、抗泡沫剂

润滑油基础油经过精制后仍会残存少量极性物质，且随着润滑油使用各种各样的添加剂来满足各种机械设备的高性能要求，便会在循环润滑系统中，产生发泡现象。泡沫的出现，不但影响润滑油的泵送，也破坏了油膜强度和稳定性，造成不应有的磨损事故，或使机器无法正常运转，诸如断油、气阻、烧结等现象便会不断发生。

1. 油品发泡的主要原因、危害性和抗泡方法

(1) 油品发泡的原因　在润滑油生产工艺中，为了制备具有使用性能良好的润滑油或改善润滑油的某些性能，普遍使用各种添加剂，如清净分散剂、抗氧剂、极压剂、防锈剂、抗

磨剂等一些具有表面活性的添加剂。这些添加剂大大增加了油的起泡倾向，同时由润滑油本身被氧化而生成的物质，还有油品急速的空气吸入和循环及油面上升和压力下降而释放出空气，且含有空气的润滑油的高速搅拌等一系列因素，导致润滑油中气-液界面的表面张力降低，使润滑油的发泡力显著增强。同时，油品中的某些添加剂，又能在气-液界面上形成吸附层使表面油膜具有更强的强度与弹性，这种吸附层还起着阻止分散在油中的气泡相互接触而合并，使泡沫趋于稳定。

润滑油的泡沫稳定性随黏度和表面张力而变化，泡沫的稳定性与油的黏度成反比。同时随着温度的上升，泡沫的稳定性下降，黏度较小的油形成大而容易消失的气泡，高黏度油中产生分散和稳定的小气泡。要消除泡沫，就要降低润滑油的起泡力，破坏泡沫的稳定性。

（2）油品发泡的危害性　油品在使用过程中，产生大量的泡沫，存在以下危害。

① 使油品泵的效率下降、能耗增加、性能变差。

② 破坏润滑油的正常润滑状态、加快机械磨损。

③ 润滑油与空气的接触面积增大，促进润滑油的氧化变质。如对空压机油来说，尤为重要。带有气泡的润滑油被压缩时，气泡一旦在高压下破裂，产生的能量会对金属表面产生冲击，使金属表面产生穴蚀，有些内燃机油的轴瓦就会出现这种穴蚀现象。

④ 含泡沫润滑油易溢出，同时增大润滑油的压缩性，使油压降低。如靠静压力传递功的液压油，油中一旦产生泡沫，就会使系统中的油压降低，从而破坏系统中传递功的作用。

⑤ 润滑油的冷却能力下降等。

（3）抗泡方法　抗泡方法通常包括以下三类。

① 物理抗泡法。如用升温和降温破泡，升温使润滑油黏度降低，油膜变薄使泡膜容易破裂；降温使油膜表面弹性降低，强度下降，使泡膜变得不稳定。

② 机械抗泡法。如用急剧的压力变化，离心分离溶液和泡沫，还有超声波以及过滤等方法。

③ 化学抗泡法。如添加与发泡物质发生化学反应或溶解发泡物质的化学品以及加抗泡剂等。通常在油品中加入抗泡剂效果最好，方法简单，因此被国内外广泛采用。

2. 抗泡剂的主要作用和作用机理

（1）抗泡剂的主要作用　抗泡剂主要作用是抑制油品泡沫产生，并使泡沫破裂。因为气泡会破坏润滑油均匀地沿输油管道送至整个润滑表面，破坏润滑油正常工作。尤其是液压系统中，供油受阻更会带来严重后果。因此，这些条件下使用的润滑油，需加入一种添加剂使油品不易起泡，即使已起泡，也能在很短时间内消去。

（2）抗泡剂的作用机理　抗泡剂的作用机理复杂，到目前说法不一，具有代表性的观点有三种。

① 降低部分表面张力观点。这种观点认为抗泡剂的表面张力比发泡液小，当抗泡剂与泡膜接触后，使泡膜的表面张力局部降低而其余部分保持不变，泡膜较强张力部分牵引着张力较弱部分，从而使泡膜破裂。

② 扩张观点。这种观点认为，抗泡剂一般不溶于油，是高度分散的胶体离子状态存在于油中。分散的抗泡剂粒子吸附在泡膜上，然后侵入泡膜成为泡膜的一部分，继而在薄膜上扩张。随着抗泡剂的继续扩张，泡膜变得越来越薄，最后膜破裂达到破膜目的。

③ 渗透观点。这种观点认为，抗泡剂的作用是增加气泡壁对空气的渗透性，从而加速泡沫的合并，减少了泡沫壁的强度和弹性，达到消除泡沫作用的目的。

3. **抗泡剂的主要品种及使用性能**

由于抗泡剂的针对性很强，往往在一种泡沫体系中能消泡，而在另一种体系中却没有效果或效果很差，甚至发泡。因此，抗泡剂的品种很多，润滑油体系中，使用最广泛的是有机硅型抗泡剂，其次是非硅型有机抗泡剂，第三是复合抗泡剂。

(1) 有机硅油抗泡剂　最常用的有机抗泡剂是二甲基硅油抗泡剂，作为润滑油的主要抗泡剂已有 50 多年的历史。二甲基硅油（T901）是一种无臭、无味的有机液体。它具有化学稳定性高、凝固点低、挥发性小、用量少、抗氧化与抗高温性能好等优点，能有效抑制泡沫的产生，降低机器磨损并延长油品使用寿命。是目前广泛应用于各类润滑油中的一种抗泡剂。

$$CH_3-\underset{CH_3}{\overset{CH_3}{Si}}-O\left(\underset{CH_3}{\overset{CH_3}{Si}}-O\right)_n\underset{CH_3}{\overset{CH_3}{Si}}-CH_3$$

硅油的抗泡性能与硅油的结构、黏度和在润滑油中的分散度有关。一般硅油抗泡剂不溶于油，是以高度分散的胶体粒子状态存在于油中起作用。硅油是直链状结构，是由无机物的 Si—O 键和有机物（R）组成。当 R 为甲基时，该化合物为甲基硅油，是目前应用的主要抗泡剂；若 R 为乙基、丙基时，该化合物变成乙基硅油或丙基硅油，逐渐失去了甲基硅油的特性而接近有机物，表面张力增大，从而丧失了抗泡能力。

一般使用黏度（25℃）为 $100\sim1000mm^2/s$ 的硅油作抗泡剂，高黏度的润滑油用低黏度的硅油为好，对轻质油品用高黏度的硅油，高黏度的硅油在高、低黏度的润滑油中均有效。低黏度硅油对润滑油容易分散，从而显示抗泡性，但因溶解度大而缺乏抗泡持续性。另外，高黏度硅油抗泡性差，但持续性好，因此有时可将高低两种黏度的硅油混合使用。但硅油在应用中存在局限性；首先对调合技术十分敏感，加入的方法不同，其抗泡效果和消泡持续性差异很大；其次由于有机硅聚合物抗泡剂并不溶解于油，而是通过高度分散稳定的胶体状态分布于油中。如在酸性油品中，随着时间的延长，硅油抗泡剂会不稳定而沉降，聚积造成消泡性能的失效；另外，硅油抗泡剂的作用机理为增加液体同空气的表面张力，使之不易生成气泡，因此含硅油抗泡剂的油品空气释放性较差。

要求硅油不溶于油中，又要硅油很好的分散在油中，否则不能发挥抗泡作用。一般硅油粒子直径在 $10\mu m$ 以下，才能形成较稳定的分散体系。将硅油以尽可能小的粒子分散于油中的方法，一是将硅油先溶于溶剂中配成 1%的溶液，然后搅拌加入油中。硅油在溶液中的浓度越低，分散于润滑油中的硅油粒子越小，其抗泡效果越好；二是在高温高速搅拌下加入油中；三是用特殊设备将硅油配成母液再加润滑油中，如胶体磨。除此之外，选择合适的稀释溶剂与之配合也很重要。通常的方法是先将硅油与煤油按 1∶9 配成溶液，用喷雾器将溶液喷入剧烈搅拌下的润滑油中。为防止硅油凝聚，还可加入醚、醇等极性物质作为分散剂，使硅油能长期、稳定地分散在油中。

硅油在润滑油中加入量很少，为 $5\sim10\mu g/g$。因为少量的硅油就能显著的起抗泡作用，加多了反而会增大硅油的凝聚倾向，使其失去抗泡作用。

有时会发现，加有抗泡剂的润滑油开始使用时泡沫较少，运转一段时间后泡沫开始增多。这有可能是油品老化产生了促进起泡的极性物质，也可能是分散在油中的硅油微粒相互碰撞凝聚成大颗粒沉降下来，不能发挥其抗泡作用。解决的方法是将油品剧烈搅拌或补加抗泡剂。

（2）非硅型有机抗泡剂　在汽轮机油及液压油等酸性油品中，长时间使用后，有机硅油抗泡剂会失去消泡性能，这种场合可以使用非硅型有机抗泡剂。应用的最多的非硅抗泡剂是丙烯酸酯或甲基丙烯酸酯的均聚物或共聚物，其化学结构如下：

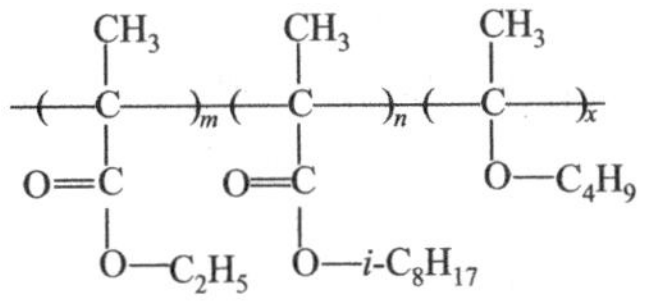

$$\left(-\overset{\displaystyle CH_3}{\underset{\displaystyle \underset{\displaystyle O-C_2H_5}{O=C}}{C}}-\right)_m\left(-\overset{\displaystyle CH_3}{\underset{\displaystyle \underset{\displaystyle O-i\text{-}C_8H_{17}}{O=C}}{C}}-\right)_n\left(-\overset{\displaystyle CH_3}{\underset{\displaystyle O-C_4H_9}{C}}-\right)_x$$

式中，m、n、x 分别为 1、2、3……

聚丙烯酸酯型抗泡剂在矿物油中的溶解性好，对调合技术不敏感，用量也很少，为 0.001%～0.05%（质量分数）。这类抗泡剂对黏度较高的重质油馏分有高效的消泡性，对中等黏度基础油料也具有较好的消泡性，对于轻质油如减二线油料，消泡作用就不明显了。如我国的 T911 和 T912。T911（T902A）用于中质和重质润滑油中，T912（T902B）用于轻质、中质和重质润滑油中，如双曲线齿轮油、内燃机油、航空润滑油等。另外，此类抗泡剂的抗泡性能受体系已存在的表面活性物质影响较大，抗泡剂的作用效果取决于整个油品体系。因此，同一种表面活性剂在一个油品体系中具有降低泡沫的能力，但在另一种情况下则可能完全没有抗泡性能，某些场合不仅没有抗泡性能，反而促进油品生成泡沫，在润滑油体系中存在清净剂时应特别注意这种情况。

硅型抗泡剂与非硅型抗泡剂作用、性能和特点比较见表 3-26。

表 3-26　硅型抗泡剂与非硅型抗泡剂作用、性能和特点比较

抗泡剂	二甲基硅油抗泡剂(T901)	聚丙烯酸酯型抗泡剂(T911、T912)
抗泡作用及特点	减少润滑油气泡量生成；提高泡沫表面油膜的流动性，使气泡油膜变薄，加快气泡上升到油表面破裂；具有使气泡变小的作用。用量越大，这种趋势越强烈，造成油品中释放缓慢	减少润滑油气泡生成量；能使油品中小气泡合并成大气泡，加速气泡上浮到油表面破裂，从而降低油中小气泡的量，有利于改善油品的空气释放性
对油品放气性的影响	有严重的不良影响	不利影响小
配伍性特点	在酸性介质中抗泡持久性差； 对现有各种润滑油添加剂均有良好的配伍性	在酸性介质中消泡持久性好； 与 T109、T601、T705 三种添加剂复合使用效果变差

（3）复合抗泡剂　由于硅油型和非硅油型抗泡剂在抗泡作用、应用范围、对油品放气性能影响等方面各有特点，单独使用对所有油品很难有满意的结果，对不同基础油和添加剂制成的内燃机油、齿轮油所引起的润滑油发泡程度也不同。为了解决这一难题，将硅油型和非硅油型这两种不同类型的抗泡剂复合使用。通过复合增加抗泡效果和提高抗泡剂的稳定性，达到提高油品抗泡性或改善其空气释放性能的目的。复合抗泡剂就是平衡了硅油抗泡剂和非硅抗泡剂的优缺点而研制出的。

国内上海炼油厂研究所研制出的 1 号、2 号、3 号复合抗泡剂。1 号复合抗泡剂（T921）主要用于对空气释放值要求高的抗磨液压油中；2 号复合抗泡剂（T922）主要用于用了合成磺酸盐的内燃机油和严重发泡的齿轮油中；3 号复合抗泡剂（T923）主要用于含有大量清净剂、分散剂而发泡严重的船用油品种，具有高效抗泡效果。硅型抗泡剂、非硅型抗泡剂和复合抗泡剂的性能比较见表 3-27。

表 3-27 硅油、非硅型抗泡剂和复合抗泡剂的特点及适用范围

抗泡剂	特点	适用范围、推荐用量及加入法
硅油 (T901)	无臭、无味、无毒、不易挥发的透明液体。密度为 0.970g/cm³,闪点≥300℃,凝固点≤-50℃,酸值≤0.01mgKOH/g。化学稳定性好,加量少,抗泡效果好,对各种润滑油添加剂均有良好的配伍性。在酸性介质中,抗泡持久性差,对加入方法敏感,对放气性有严重不利影响	适用于内燃机油、齿轮油和液压油中;加入量 0.0001%~0.001%;需要用轻溶剂稀释后加入或用特殊设备加入
非硅型抗泡剂 (T911)	淡黄色黏性液体,密度(20℃)0.910g/cm³,闪点(闭口)15℃。平均相对分子质量较小(4000~10000)。重质油中容易分散,抗泡效果显著。在酸性介质中持久抗泡性强。对油品的放气性影响小。在轻质油中抗泡效果差,不能与 T109、T601、T705 等复合剂使用	适用于重质油品,如黏度较大的齿轮油、压缩机油等;加入量 0.005%~0.1%,可直接加入,也可用 200 号溶剂汽油稀释后加入;不能与 T109、T601 和 T705 添加剂配伍
非硅型抗泡剂 (T912)	淡黄色黏性液体。密度(20℃)0.910g/cm³,闪点(闭口)5℃。平均相对分子质量较大(20000~40000)。对润滑油具有良好的抗泡性能,抗泡稳定性好,在酸性介质中仍保持高效,对空气释放值的影响比硅油小,对调合技术不敏感	适于轻、中质油料为基础油的液压油、汽轮机油、机床油和齿轮油等;加入量 0.005%~0.1%,用 200 号溶剂稀释后加入;不能与 T109、T601 和 T705 添加剂配伍
1 号复合抗泡剂 (T921)	透明流体,密度(20℃)0.780g/cm³。与各种添加剂配伍性好,对油品空气释放值影响小,油溶性较好,对加入方法不敏感,使用方便,用量较大	特别适用于各种牌号的柴油机油及其对抗泡性要求高,而对放气性无要求的油品;特别适用于含有 T705 的抗磨液压油以及对空气释放值有要求的油品;对加入方式无特殊要求;加入量 0.001%~0.02%,不需要稀释,可直接加入
2 号复合抗泡剂 (T922)	透明流体,密度(20℃)0.780g/cm³。对配方中含有合成磺酸盐或其他发泡性强的物质的油品有高效的抗泡能力,油溶性较好,对加入方法不敏感,使用方便。用量较大,对油品放气性影响较大	特别适用于各种牌号的柴油机油及其对抗泡性要求,而对放气性无要求的油品使用;不需要稀释,直接加入,加入量 0.01%~0.1%
3 号复合抗泡剂 (T923)	对配方中含有大量清净剂或其他发泡性强的物质的油品,具有高效的抗泡能力,对加入方法不敏感,使用方便	特别适用于含大量清净剂而发泡严重的船用柴油机油;加入量 0.01%~0.1%;不需要稀释,直接加入

4. 抗泡剂的商品牌号

抗泡剂的品种较多,国内外主要抗泡剂及其主要性能和用途见表 3-28。

表 3-28 国内外主要抗泡剂及其主要性能和用途

代号	化学名称	主要性能和用途
T901	聚甲基硅油	有良好的黏温性能、防水、防潮性能及消除油品产生气泡的性能,对金属无腐蚀。适用于作内燃机油、齿轮油、液压油等中
201-10~20 201-100 201-350	二甲基硅油	推荐加 0.0001%~0.01%,不同黏度的基础油选择不同牌号的硅油,一般油品黏度越小,使用大牌号的硅油。对加入方法敏感,必须使硅油极好的分散在油中效果才好。用于各种润滑油中
T911	丙烯酸酯与醚共聚物	用于高黏度的润滑油,抗泡稳定性好,在酸性介质中仍是高效,对空气释放值的影响比硅油小,对调合技术不敏感;不能与 T109、T601、T705 等几个添加剂配伍使用,否则无抗泡效果

续表

代号	化学名称	主要性能和用途
T912	丙烯酸酯与醚共聚物	用于低黏度、中黏度润滑油中
T921（1号复合抗泡剂）	硅型与非硅型复合物	与各种添加剂的配伍性好，对空气释放值影响小，对加入方法不敏感；用于高级抗磨液压油
T922（2号复合抗泡剂）	硅型与非硅型复合物	与各种添加剂的配伍性好，对空气释放值影响小，对加入方法不敏感。用于各种牌号的柴油机油及其对抗泡要求高，而对放气性无要求的油品
T923（3号复合抗泡剂）	硅型与非硅型复合物	适用于含大量清净剂而发泡严重的船用柴油机油，具有高效的抗泡效果
LZ 889A	丙烯酸辛酯、乙酯和乙酸乙烯酯共聚物	适用于各类润滑油，特别是适用于高黏度润滑油
Mobliad C-402	聚丙烯酸酯	具有较好的抗泡沫稳定性和空气释放值，推荐0.05%～0.30%的量；用于汽车/工业齿轮油中
Mobliad C-405	非硅型	具有优良的破乳和抗泡性能，推荐用量为0.02%～1.0%；用于齿轮油、压缩机油和液压油中
Vanlube DF-283	聚丙烯酸酯	推荐用量为0.02%～1.0%；用于齿轮油和汽轮机油中

三、抗静电添加剂（又称导电性改进剂）

汽油、柴油、航空煤油等燃料的主要成分是烃类化合物，电导率很低，在其生产、储存及运输过程中极易产生和积累静电，发生静电事故。随着人们对燃料质量要求的不断提高，燃料中的一些极性较强、导电性能较好但影响燃料质量的化合物（如含硫、含氮和羧酸等），在燃料精制中被脱除，使得燃料的导电性能更差，静电安全隐患增加。如燃料在管线中输送，如果输送速度很高，达到9m/s的线速度，则可能由于油品的摩擦而产生静电。这种静电由于石油燃料的电导率很低，不能及时释放掉而越积越多。最后产生电火花。火花可能点燃燃料，从而造成火灾和爆炸事故。

静电是燃料油在储存和运输过程中的危险因素。为了避免静电在燃料中的积集，人们用增加燃料电导率的方法使静电释去。石油燃料的电导通常在$1\times10^{-16}\Omega/m$左右，一般认为如果使燃料的电导增大到$3\times10^{-14}\Omega/m$以上，就可以使燃料不再带显著量的电荷。如航空喷气燃料的电导率规定在50～450pS/m（$1pS/m=1\times10^{-12}\Omega^{-1}\cdot m^{-1}$）。日本规定航空喷气燃料管线输油流速不得超过1m/s，美国规定为7m/s以下（电导率50pS/m以上）。

1. 抗静电剂的作用原理和性能要求

抗静电添加剂的研究与应用，就是为了使油品在流动过程中避免产生静电荷，提高电荷分散的速度，防止电荷聚集，达到安全使用油品的目的。实验证明，油品中加入抗静电剂，能有效地提高油品电导率，控制静电。如喷气燃料在流动或运移中出于湍流的影响而产生大量静电荷并产生火花，有引起火灾的危险，而使用抗静电剂能迅速地消除这种危险。所以抗静电添加剂是燃料增加电导的一个简便的方法。

抗静电剂是通过离子化基团或极性基团的离子传导或吸湿作用，构成泄露电荷通道，从而有效增加燃料的电导率和消散静电荷的化学添加剂。所以，在油品中加入微量抗静电剂，能大大地增加油品的电导率和电荷消散率，减少电荷滞留时间，提高电荷的泄漏速度，使油品中的集聚的电荷减少，电位降低，从而显著减少或消除静电放电。

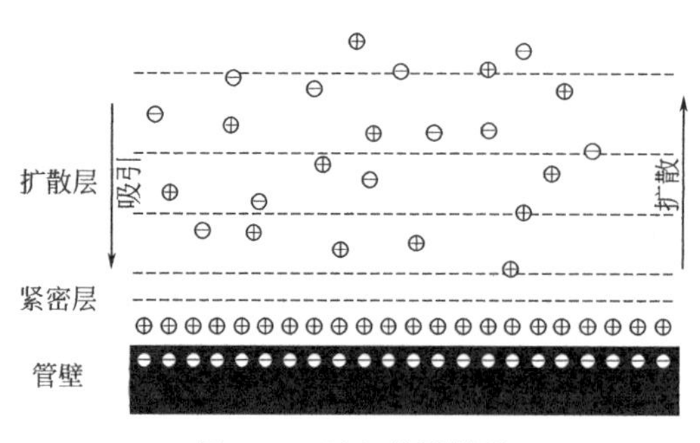

图 3-15 双电荷层模型

此外，抗静电剂还应具备强吸附性、离子化性、表面活性等性能。加有抗静电剂的燃料如果有其他添加剂，导电量较高时仍表现出较大的带电量。这主要是受到表面活性剂的吸附性强弱的影响，添加剂吸附性的强弱影响吸附分子，使界面上的双电层较薄(见图 3-15)，从而限制了电荷的分离和分布，以至于液体流动而带走的电荷量也少，结果防止了带电现象的发生。

抗静电剂除具有防止带静电的性能外，还需具备下列性能：

① 在水存在时，不与水反应发生分解或不被水溶解而从油中除掉；

② 不会使水乳化，不影响油品的水分离性；

③ 安定性好，在较长时期中不失去抗静电的效果；

④ 低温下溶解性好，燃烧后灰分少，不产生有害气体，对皮肤无刺激和毒性；

⑤ 安定性好，并且带电的效果不变；

⑥ 可以与其他添加剂共存。

2. 抗静电剂种类

抗静电添加剂分为有灰型和无灰型两种。

(1) 有灰型的抗静电剂　常用的有灰型抗静电剂由三个组分复合组成，即烷基水杨酸铬、丁二酸双异辛酯磺酸钙及含氮的甲基丙烯酸酯共聚物。如美、英等国在 20 世纪 60 年代广泛使用 Shell 公司研制的 ASA-3 抗静电剂和我国 1980 年研制的 T1501 抗静电剂。但这两种抗静电剂存在毒性大、工艺条件恶劣、环境污染严重、油品易乳化及易导致水分离指数不合格等问题。所以，在 20 世纪 90 年代末，美、英等国已停止生产和使用，我国从 2003 年开始陆续停止生产使用这种类型的抗静电剂。

(2) 无灰型的抗静电剂　由于有灰抗静电剂毒性大，已被 Stadis450 和 T1502 无灰添加剂取代。如杜邦公司生产的 Stadis450 和我国的 T1502 抗静电剂，主要由聚砜、聚胺等高分子化合物与溶剂复配而成。因无灰抗静电剂具有导电性高、水分离特性好、燃烧后不发生铬污染及可多次补加等优点，目前已广泛用于喷气燃料。

四、抗菌剂

抗菌剂是指能抑制或阻止细菌、酶、酵母等微生物在油品中繁殖而引起各种危害的添加剂，也称为杀菌剂、防霉剂或杀微生物剂。

细菌等微生物生长繁殖需要的三个条件，即水、适宜的温度和养分，在油品体系中都能得到满足，形成的乳状液及水基液易受到受到霉菌或细菌的侵蚀。为了避免燃料和润滑油霉变腐败，应使油品系统保持洁净并加强保养，同时采用防霉灭菌的抗菌剂。

燃料和润滑油在储存过程中能生成不溶性的固体悬物，这些悬浮物聚集在油-水交界处，会导致细菌的进一步繁殖。特别是当有较多的水存在和夏季天气比较炎热时，这些实质上是以油品为食物的细菌微生物繁殖速度很快。微生物一旦大量繁殖，便会形成大量沉积物，逐渐堵塞燃油滤清器，悬浮物也可能堵塞燃料的喷嘴。同时微生物产生的多种代谢物质，如柠檬酸、酒石酸、乳酸等有机酸及氨、单质硫、硫化氢、甚至硫酸等腐蚀性物质，造成储油罐被破坏，飞机燃油表探针失灵，燃油酸值、胶质、碘值、黏度、稳定性等性质发生变化。

例如，当喷气燃料在储运过程中遇水后，可能有些能使燃料中的碳产生代谢作用的细菌生长，产生具有腐蚀性或导电性的不溶性产物。为此需要使用抗菌剂以抑制油品在储存时生成细菌的倾向。例如，一些有机硼化合物和环状亚胺可用作油品抗菌剂。现以在水层上储存了 14 个月的柴油的情况为例来说明抗菌剂的作用，如表 3-29 所示。

表 3-29 抗菌剂的作用

抗菌剂添加量/%	菌落数/(万个/mL)	
	水层	柴油层
无	6200	53
0.1	400	10
0.2	—	0

表 3-29 数据说明，添加含硼抗菌剂 0.2%就能杀死全部油层中的细菌。可见，合理使用杀菌剂，可以有效保护油品免受微生物的污染。

1. 抗菌剂的作用机理

抗菌剂一旦进入菌体之后，就进行一系列的代谢反应，其活性结构在其他因素的配合下寻找作用点，终止新陈代谢并使其酶系统钝化，以达到抑菌或杀菌的目的。

2. 抗菌剂的种类

抗菌剂的种类很多，在此以喷气燃料中常使用的抗菌剂为例加以介绍。用于喷气燃料的抗菌剂必须满足下列条件：

① 能充分溶于油中，并能迁移到水相；

② 对喷气燃料本身性能无影响；

③ 燃烧时对发动机性能无影响；

④ 毒性必须使人类能够接受，且不污染环境；

⑤ 有效添加剂量限制在 10^{-6} 级；

⑥ 必须具有合适的抗菌谱，应对喷气燃料中常见的菌种有效。

对喷气燃料中的抗菌剂的要求相当高的，现有的仅有铬酸盐类、乙二醇单甲醚、有机胺类及有机硼酸盐类等。

① 铬酸盐。如铬酸铝的饱和水溶液是一种有效的抗菌剂，它主要作为油箱的清洗剂使用，偶尔也加入油箱底部水层中。但是，这类抗菌剂进入油箱具有腐蚀性，且研究发现，它能维持某些霉菌的生长。所以，选用这类抗菌剂时必须谨慎小心。

② 乙二醇单甲醚。作为抗菌剂使用，其最佳使用条件是油水体积比超过 400∶1，杀菌能力随温度的升高而有所改善。但只有浓度超过 15%时，才能起到抗菌作用。若浓度达不到要求，它实际上能维持某些菌类的生长。所以，乙二醇单甲醚作为一种温和的抑制剂可以采用，但效果有限。

③ 有机胺类。是一种广泛使用的抗菌剂，在抑制与水接触的油中的细菌、霉菌生长上有一定的效果。但是其使用的最低抑菌浓度较大，达 500μg/g 以上，而且抑制细菌生长的效果十分有限。杂原子取代基的咪唑，如 1,2-二杂环咪唑基类化合物，在石油直馏燃料中表现出高的生物活性，其活性主要取决于与咪唑环相连的基团的性质和结构。含有空间阻酚基团、萘基和苄基咪唑也是喷气燃料良好的抗微生物添加剂，活性最强的是含硝基呋喃的化

合物。

④ 有机硼酸盐类。一种称为 Biobor JF 的主要由两种硼化合物调合物调配而成的抗菌剂，为一种液体燃料添加剂，用于消灭碳氢燃料中的细菌微生物，是喷气燃料中应用最广泛的抗菌剂，在轻质油和传输油中也起作用。

近年来，新研制的纳米抗菌剂正逐渐成为抗菌领域的研究热点。现在已研制出以沸石、二氧化钛、硅胶、磷酸盐和黏土等为载体的银系无机抗菌剂。有机合成抗菌材料具有抗菌范围广、杀菌速度快等优点，但是通常其毒副作用相对较大、易水解、使用寿命短；无机抗菌材料，具有安全性高、耐热性好、抗菌范围较广、持续杀菌的有效期长、无二次污染等优点。正是由于纳米银抗菌剂具有上述特性以及纳米材料本身具有的量子效应、小尺寸效应和极大的比表面积特性，增加了与细菌的接触面积，极大地提高了无机抗菌剂的抗菌效率，从而吸引了众多的研究者予以研究和开发。但纳米抗菌剂用油品的使用效果和可行性还有待于进一步的实验和探讨。

五、防冰剂（抗冰剂，防冻剂）

燃料中存在的少量水分除了引起金属表面腐蚀生锈外，还能影响发动机的正常运转。对于汽油发动机，在低温高湿时，燃料中的水分和吸入空气中的水分，由于轻质汽油组分汽化吸热凝聚成水滴，进而由于温度降低而结冰。生成的冰结晶会堵塞汽化器的空气管路，破坏燃料的正常输送，导致发动机停止工作。对于喷气发动机，燃料中的水分结冰会造成严重问题。

飞机在万米以上高空飞行时，周围温度可降至−60℃，燃料系统温度也可达−30℃。在这种情况下，燃料中溶解的水析出结冰，会造成滤网结冰堵塞。为了防止燃料中的水在使用时结冰，需要在燃料中加入防冰剂。

1. 防冰剂的防冰原理

防冰剂具有很好的亲水性，在喷气燃料中以其本身的羟基与燃料中水的分子之间形成氢键缔合；又由于防冰剂本身属于醇醚类化合物，冰点很低，因而强有力地降低了燃料中水的结冰点和抑制冰晶的形成。

防冰剂具有一定的油溶性，其在水中的溶解度比在燃料中的溶解度要大得多，与水构成的不定比例的混合液具有很低的结晶点，从而使燃料中水不易结成冰霜。

防冰剂还能防止在储油容器的自由空间器壁上生成冰晶。这是因为加有防冰剂的喷气燃料在储油器中的呼吸作用，呼出的是防冰剂和水的“混合气”。这种“混合气”遇冷在器壁上凝集成的液状物冰点很低，因而不以冰霜状态凝集在容器的内表面和呼吸口，从而起到了“气相防冰”的作用。

2. 防冰剂的分类

防冰剂可分成两类。一类是醇或醚类或水溶性酚胺等，如用乙醇或已基乙二醇、二亚丙基乙二醇-乙基醚等溶入水分中，能使其冰点下降，从而防止了结冰。另一类是胺类和酰胺类等具有表面活性的油溶性化合物。其在汽化器表面上形成薄膜，防止冰与汽化器的金属表面直接接触，或在冰粒表面上形成皮膜，从而防止冰结晶的增大。

添加量依汽油的挥发性不同而异，一般在 10～50mL/m^3。日本通常在油品中加脂族醇，如乙醇、异丙醇 0.5%～2.0%（体积分数）、已基乙二醇、二丙基乙二醇 0.05%～0.2%（体积分数），还有 C_{19}烷基二乙醇酰等。

常用的防冰剂有乙二醇单甲醚（T1301，或与甘油的混合物）、乙二醇醇醚和二甲基甲酰胺等。

国外菲利普斯石油公司生产的著名的防冰剂的牌号是PFA-55MB，由乙二醇单甲醚90%和丙三醇10%组成。其防冰效果如表3-30所示。

表3-30 PFA-55MB防冰剂的效果

在燃料中的含量/%		燃料温度/℃	滤清器因结冰堵塞所用时间/min
水	PFA-55MB		
0.01	—	−45.6	3
0.08	—	−45.6	1
0.08	0.1	−45.6	无堵塞

从表3-30列的数据可以看出，不用防冰剂，冰晶几分钟就能将滤清器堵塞，而添加0.1%防冰剂以后，就不再发生堵塞现象。

乙二醇单甲醚是无色透明有温和醚味的液体，可溶于水和大部分有机溶剂，易燃，易吸水，有毒；如果服入或通过皮肤吸收，对人体是有害的，还能引起眼睛疼痛。实验室动物研究表明，乙二醇单甲醚对动物的怀孕带来不利影响并使胎儿产生先天不足，长时间和频繁接触会使雄性动物生殖器官受到损害。

六、沥青添加剂

沥青的使用性能也可以通过加添加剂来加以改善。下面以道路沥青为例，说明添加剂对沥青使用性能的改善。随着交通的高速发展，我国公路建设也突飞猛进，对路面材料也提出了更高的要求。常规的沥青混合料的性能已难以满足要求，必需对其加以处理以改善沥青的使用性能。

沥青路面的主要性能从抗车辙性能、低温抗裂性能、抗水损害性能和抗疲劳性能几方面体现。调查发现，部分设计年限15～20年的沥青路面在3～5年的时间里就出现了破坏，最主要的是高温出现车辙变形，其次是低温裂纹。研究表明，掺入不同沥青添加剂可以明显提高沥青路面的抗车辙性能、低温抗裂性能、抗水损害性能和抗疲劳性能。例如，如果在道路沥青中，以胶乳形式加入一些丁苯橡胶（SBR），制成橡胶沥青。由于SBR具有良好的低温抗裂性能和较好的黏结性能，使沥青的黏度、韧性、软化点提高，脆点降低，使沥青的延度和感温性得到改善和提高。丁苯橡胶胶乳对沥青性能的改善见表3-31。

表3-31 丁苯橡胶胶乳对沥青性能的改善

添加量/%	0	2.0	4.0	5.5	8.6
针入度(25℃,5s,100g/0.1mm)	95	89	80	73	65
软化点/℃	45.9	50.3	59.4	66.0	70.0
针入度指数	−0.66	+0.41	+2.22	+3.23	+3.57
延性(25℃)/m	1.5^{+}	1.5^{+}	1.5^{+}	1.5^{+}	1.5^{+}
闪点/℃	323	330	335	339	340
T_o/T_{ou}/%	20.0	44.2	78.3	85.0	80.0

由表 3-31 所列数据可以看出，加入丁苯胶乳后，沥青的以上性能指标都得到了显著改善，而对其延性和闪点并无不利的影响。随着丁苯胶乳添加量的增加，添加量越多沥青的性能改善得越多。但是，丁苯胶乳在沥青中不能无限制地添加，当添加量大于 5.5%时，丁苯胶乳在沥青中的添加量就达到饱和。再继续增大丁苯胶乳在沥青中的含量，就会使得胶乳在沥青中作为另一个固相分离出来。

当前用于沥青的聚合物添加剂主要是苯乙烯丁二烯嵌段共聚物（SBS）、聚乙烯（PE）、乙烯-醋酸乙烯（EVA）和丁苯橡胶（SBR）。苯乙烯丁二烯嵌段共聚物（SBS）具有良好的温度稳定性，能明显提高基础沥青的高低温性能，降低温度敏感性，增强耐老化、耐疲劳性能。加入 SBS 的沥青，弹性恢复能力优良是显著特点，在路面使用过程中，对荷载作用下产生的变形，具有良好的自愈性。SBS 已成为沥青改性领域中的主要的添加剂，近年来，在欧洲所用沥青改性剂中 SBS 已占到 40%以上。

在沥青中添加改性剂进行改性，是当前国内外研究的先进技术措施之一。添加剂改性沥青作为一种混合体系，是将添加剂溶胀于沥青中，从而将添加剂的性能传递到沥青上去。改性沥青的优劣取决于两者之间的相容性，而添加剂在沥青中的分散状态又是相容性好坏的最直观的反映。因此，添加剂在沥青中的分散状态能够在一定程度上反映改性沥青性能的优劣。

现今，许多新型的沥青添加剂相继在市场上出现，如 TPS、Sasobit、Duroflcx、路孚 8000、上海交大高黏度改性剂等。

沥青改性剂 Sasobit 是一种新型聚烯烃类沥青普适改性剂，属于窄分布的合成饱和碳氢化合物的混合物。具有以下特性：适用于所有石油沥青，掺入量低，效果好，易拌和，不离析，无需特殊设备，可以显著提高沥青的高温性能，降低感温性，显著提高路面的抗变形能力，降低车辙，防止波浪、拥包现象，显著提高沥青在 60℃下的黏度，同时降低其在 135℃下的黏度，显著改善沥青混合料的施工和易性，保持沥青的低温性能不变，降低能量消耗，提高工效。

路孚 8000 是一种由多种聚合物和其他组分组成的功能强大的、储存性能稳定的沥青混凝土改性剂，具有卓越的融合能力，极大地改善沥青胶体的结构。路孚 8000 通过沥青和矿料之间特别的物理、化学作用来发挥功效，使沥青混凝土高温稳定性和低温抗裂性提高数倍甚至数十倍。路孚 8000 适用于所有的热拌沥青混凝土配方，它的应用大大降低了沥青路面建造的成本，在与同类竞争产品的比较中具备价格优势，沥青混凝土的施工方法简单，同时又超过了改性沥青混凝土的强度和寿命，从而可以大幅降低成本。

TPS（全称 TAFPACK-Super）是一种专为排水性沥青路面而生产的沥青改良添加剂。热塑性橡胶为主要成分，再配以黏结性树脂和增塑剂等其他成分，用机械搅拌混合方式使普通沥青改良成为排水性沥青路面用的高黏度黏结剂。TPS 改性沥青属于高黏度改性沥青，其最大特点是 60℃黏度高达 25000Pa・s。有研究表明沥青 60℃黏度对排水性沥青混合料强度及耐久性起着关键性作用。使用 TPS 改性剂不仅能使排水性路面用沥青结合料达到所需要求，而且在实际使用的沥青工厂及施工现场的使用性能也可大幅度得以改善。

目前国内对沥青添加剂已经作了一些研究，但工程应用尚处于初级阶段，仅仅局限于少数几种常用添加剂，对沥青添加剂的研究未能形成系统的理论基础。在一些地区，人们对改性沥青还需要一个认识过程。另外，市场上新型沥青添加剂种类繁多，很多对沥青及混合料的影响还不明确，缺乏系统的数据积累。

七、密封件膨胀剂

内燃机油与液压油等常可能和橡胶或塑料等密封件接触，会使得这些密封件收缩，而密封件遇油收缩，容易导致泄漏发生；如过度膨胀，则又增大摩擦与磨损，也将造成泄漏。为了防止泄漏，一般要求润滑油对密封件有适当的膨胀作用，这样既可保证密封又不致发生过度摩擦。密封膨胀剂正是使橡胶密封材料发生轻微膨胀，避免密封失效或密封收缩而漏油的添加剂。

密封件收缩与膨胀与密封件材料、基础油的组成有关。橡胶的膨胀作用主要是芳香烃或无侧链的多环环烷烃引起的，因为它们最容易极化和与橡胶的极性基相互作用，而烷烃和带长侧链的环烷烃会导致橡胶质量减轻。

当油品与橡胶接触时，同时进行两个过程，即增塑剂的析出和芳香烃的吸收。橡胶浸泡后是减重或增重取决于哪种过程占优势。芳香烃，特别是多环短侧链芳香烃，作为极性化合物比非极性烃类烷烃和环烷烃对橡胶的增塑剂有更高的溶解性。所以，随着芳烃含量增加，润滑油对增塑剂溶解增强。结果在橡胶内形成了许多微小的空穴，这些空穴被烷烃和环烷烃占据，它们阻拦了橡胶分支分子，从而使橡胶表现出减重，弹性变差。同时，烷烃和环烷烃比原来的增塑剂的比重小，所以橡胶表现出失重。润滑油中芳香烃的含量可从苯胺点的高低反映，苯胺点较高的油品芳香烃含量较少，对橡胶的溶胀性低，甚至有使之收缩的倾向。

润滑油对橡胶的膨胀值决定于基础油。试验证明，基础油对橡胶的膨胀值与润滑脂对橡胶的膨胀值没有明显差别，因此可以根据基础油对橡胶的膨胀值确定润滑脂中基础油的组成。

为保证润滑油和密封件的相容性，得到符合使用要求的润滑油，首先需选用适当的基础油，再者选用橡胶膨胀性能不同的油品按适当比例混合；最后需要在润滑油中添加一些有膨胀作用的添加剂。油密封件膨胀剂通常是芳香族化合物、醛、酮、有机羧酸酯、有机磷酸酯等。

近年来由于橡胶密封件与润滑油相容性差引起的油品渗漏，越来越受到重视。尤其是在欧美国家，对多种油品与橡胶密封件的相容性提出了要求，如对车辆齿轮油，在新的 API、PG-1、PG2 规格中都加入橡胶密封材料相容性试验。欧洲 ACEA 标准中对全部所有级别的发动机油提出了橡胶相容性的要求。因橡胶材料与润滑油相容性差而引起的汽车召回事件也屡屡上演，例如梅赛德斯-奔驰由于转向助力液高压管路与助力泵的连接管松动，造成转向助力液渗漏，召回奔驰轿车共 25305 辆。国内研究人员同样关注密封件泄漏问题，我国润滑油的浪费量惊人，在不断提高润滑油品质来减少油耗的同时，却忽略了与密封件相容性差而引起的漏油问题。

为解决润滑油与橡胶密封材料相容性差，或者使密封材料产生密封收缩而导致密封泄漏的问题，国内外科研工作者作了大量工作。如专利 US7727944、US20070087947、US7485734 等均是密封膨胀剂的相关研究报道。我国研究了一类环丁砜衍生物橡胶密封膨胀添加剂，考察了它们在Ⅱ类、Ⅲ类和Ⅳ类基础油中的橡胶密封膨胀相关性能。结果表明，环丁砜衍生物橡胶密封膨胀剂能改变橡胶与基础油的相容性，可以有效地解决目前Ⅱ类、Ⅲ类、Ⅳ类基础油所引起的密封收缩问题；对丁腈橡胶的适用性最强，对丙烯酸酯橡胶的影响较大，需要谨慎考虑使用；可使已有磨损的密封件膨胀，使其对抗磨损的损失，特别适合于更换橡胶密封件不便的场合。

第四章 复合添加剂及其应用

随着油品质量等级的提高，功能添加剂也逐渐由单剂向复合剂转变。复合添加剂的性能不仅要靠添加剂单剂质量的提高，还要通过添加剂复合规律研究确定添加剂相互协合作用的本质，以获得综合性能最佳的复合剂。使用复合添加剂可以简化配方筛选的难度，降低润滑油生产的成本并且稳定油品生产质量。现在，复合添加剂在润滑油中的地位越来越重要。

复合添加剂是指多种不同性能的单剂，如清静剂、分散剂、抗氧剂或抗磨剂等，以一定比例混合，并能满足一定质量等级的添加剂混合物。在发达国家，中高档油品几乎全部采用复合添加剂。按照配方，将复合剂加到适宜精制深度的基础油中，即可得到成品。加入复合添加剂根据使用对象工况条件不同，选择添加剂品种和数量，使油品发挥出最佳使用效果并达到最佳平衡。

一般说来，向基础油中加入一定量的复合剂，便能同时改善它的各种使用性能，即可得到所需的相应的油品。这样既有利于简化油品生产过程，又有利于保证油品的质量。复合添加剂的功效，不是各种添加剂组分作用功效的简单总和。各种不同添加剂复合时，在添加剂组分之间，可发生下列三种作用方式：

① 加合效应。不同添加剂的复合效能水平，基本上相当于在数量上每种添加剂的简单加合，而不同性能类型的添加剂之间互不影响。

② 对抗效应。不同添加剂复合使用后的性能水平，低于每种添加剂的简单加合水平，甚至低于某种添加剂单独使用时的水平。添加剂之间产生了相互抵消、抑制作用。

③ 超加合效应。不同添加剂复合使用后的性能水平，超过每种添加剂的简单加合水平，要比同样添加量时单独使用的水平高。在不同性能类型添加剂复合使用时，各自的性能水平得到了提高，也就是说添加剂之间互相有了促进、增效的作用。

因此，在寻求油品的添加剂配方时，应注意避免添加剂复合使用中的对抗效应，充分发挥添加剂之间的超加合效应，以求达到最好的性能水平。

国内现主要能生产一些中低档的内燃机油、齿轮油及抗磨液压油复合添加剂，大部分，特别是高档产品依赖进口。目前，我国生产的复合添加剂的品种还很少，按其使用场合分类复合添加剂的组别和名称见表 4-1。

表 4-1 复合添加剂的组别和名称

组 别	使用场合	商品牌号示例
汽油机油复合剂	SF、SG、SH、SJ、SL、SM	T3023、LZL3014
柴油机油复合剂	CD、CF、CF-4、CH-4、CI-4	ID1233、H1275
通用机油复合剂	SF/CD、SH/CF、SJ/CF、SL/CF、SM/CF	IP5274、ID3354
二冲程汽油机油复合剂	L-ERB、L-ERC	OLOA5596

续表

组　　别	使用场合	商品牌号示例
铁路机车油复合剂	三/四/五代铁路机车油复合剂	T3411/T3421
船用发动机油复合剂	船用气缸油/系统油/中速筒状活塞发动机油复合剂	OLOA857R/759R
工业齿轮油复合剂	普通/中负荷/重负荷工业齿轮油复合剂	IG361/LZ5034A
车辆齿轮油复合剂	普通/中负荷/重负荷/通用齿轮油复合剂	T4208/T4162
液压油复合剂	抗氧防锈/抗燃/抗磨/无灰抗磨/低温	P0A205/LZ5178J
工业润滑油复合剂	汽轮机油/压缩机油/导轨油复合剂	I-RC2515
防锈油复合剂	机床的液压箱、主轴箱和齿轮箱	WX5128、TH 5003

第一节　内燃机油复合添加剂

内燃机润滑油无论从数量上和质量上都占有特别重要的地位，它被认为是带动整个润滑油工艺技术进步的主要油品之一。内燃机油包括汽油机油、柴油机油、通用车用发动机油、二冲程汽油机油、天然气发动机油、铁路机车用油、拖拉机发动机油和船舶柴油机润滑油及陆地固定式发动机油。内燃机油所用的添加剂占整个添加剂种类的20%，而数量约占整个添加剂总量的80%。内燃机油所用添加剂的类型有清净剂、分散剂、抗氧抗腐蚀剂、降凝剂、黏度指数改进剂、防锈剂、抗磨剂及摩擦改进剂和抗泡剂等。

一、汽油机油复合剂

润滑油中从加入单剂（抗氧剂），逐步发展到加入多种添加剂的比较完整的复合配方，可以说现在任何一类内燃机油中都加有四种以上的添加剂。而汽油机油加入的功能添加剂有清净剂、分散剂、抗氧抗腐剂，特别要求低温分散及抗磨性能要好，解决低温油泥和凸轮挺杆的磨损问题。一般清净剂用磺酸钙、磺酸镁和硫化烷基酚钙；分散剂用单丁二酰亚胺（氮含量2%左右）、高分子量丁二酰亚胺；抗氧抗腐剂用仲醇或伯仲醇二烷基二硫代磷酸锌、二烷基氨基甲酸锌以及二烷基二苯胺、烷基酚和有机铜化合物等辅助抗氧剂；为了节能还要加酯类、硫磷酸钼和二烷基氨基甲酸钼等摩擦改进剂。不管是美国还是欧洲的汽油机油，质量等级每升级一次，相应的复合剂都在原有的基础上得到改进，或是调整了配方或是用了新的添加剂来适应评定要求。

国内外汽油机油复合添加剂的商品牌号、主要性能和应用，如表4-2所示。

表4-2　国内外汽油机油复合添加剂的商品牌号、主要性能和应用

商品牌号	主要性能和应用
T3023	加4.0%和5.0%的量于适当的基础油中，能分别满足SC和SD质量级别的单级油的性能要求
JINEX3023	
LZL3014	加3.8%的量于适当的基础油中，可调配SC级质量级别单级油
JINEX3029	加4.5%的量能满足SD级多级油的要求；加3.8%能满足SD级单级油的要求；加2.8%，再补充0.2%的T202，可满足SC级单级油的要求

续表

商品牌号	主要性能和应用
SL 3031	加8.0%于适当的基础油中，能满足SE级油质量级别的单级油的性能要求
JINEX1850	加5.4%的量，能满足10W/30和15W/40黏度等级的SE质量级别的多级汽油机油
SL 3051	加9.7%的量于适当的基础油中，能满足SF级质量级别的单级油的性能要求
T3052	含铜0.175%，加7.7%、7.0%、5.0%和3.8%的量，可分别满足SF、SE、SD和SC级的10W/30、15W/40的多级油；加7.2%、6.5%、4.5%和3.0%的量，可分别满足SF、SE、SD和SC级的单级油的要求
T3054	加9.2%的量于合适的基础油中，可满足SF级的5W/30、10W/40、15W/40、20W/40、20W/50黏度等级的多级汽油机油的要求
T3056	加6.7%、6.2%和5.0%的量，可分别满足SF、SE和SD 10W/30、15W/40的多级油；加6.2%、5.8%和4.5%的量可分别满足SF、SE和SD级的单级油的要求
JNEX3029	加5.8%的量，可满足10W/30和15W/40黏度等级的SF级质量级别的汽油机油的要求
LZ9845	加10.2%的量，可满足5W/30和10W/30的SH/GF-1、SJ/GF-2油的性能要求
Infineum P5021	加9.9%的量于认可的基础油中，可满足5W/30、10W/30、10W/40的SJ、SH、ILSAC GF-1、GF-2油品的要求
OLOA 55004	推荐9.64%的量，可满足SL/ILSAC GF-3质量水平的多级润滑油的要求
OLOA 9262	复合剂中含0.05%的硼和0.06%的钼。加9.0%的量，可满足SJ/CF、ILSAC GF-2单级和多级润滑油的要求
Hitec 1117	加10.85%的量，可满足ILSAC GF-2/SJ多级润滑油的要求

二、柴油机油复合剂

柴油机与汽油机不同，柴油机是压燃式，而汽油机是点燃式，两者有所差异：一是柴油机烟灰多，烟灰多容易在顶环槽内沉积和活塞环区形成沉积；二是柴油中含硫量比汽油多，燃烧后生成的酸会导致环和缸套的腐蚀磨损；三是柴油机压缩比比汽油机高得多，热效率高，其热负荷就大，汽缸区的温度也高，高温易促使润滑油氧化变质；另外，压缩比高带来的问题就是NO_x排放高，同时柴油不易燃烧完全，易产生颗粒物（PM）。

因此，柴油机不能用通常的三效转换器来降低NO_x，尾气中无过剩氧的还原环境，PM又容易使钯催化剂堵塞，影响催化剂的使用寿命。从以上三个特点可看出，要求柴油机油应具有良好的高温清净性、酸中和性能、热氧化安定性以及其他性能。

汽油机油和柴油机油虽然用的功能添加剂都是清净剂、分散剂和抗氧抗腐剂等，但由于解决的侧重点不同，故而在复合剂中加入的比例也就有所差异。汽油机低温油泥比较突出，故加入的分散剂比例比柴油机的大；相反柴油机的高温清净剂抗氧问题突出，在柴油机复合配方中加入清净剂的比例比汽油机油大。特别是负荷大的CD级或以上的柴油机油复合机中，还要加一些硫化烷基酚盐来解决高温抗氧问题，其分散剂要用热稳定性好的双丁二酰亚胺或多丁二酰亚胺和高分子量丁二酰亚胺，ZDDP也要用热稳定性更好的长链二烷基二硫代磷酸锌，而汽油机油要用含有仲醇基的ZDDP。表4-3是一个典型的发动机油配方比例。

表 4-3 一个典型的发动机油配方比例

添加剂	轿车发动机油	重负荷发动机油	添加剂	轿车发动机油	重负荷发动机油
分散剂/%	52.2	37.0	ZDDP/%	13.0	13.0
镁清净剂/%	9.8	11.1	抗氧剂系列/%	7.6	15.7
钙清净剂/%	17.4	23.2	合计/%	100	100

从表 4-3 可以看出，汽油机油中的分散剂比柴油机油多 15.2%，而清净剂却少 7.1%（汽油机油为 27.2%，柴油机油为 34.3%）；抗氧剂方面除 ZDDP 相同外，柴油机油还额外多加了 8.1%的抗氧剂。复合剂中这些变化都是由柴油机油的特点决定的。由此可知，复合剂中各种添加剂的比例要根据不同的油品来确定。

国内外柴油机油复合添加剂的商品牌号、主要性能和应用见表 4-4。

表 4-4 国内外柴油机油复合添加剂的商品牌号、主要性能和应用

商品牌号	主要性能和应用
T3110	加 4.0%的量于适当的基础油中，能分别满足 CC 级质量级别的单级油的性能要求
SL 3111	加 5.5%的量于适当的基础油中，能满足 CC 级质量级别的柴油机油的性能要求
T3112	加 5.5%的量于适当的基础油中，可满足 CC 级质量级别的 15W/30、15W/40、20W/40 油品的要求；加 5.0%的量，可满足 CC 级质量级别的单级油要求
S3100	加 3.4%于适当的基础油中，可配制 CC 质量级别的单级柴油机油的性能要求
JINEX3200	加 4.0%的量于适当的基础油中，可满足 CC 质量级别的单级柴油机油的性能要求
SL 3131	加 8.5%的量于适当的基础油中，能满足各黏度等级的 CD 级质量级别的单级油的要求
T3135	加 5.75%和 8.42%的量于适当的基础油中，可分别满足 CC 和 CD 质量级别的单级柴油机油的性能要求
T3136	加 8.5%的量，可满足 CD 级的 15W/30、15W/40、20W/40 油品的要求；加 7.7%的量，可满足 CC 级质量级别的单级油的要求
LZL 4833	加 5.9%和 3.6%的量于加氢基础油中，可分别满足 CF、CD 和 CC 级多级油；加 5.3%和 3.3%的量，可分别满足 CD 和 CC 级单级油
Infineum D1218	加 2.5%和 4.5%的量，可分别满足 CC 和 CD 级单级油要求；加 2.8%和 5.6%的量，可分别满足 CC 和 CF/CD 级 15W/40 黏度级别以上的多级油的要求
LZ 4970S	加 12.45%的量，可分别满足 CF-4/CE/SG、MB 227.1/228.1/227.5、MAN 271、Volvo VDS、VW 501.01/505.00 等油品的要求
Infineum D2056	加 3.5%、5.9%和 6.5%的量，可分别满足 CC、CD 单级油和 CD 多级油的要求
MX 5228	加 2.6%和 4.9%的量，可分别满足 CC 和 CD 质量水平的单级油的性能要求
MX 5235	加 6.4%的量，满足 CF 单级油的性能要求
Infineum D3393	加 6.5%的量，可分别满足 15W/40 CD 和 CF/CF-2 级柴油机油的要求

三、通用汽柴油机油复合添加剂

通用机油的润滑性能同时满足汽油机油和柴油机油的性能。汽油机油着重要求有好的低温油泥分散性和低灰分，而柴油机油着重要求有好的高温清净性和酸中和能力。要兼顾这两方面的要求，通用油的复合配方组分之间就要进行精心的选择和平衡。

一般在调制 CC/SD 级以上水平的复合配方时，其复合剂的组分就复杂得多了。分散剂中可能有两种以上的复合；清净剂中除磺酸盐（其中包括磺酸钙及磺酸镁盐复合）外，还要加热稳定性好的清净剂，如烷基水杨酸盐或硫化烷基酚盐；在抗氧抗腐剂中的 ZDDP，除伯醇基外还有仲醇基及长链烷基醇等抗磨及热稳定性好的 ZDDP 之间的复合。

总之，通用机油复合剂中的添加剂是复杂的。在经济上，通用油的添加剂用量比非通用油要多一些，故成本也高一些；但通用油的换油期比非通用油要长，润滑油油耗也低。两者相抵消，通用油在经济上仍然是合理的。

中国在发展汽油机油和柴油机油复合剂的同时，也发展了通用油复合剂，国内外通用汽柴油机油复合添加剂的商品牌号、主要性能和应用见表 4-5。

表 4-5 国内外通用汽柴油机油复合添加剂的商品牌号、主要性能和应用

商品牌号	主要性能和应用
T3211	加 6.0%的量，可满足 SD/CC 级 20W/40 油品的要求；加 5.5%的量，可满足 SD/CC 单级油的要求；加 4.0%的量，可满足 SG 级别单级油的要求
SL 3211	加 6.0%的量于适合的基础油中，能满足各黏度等级的 SD/CC 级质量级别油品的性能要求
S 3211	加 6.0%的量，可配置 SD/CC 质量级别油品的性能要求
LZL 3213	加 6.0%的量于适合的基础油中，可满足 SD/CC 级质量级别单级油的性能要求
T 3214	加 4.2%的量于大庆基础油中，能满足 15W/40 黏度等级的 SD/CC 级质量级别油品的性能要求；加 3.8%的量，可满足单级的 CC 级油品的要求；加 3.5%的量，可满足单级的 SC 级油品的要求
SL 3221	加 8.0%的量于适合的基础油中，能满足各黏度级别的 SE/CC 级质量级别油品的性能要求
T3222	加 7.8%的量，可满足 SE/CC 级质量级别的 10W/30、15W/40、20W/40、20W/50 黏度等级油品的要求；加 7.0%的量，可满足 SE/CC 级质量级别单级油的要求
T3231	加 5.9%的量于中东含硫基础油中，可满足 SF/CC 级质量等级 15W/40 黏度级别油品的要求；加 5.5%的量，可满足 SE 级质量级别的 10W/30、15W/40W 黏度等级油品的要求
LZL 3231	加 8.5%的量于适合的基础油中，可满足 SF/CD 级质量级别的 10W/30 黏度等级的多级汽、柴油机油的要求
SL 3251	加 8.7%的量于适合的基础油中，可满足 SF/CD 级质量级别油品的性能要求
T3253	加 8.5%的量，可满足 SF/CD 级质量级别的 10W/30 黏度级别油品的要求；加 7.8%的量，可满足 SF/CD 级质量级别的 15W/40 黏度级别油品的要求；加 7.0%的量，可满足 SF/CD 级质量级别的单级油的要求
T3254	加 8.3%的量，可满足 SF/CD 级质量级别的 20W/40 黏度级别油品的要求；加 7.5%的量可满足 SF/CD 级质量级别的单级油的要求
JINEX 2860	加 8.2%的量，可调制 SF/CD 级质量级别的 15W/40 油品的要求；加 7.3%的量，能满足 SF 级质量级别的 15W/40 黏度等级油品的要求
JINEX 1288	加 5.0%和 4.8%的量，能分别满足 CD/SF 和 SF/CC 级质量级别的 15W/40、20W/40、20W/50 多级及 30、40、50、20W 单级油品的要求
JINEX 1286	加 10.0%的量，能满足 CF-4/SG 级质量级别的 10W/30、15W/40、20W/50 油品的要求
LZL 4970	加 12.2%、11.6%和 10.6%的量于大连基础油中，可分别满足 CF-4/SG、CE/SG 和 CE/SF 油品的要求；加 8.0%+0.15%ZDDP 的量可满足 CF/CF-2 油品的要求
Infineum P5265	加 4.9%和 5.4%的量，可分别调制单级和 15W/40 的 CD/SF 润滑油
Infineum P5275	加 6.1%的量，可满足 10W/30、15W/40SE/CC 级油品要求，再补加 0.5%ZDDP 可满足 SF/CC、CCMC G2/D1 要求
OLOA 8805XL	加 2.6%、2.8%、3.8%、4.4%、4.6%和 6.0%的量，可分别满足 SC/CB、SC/CC、SD/CC、SE/CC、SF/CC、SF/CF/CF-2 等单级润滑油的要求，多级油相应增加 10%量即可满足要求
Hitec 9210	加 6.9%的量于基础油中，可满足 SF/CC 多级油的要求
MX5225	加 2.6%和 5.7%的量，可分别满足 CC/SD 和 CD/SD 级别的单级油性能要求

四、二冲程和四冲程摩托车汽油机油复合剂

1. 二冲程汽油机油

二冲程汽油发动机与四冲程汽油发动机不同，它没有单独的润滑油系统，而是把润滑油

与汽油预混合后通过汽化器进入发动机燃烧室，汽油汽化后润滑油留在运动部件上沉积一层薄膜提供润滑，这种润滑是一次性的。相同功率的发动机，二冲程的比四冲程的发动机消耗的燃料要多，因此，二冲程汽油发动机对燃烧室的沉积非常敏感，特别是润滑油中的有机金属清净性生成的灰分，会污染火花塞而引起预点火烧毁活塞。

因此，对二冲程汽油机油的性能有如下要求：具有良好的中高温润滑性，防止擦伤或拉缸；清净性或抗氧化性好，保持发动机清洁；燃烧后灰分及沉积物少，防止提前点火，排出的废气要干净，烟灰少；防锈性要好，防止发动机部件锈蚀和腐蚀；混溶性和流动性好，使润滑油与燃料油能充分混合。因此二冲程汽油发动机对二冲程汽油机油的要求是很高的，一定要用专用油品，即用二冲程汽油机油复合剂与基础油调配而成的二冲程汽油机润滑油。

二冲程汽油机油不能用四冲程发动机润滑油，因为四冲程发动机油总含有 ZDDP，会导致火花塞生垢及沉积；四冲程发动机油中含灰分高，燃烧后有沉积及导致过早点火；单级油中含有高黏度基础油，会导致沉积物机油烟多；多级油中含有氧化稳定性好的聚合物，会导致不完全燃烧和严重沉积物；四冲程发动机油中不含溶剂，与燃料的混溶性差。反之，四冲程摩托车及汽油机不能用二冲程汽油机油，因为二冲程汽油机油不含四冲程发动机油所必需的清净剂及抗磨损添加剂。四冲程发动机若使用了二冲程汽油机油将导致高磨损、产生大量曲轴箱油泥（分散剂不够）、活塞变黑及黏环（由于清净性低引起的）、压缩能力（功率）损失及损坏发动机。因此，二冲程摩托车与四冲程摩托车的润滑油不能混用，必须用它们的专用油品。

二冲程及四冲程发动机油组成的比较见表 4-6。

表 4-6 二冲程及四冲程发动机油组成的比较

基础油和添加剂组成		四冲程	二冲程
基础油组成	矿物油	○	○
	稀释油(煤油或柴油馏分)	×	○
	合成油:聚 α-烯烃	△	△
	酯	△	△
	低分子量聚异丁烯	×	△-○
	植物油	×	△
添加剂组成	黏度指数改进剂	△-○	×
	降凝剂	△-○	△-○
	ZDDP	○	×
	无灰抗氧剂	△-○	×
	金属清净剂:超碱性	○	×
	中性～碱性	△	△-○
	分散剂	○	○
	防锈剂	△	△
	消泡剂	○	△
性状	硫酸灰分/%	0.5～1.5	0～0.2
	碱值/(mg KOH/g)	3～10	0.5～8

注：○—通常应该添加的；△—根据需要添加；×—通常不应该添加的。

从基础油来看，有矿物油、聚异丁烯（PIB）、酯、聚α-烯烃、植物油等，一般使用矿物油，低排烟时要求加入一定比例的低分子量PIB，要求生物降解性时还要用酯；为了改善与燃料的混合型，基础油中还要加一部分煤油或柴油馏分；为了维护活塞清净性，需添加清净剂和分散剂。但是水冷与空气冷却的二冲程发动机在调配上有很大的不同，在容易冷却的水冷发动机中，在中低温领域，无灰分散剂容易发挥作用，因此主要添加无灰添加剂。调配空气冷却的发动机油时，一般加耐热性优异的金属系清净剂。在混合润滑系统中，燃料与润滑油是以混合溶解状态储存在供给槽里，而分离润滑系统中，燃料与润滑油以不同的路线储存、供给，为此必须有良好的流动性，还需要添加降凝剂；而且需根据情况添加防锈剂和抗泡剂。二冲程发动机油不像四冲程发动机油那样循环使用，因此不添加抗氧剂和黏度指数改进剂。

添加剂的类型与基础油的性质直接影响二冲程发动机油的清净性、润滑性和排烟量。清净剂和分散剂可以提高油品的清净性，若油品中的灰分含量高，则排气烟度大，沉积物也增多。因此油品中避免使用高碱值的清净剂来控制灰分含量，日本二冲程发动机油硫酸灰分最高不超过0.25%。使用聚异丁烯或光亮油基础油组分，都能有效地提高油品的润滑性，防止活塞卡住。由于在相同分子量大小下，PIB分解温度比矿物油低，易于燃烧完全，排烟量少，所以，使用聚异丁烯还能降低油品的排烟量。一般合理的复合剂的配方是低碱值高皂含量的磺酸盐与分散剂复合，再与PIB、基础油和溶剂调配而成二冲程发动机油。

2. 四冲程摩托车汽油机油复合剂

传统的二冲程摩托车发动机正在被更大的、对环保更有利的四冲程设计的发动机所取代。摩托车比汽车行驶的温度更高，发动机速度更快，输出比率更大，而油底壳又小得多，这使润滑工况环境更加苛刻——由于速度大，功率比大和润滑油量少，造成操作温度更高。这两个问题引起润滑油的稠化、氧化、沉积和磨损。另外，很多摩托车是风冷，使得机油经受更高的温度。除此以外，很多四冲程摩托车的发动机都和变速器相连接，这些摩托车都有用发动机油润滑的“湿式离合器”，用发动机油润滑所有的发动机部件、传动装置或齿轮箱和离合器，亦可能包括一个动力传送和一个起动离合器。

所以，对四冲程摩托车润滑油的性能要求是：有良好的离合器摩擦特性，有利于离合器走合和稳定操作；有极好的抗氧化和磨损性能，有利于延长换油期和发动机寿命；能严格控制油泥和油膜，有利于减少发动机上的沉积物；有极好的高温高剪切性能，有利于增加高温油膜强度；低温性能好；灰分低。

目前全球约30%摩托车均采用四冲程发动机，市场份额正不断上升，这主要由于它在排放及噪音方面有优势。发动机与传动机共用润滑油，包括湿式离合器，过去一直使用普通汽油机油，出现不少问题。因此，国外开发了专用小型四冲程摩托车复合剂以满足其要求，如Lubrizol 7819和Infineum S 1850，日本使用摩托车正牌油。

表4-7为国内外二、四冲程摩托车汽油机油复合添加剂的商品牌号、主要性能和应用。

表4-7　国内外二、四冲程摩托车汽油机油复合添加的商品牌号、主要性能和应用

商品牌号	主要性能和应用
SL 3311	是二冲程复合添加剂，加4.4%的量，能满足Ⅱ挡二冲程汽油机油的质量等级，性能与TSC-2及日本JASO FB相当
SL 3321	是二冲程复合添加剂，加5.7%的量，能满足Ⅲ挡二冲程汽油机油的质量等级，性能达到JASO FC、API TC质量级别

续表

商品牌号	主要性能和应用
T 3301	是二冲程复合添加剂，加4.4%，可调制二冲程Ⅱ挡汽油机油，可满足各种中等排量风冷Ⅱ档汽油机油的要求
Lubrizol 400	是二冲程复合添加剂，加13.5%的量，可分别满足NMMA、TC-W3润滑剂性能要求
Lubrizol 601	是二冲程复合添加剂，加1.0%～4.6%的量，用于风冷二冲程摩托车润滑油中
Lubrizol 7819	是四冲程复合添加剂，加5.4%、7.4%和8.1%的量，分别可达到SF/CC、SG/CC和SG/CD级别的性能要求
Infineum S 850	是四冲程复合添加剂，推荐7.5%和9.5%与OCP配合可分别配制10W/30和10W/40优质四冲程摩托车润滑油

五、天然气发动机油复合剂

天然气发动机通常是用来输送天然气的动力装置，主要是四冲程发动机在固定转速、负荷下运转。天然气发动机在富气-贫气条件下操作，在高温下极易生成氮氧化合物（NO_x），它是一种强氧化促进剂，串入润滑油中使油很快氧化败坏。因此要求润滑油要有很好的抗氧化安定性和分散性能。天然气发动机的燃料是天然气，很干净，其复合剂中一般不用或少用有机金属清净剂，而是用抗氧抗腐蚀剂与无灰分散剂相复合。目前，环保要求烧清洁燃料，天然气是首选燃料，因此添加剂中要有优良的高温抗氧剂、抗磨剂、分散剂，而且要求油品具有良好的抗硝化能力，因为天然气发动机在高温下易生成氮氧化合物。表4-8是国内外天然气发动机油复合添加剂的商品牌号、主要性能和应用。

表4-8 国内外天然气发动机油复合添加剂的商品牌号、主要性能和应用

商品牌号	主要性能和应用
LZ 206	加6.6%的量配制成补充润滑剂水平，具有优良分散性氧化稳定性和防腐蚀性能，该复合剂是分散剂＋ZDDP，用于天然气和液化石油气发动机
LZ 383	加6.71%的量配制成的润滑油，具有优良的分散、抗氧、抗腐蚀和防锈性能，用于二冲程和四冲程天然气和液化石油气发动机
LZ 6857	加8%的量配制成低灰分（0.3%）的曲轴箱油，特别适用于Ingersoll-Rand、Cooper-Bessemer And Clark天然气发动机
OLOA 1255	加10.11%，用于大功率、高涡轮增压的天然气发动机油中，可满足CF级的Waukesha Cogeneration和Dresser Rant Ⅲ油的要求
OLOA 1255Z	加10.81%，用于大功率的天然气发动机油中，可满足Cummins B和Cummins C系列的汽车发动机及底特律柴油CNG发动机性能要求
OLOA 45400	具有防止氧化、硝化、磨损和沉积的性能，加9.91%的量，用于烧压缩天然气或液化天然气的汽车重负荷发动机油

第二节 齿轮油复合添加剂

齿轮油复合添加剂包括汽车齿轮油复合添加剂、工业齿轮油复合添加剂和通用齿轮油复合添加剂。齿轮油复合添加剂一般用极压抗磨剂（含硫、磷和氯极压抗磨剂）、摩擦改进剂、抗氧剂、抗乳化剂、防锈及防腐剂、降凝剂、黏度指数改进剂和抗泡沫剂等复合而成。

一、车辆齿轮油复合添加剂

早期的汽车齿轮油配方中是加入活性硫为添加剂，逐步发展成用硫化脂肪与氯化合物或铅化合物相混合作为添加剂。但用这些添加剂配制的齿轮油有腐蚀性，特别是有水存在时更为严重。为了克服存在的问题，又进一步发展成含有硫-氯元素相复合的运用于轿车的汽车齿轮油。20 世纪 50 年代之前，小轿车和卡车使用的齿轮油是分开的，50 年代在汽车齿轮油中引进了二烷基二硫代磷酸锌（ZDDP）后，才发展成为可通用于轿车和卡车齿轮油的硫、磷、氯、锌（S-P-Cl-Zn）型四元素的准双曲面齿轮油。

车辆齿轮油所用添加剂要保证油品具有优良的承载能力，在低速高扭矩和高速冲击载荷条件下能保护齿面。不同的添加剂在双曲面齿轮油中作用也不同，某些极压剂和摩擦改进剂在上述两种工作条件下作用不同，详见表 4-9。

表 4-9 不同的添加剂在双曲线齿轮油中的作用

添加剂	在双曲线齿轮油中的作用	
	高速冲击载荷	低速高扭矩
含氯极压抗磨剂	+	○→(+)
硫化烯烃(低活性)	+	(−)
硫化烯烃(高活性)	+	−
硫化脂肪酸酯(低活性)	(−)→(+)	+
硫化脂肪酸(低活性)	+	+
脂肪酸酯	−	+
脂肪酸	(−)→−	+
酸性亚磷酸酯	+	+
中性亚磷酸酯	○	○
中性磷酸酯	○	○
中性硫代磷酸酯	+	+

注：+表示有效；(+) 表示稍有效；○表示无效，但无害；(−) 表示稍有害；−表示有害。

目前，国外发达国家主要用 S-P（S-P-N）型的质量水平在 GL-4 以上的齿轮油，多数用 GL-5 水平的油，而 S-P-Cl-Zn 型四元素齿轮油已逐渐被淘汰。现今国内外车辆齿轮油复合添加剂的商品牌号、主要性能和应用，见表 4-10。

表 4-10 国内外车辆齿轮油复合添加剂的商品牌号、主要性能和应用

商品牌号	主要性能和应用
SL 4122	加 4.0%的量，可调制 GL-4 质量水平的各种黏度等级的车辆齿轮油
T 4142	加 6.0%的量，可调制 GL-5 质量水平的 85W/90、85W/140、90 黏度等级的多级及单级车辆齿轮油；加 3.0%可调制 GL-4 质量水平的车辆齿轮油
T 4143	加 4.8%的量，可调制 GL-5 质量水平的 80W/90、85W/90、85W/140 黏度等级的多级车辆齿轮油；加 2.4%可调制 GL-4 质量水平的车辆齿轮油
LAN 4204	加 2.4%和 4.8%的量，可分别满足 GL-4 和 GL-5 质量水平的齿轮油的要求
Anglamol 88A	加 2.15%和 4.3%的量，可分别满足 GL-4 和 GL-5 质量水平的齿轮油的要求
Anglamol 2000	加 8.5%的量，可满足 MIL-PRF-2105E、API MT-1 和申请的 PG-2 油品的性能要求
Infineum T 4405	加 2.4%和 4.8%的量，可分别满足 80W/90 GL-4 和 80W/90、85W/140 GL-5 质量水平的齿轮油的要求
Hitec 388	加 3.8%和 7.5%的量，可分别满足 GL-4 和 MT-1/GL-5/MIL-PRF-2105E/mark GO-J 等齿轮油的要求
Mobilad G-252	加 2.4%、4.8%和 5.6%的量，可分别满足 GL-4、GL-5 和 MIL-L-2105D 齿轮油的要求

二、工业齿轮油复合添加剂

工业齿轮油应用极为广泛，其发展是随着基础油加工深度的提高和添加剂性能的改进而逐步发展的。最早的工业齿轮油采用残渣油，利用残渣油的硫作为极压剂，同时加入脂肪油增大黏附性。但这种添加剂的溶解性和安定性差，又有腐蚀，而且在高负荷下有擦伤。为了满足机械工业的需要，极压工业齿轮油中开始用铅皂、硫化油脂（硫化鲸鱼油）及渣油配制的黑色齿轮油。加有这类添加剂的极压齿轮油，具有一定的极压抗磨、抗腐蚀和热安定性。但后来由于钢铁工业的迅速发展，大量采用高速、大型、通用设备，对工业齿轮油的要求大大提高。设备的负荷增加，齿轮油中需加入更好的极压抗磨剂；齿轮油接触水的机会增多，需要加入抗乳化剂和防锈剂来提高油品的分水性和防锈性；设备的负荷增大使齿轮运转的温度升高，需要更好的热稳定性的油品。

由于这些原因，由铅-硫系极压剂配制的工业齿轮油，在热稳定性和抗乳化性方面远远满足不了这些要求。而铅化合物又有毒，污染环境，从而发展了硫-磷型极压工业齿轮油，相应地出现了 S-P 型极压剂。目前工业齿轮油复合剂主要以硫-磷型为主。随着对硫-磷剂性能的改进，不但改善了齿轮油的性能，而且已使添加剂量降到小于 2%，从而也降低了产品成本，提高了经济效益。

国内外工业齿轮油复合添加剂的商品牌号、主要性能和应用，见表 4-11。

表 4-11 国内外工业齿轮油复合添加剂的商品牌号、主要性能和应用

商品牌号	主要性能和应用
T4023	采用极压抗磨剂、抗氧剂、防锈剂等多种添加剂调合而成。加入 2.85%和 1.9%可分别满足各种黏度级别的重负荷和中负荷工业齿轮油的要求
LZ 5034A	抗磨性优异，以防止齿轮受损；具有良好的氧化安定性、防锈性和经济性；与基础油适应性好，与合成基础油兼容。可以满足 US Steel 224、AGMA 250.04、DIN 51517 Part 3、David Brown DB Sl.53.101 等各种工业齿轮油要求。加入量 1.75 %
LZ 5034D	加 1.75%的量，可满足 USS 224、AGMA 250.04、DIN 51517Part3、David Brown Sl.53.101 (5E)油品性能要求
LZ 5045	加 2.05%的量，可满足 USS 224、AGMA9005-D94、DIN 51517 Part3、David Brown Sl.53.101 (5E)、Cincinnati Milacron 油品性能要求
LZ 5056	加 1.8%的量，可满足 USS 224、AGMA9005-D94、DIN 51517 Part3、David Brown Sl.53.101 (5E)、Cincinnati Milacron 油品性能要求
Infineum M 4490	加 1.35%的量，可满足 USS 224、AGMA250.04、AGMA9005-D94、David Brown Sl.53.101、Cincinnati Milacron P-74 油品性能要求
OLOA 4900C	加 1.0%～2.5%的量，可满足 USS 224、DIN 51517、AGMA MILD EP、Cincinnati Milacron P-74 油品性能要求
Mobilad G-305	加 2.2%的量，可满足 USS 224、AGMA250.04 油品性能要求
Mobilad G-351	加 1.5%的量的量，可满足 USS 224、AGMA 250.04、Cincinnati Milacron 正式批准油品性能要求

三、通用齿轮油复合添加剂

由于车用齿轮油和工业齿轮油所用的含硫和含磷的极压抗磨剂，基本上大同小异，这就为发展通用齿轮油复合剂打下基础。通用齿轮油复合剂既方便用户，又减少了错用油的可能性，故促使其更快发展。目前单独用于车辆齿轮油或工业齿轮油中的复合剂越来越少，更多

是通用型的复合剂。在发展这类配方时，考虑到车用齿轮油和工业齿轮油两方面的性能要求，只是改变加入不同复合剂的量，来满足不同类型和不同质量水平的齿轮油的要求。国产的4201通用齿轮油复合添加剂的应用，见表4-12。

表4-12 4201通用齿轮油复合添加剂的应用

齿轮油类型	质量水平	加剂量/%
车辆齿轮油	GL-4	2.4
	GL-5	4.8
工业齿轮油	中负荷工业齿轮油	1.2
	重负荷工业齿轮油	1.6

由此看出，通用齿轮油复合剂的优点是添加剂的性能稳定，使用方便，可减少调合误差；储存方便，可以避免储存多种功能添加剂的麻烦，也节省了费用；对生产添加剂的公司或厂家来说，可以把若干添加剂配套销售。

我国车辆齿轮油的生产开始于20世纪60年代，它是以渣油和馏分油混合而成的，其使用性能差、寿命短、耗能大。因而发展了馏分型车辆齿轮油，以精制矿物油或合成油为基础油，加入氯化石蜡和二烷基二硫代磷酸锌（ZDDP）等添加剂配制成S-P-Cl-Zn型准双曲面齿轮油，达到了GL-4的质量水平，虽然四元素的齿轮油比渣油型齿轮油的性能有所提高，但抗氧化和防锈性能仍然较差。为了满足国产和进口车辆齿轮油的要求，于80年代研制出以中性油和光亮油调合为基础油，再加入硫化烃类、磷酸酯衍生物以及抗氧和防锈等剂复合而成的齿轮油。目前，国内已经有工业齿轮油、车辆齿轮油和通用齿轮油复合剂，其加剂量与国外相当，完全能满足U.S.S.224和GL-5的规格要求。其四元素齿轮油基本淘汰，以S-P型齿轮油为主。

国内外通用齿轮油复合添加剂的商品牌号、主要性能和应用，见表4-13。

表4-13 国内外通用齿轮油复合添加剂的商品牌号、主要性能和应用

商品牌号	主要性能和应用
T4201	加4.8%和2.4%的量于适当的基础油中，可分别调制GL-5和GL-4质量的SAE 90、80W/90、85W/90、85W/140黏度级别的车辆齿轮油；加上1.2%和1.6%的量可分别调制中负荷和重负荷工业齿轮油
TH4201	加1.2%、1.6%、2.4%和4.2%的量于I类或II类油，可分别满足CKC、CKD、GL-4和GL-5要求
TH4209	加1.2%、1.5%、2.1%和4.2%的量于I类或II类油，可分别满足CKC、CKD、GL-4和GL-5要求
TE4204	加4.5%和2.25%的量于适当的基础油中，可分别调制GL-5和GL-4质量的80W/90黏度级别的车辆齿轮油；加1%～1.2%和1.5%的量可分别调制中负荷和重负荷工业齿轮油
H4205	加4.5%、2.25%和1.2%的量于适当的基础油中，可分别调制GL-5和GL-4和普通质量的车辆齿轮油；加1.0%和1.5%的量可分别调制中负荷和重负荷工业齿轮油
Anglamol 6044B	加2.7%和5.5%的量，可分别满足GL-4和MIL-L-2105D、GL-5、Mack GO-G油品性能要求，加2.0%的量可满足USS224、AGMA 250.04性能要求
Hitec 321	加1.5%、2%和1.8%～2%的量，可分别满足USS 220/DIN 51517-3、USS 224和David Brown S1.53.101E油品性能要求；加2.6%和5.25%的量，可分别满足GL-4和GL-5、MIL-L-2105D/GL-5等齿轮油的要求
Hitec 388	加2.1%和4.2%的量，可满足GL-4和GL-5规格，加1.5%可满足USS224、AGMA 9005-D94、DIN51517(3)规格要求
Mobilad G-221	加1.2%、2.75%和5.5%的量，可分别满足USS224/AGMA 250.04、GL-4和GL-5、MIL-L-2105D、Mack GO-G油品性能要求

第三节 液压油复合添加剂

液压油在每年消耗的润滑油中约占15%，是工业润滑油的第一大油品。生产液压油的复合添加剂采用多种添加剂按照一定比例调合而成，可满足液压油的各项性能要求。液压油复合剂按其用途分为防锈抗氧液压油复合剂、抗磨液压油复合剂、低温液压油复合剂和抗燃液压油复合剂等。

一、抗氧防锈液压油复合添加剂

抗氧防锈液压油，主要是以抗氧剂、防锈剂为主复合而成的复合剂，然后加入精制深度较高的中性油中调配而成。具有优良的防锈性和氧化安定性能，适用于通用机床的液压系统。抗氧防锈型液压油一般在机床的液压箱、主轴箱和齿轮箱中使用时，可以减少机床润滑部位摩擦副的磨损，降低温升，防止设备锈蚀，延长机床加工精度的保持性，且使用时间比普通机械油延长一倍以上。抗氧防锈液压油复合剂的商品牌号、主要性能和应用见表4-14。

表4-14 国内外抗氧防锈液压油复合剂的商品牌号、主要性能和应用

商品牌号	主要性能和应用
WX5128	该复合剂由多种添加剂调制而成，加0.2%～0.4%的量，能满足N32、N46、N68、N100各种黏度等级的HL油对氧化安定性及防锈性的要求
TH 5003	加入0.35%～0.7%于Ⅰ类或Ⅱ类油，可满足N32、N46、N68液压油要求
T5011	加0.8%调制GB 11118.1标准的各黏度等级和类型的矿物油型抗磨液压油，适合于叶片泵的液压系统中
LZ 5158	加0.85%的量，可满足抗氧防锈液压油和汽轮机油的要求，如Denison HF-1、Cincinnati Milacron P-38、P-54、P-55、P-57、DIN 51524 Part 1、USS 126等规格
LZ 5160	加0.4%的量于高黏度指数的基础油中，或加0.7%的量，可满足或超过抗氧防锈液压油和汽轮机油的要求。其油品同LZ 5158的应用

二、抗磨液压油复合添加剂

抗磨液压油是从抗氧防锈油基础油上发展而来的，以抗磨剂、防锈剂、抗氧剂为主，并加有金属减活剂、抗乳化剂和抗泡剂配制而成。与普通防锈抗氧液压油相比，抗磨液压油调配技术比较复杂，制作精细，在中、高压系统中使用时不仅具有良好的防锈、抗氧性，而且抗磨性大为突出。据报道，抗磨液压油运行的油泵比普通抗氧防锈液压油要长10～100倍。这主要是抗磨液压油的抗磨性提高，使泵的磨损大大降低的结果。表4-15是抗磨液压油与抗氧防锈液压油油泵试验。

表4-15 抗氧防锈液压油和抗磨液压油油泵试验

项目	磨损量		试验方法和试验条件
	抗氧防锈液压油	抗磨液压油	
环失重	568.5	20.5	ASTM D 2882，IP 281 压力：14MPa 温度：65℃
叶片失重	62.4	1.4	
总失重	630.9	21.9	

随着液压技术的迅速发展，对抗磨液压油不断提出新的要求，抗磨液压油的规格也不断地更新。第一，液压系统的压力升高，压力从15～20MPa提高到30MPa，甚至高达40MPa以上，功率增大，油泵的负荷越来越重，这对油品的抗磨性提出了更高的要求。第二，液压装置的高压、高速、小型化，使油品在液压系统中循环的次数增加，油品在油箱中停留时间变短，油温也从55℃提高到80℃；高压系统也导致高速压力循环和空气夹带，空气夹带可能导致气塞；小型化的油箱影响热性能、氧化和空气释放，也对泡沫有影响。第三，液压控制系统变得更灵活更复杂，系统中的电力伺服阀和比例电磁阀部件灵敏度高，结构复杂，配合间隙小，精密度高，要求油品有更高的清洁度和更好的过滤性能，故新液压润滑油的清洁和使用中亦能保持清洁是非常重要的。

抗磨液压油复合剂又分为有灰型（含锌）和无灰型（无锌）两类。

有灰型使用的抗磨剂主要是仲醇的二烷基二硫代磷酸锌（ZDDP），这类ZDDP具有良好抗磨、抗氧性能，抗乳化剂水解安定性也不错，成本也低，唯一缺点是热稳定性差；使用的防锈剂多为烯基丁二酸和中性石油磺酸钡，其抗氧剂为2,6-二叔丁基对甲酚和萘胺等，金属减活剂为噻二唑衍生物和苯三唑衍生物；还要与抗乳化剂、降凝剂和抗泡剂等复合后，才能成为一个完整的复合剂。

无灰型抗磨液压油复合剂是用烃类硫化物、磷酸酯、亚磷酸酯等，或把它们和硫代磷酸酯复合使用作为抗磨剂来代替ZDDP。无灰型抗磨液压油已得到应用，但其价格较贵。目前国外仍以含锌的有灰抗磨液压油为主，无灰型占少数。

抗磨液压油除具有好的抗氧性和防锈性能外，最突出的性能是抗磨性，可提高液压油泵（叶片泵、活塞泵、齿轮泵、凸轮泵、螺杆泵）的寿命，一般比普通防锈抗氧液压油延长数十倍。有灰和无灰抗磨液压油的性能对比如表4-16所示。

表4-16 有灰型和无灰型抗磨液压油的性能比较

项目	含锌型抗磨液压油	无灰型抗磨液压油	项目	含锌型抗磨液压油	无灰型抗磨液压油
灰分	高	低	沉积物倾向	低到高	低
金属	钙(钙或钡)	无	泵性能	好	极好
总碱值	1.5mgKOH/g	0.2 mgKOH/g	磨损	中等	极轻
水解稳定性	一般到好	很好	空穴	中等到严重	无
铜和黄铜腐蚀	可能性大	可能性小	污染管理	可能性高	可能性低
抗氧性	好	很好	多效性能	一般到好	很好
水分离性	好到差	好	成本	低	高

表4-17为抗磨液压油的添加剂的种类和浓度范围。

表4-17 抗磨液压油添加剂种类和浓度范围

添加剂种类	浓度/%	最佳范围/%	添加剂种类	浓度/%	最佳范围/%
二烷基二硫代磷酸锌	0.5～1.0		抗氧剂	0.3	0.05～0.20
防锈剂	0.02～0.2	0.05～0.1	抗乳化剂	0.01～0.1	0.03～0.06
金属减活剂	0.001～1.0	0.01～0.5	抗泡剂	0.001	0.001～0.01

表4-18为抗磨液压油的添加剂的类型、品种和加量范围。

表 4-18　抗磨液压油的添加剂的类型、品种和加量范围

添加剂	化学名称	加量范围
抗氧剂	受阻酚 二烷基二硫代氨基甲酸金属盐 无灰二烷基二硫代氨基甲酸酯 二烷基二硫代磷酸金属盐 硫化烯烃 烷基胺	0.2%～1.5%
金属减活剂	苯并三氮唑 巯基苯并咪唑 2-巯基苯并咪唑 噻重氮 甲苯甲酰三唑衍生物	0.001%～1.0%
防锈剂	烷基丁二酸衍生物 脂肪酸和铵盐 苯并三氮唑 磷酸盐 烷基羧酸 咪唑啉衍生物	0.05%～1.0%
抗泡剂	聚硅氧烷 聚丙烯酸酯	2～20μg/g
抗磨剂	烷基磷酸酯和盐 ZDDP 二烷基二硫代氨基甲酸盐 有机硫/磷化合物 二硫代磷酸酯 2,5-二巯基-3,4-噻重氮衍生物	0.5%～2.0%
黏度指数改进剂	聚甲基丙烯酸酯 苯乙烯二烯共聚物 烯烃共聚物	3%～25%
抗乳化剂	聚烷氧基酚 聚烷氧基多醇 聚烷氧聚胺	0.01%～0.1%
降凝剂	聚甲基丙烯酸酯 萘/蜡缩聚产物	0.05%～1.5%
摩擦改进剂	脂肪酸酯 脂肪酸	0.1%～0.75%
清净剂	水杨酸盐 磷酸盐	0.02%～0.2%
密封膨胀剂	有机酯 芳香烃	1%～5%

国内外抗磨液压油复合添加剂的商品牌号、主要性能和应用，见表 4-19。

表 4-19 国内外抗磨液压油复合添加剂的商品牌号、主要性能和应用

商品牌号	主要性能和应用
T5011	由抗磨剂、抗氧剂、抗锈剂、摩擦改进剂等添加剂，经仔细平衡评定而调制的高级通用液压油复合剂。具有优异的抗氧、防腐、防锈和抗磨性能，良好的过滤性、抗乳化、水解安定性和溶解性，可溶于矿物油和合成基础油。在泵及叶片磨损方面具有较好的耐久性、优越的过滤性和橡胶相容性。适合调配多种黏度等级的抗磨液压油
T5012	由抗磨剂、高低温抗氧剂、腐蚀抑制剂等添加剂调配而成，具有良好的抗磨性、抗氧性、对抗乳化性能和空气释放性，明显延长换油期。与 T5011 相比，具有极好的高温抗氧性。推荐用量 0.7%
T5033	加入 0.8%～1.0%，可调配成符合 32～100 黏度等级的 GB 11118.1—94 L-HM 矿物油型液压油质量标准的系列产品，质量符合 HF-0 规格要求
TH 5022	加 0.85%的量于Ⅰ或Ⅱ 类油中，可调制满足 N22 至 N68 黏度级别的抗磨液压油
TH5032	加入 0.85%的量和一定量的抗泡剂于Ⅰ或Ⅱ 类油，可调制满足 N32 至 100 黏度级别的抗磨液压油
WX5130	加 1.5%的量于 HVIS、HVIW 基础油中，可调配 N32、N46、N68 及 N100 黏度级别的 HF-0 性能的无灰抗磨液压油
DL HM-A	加 0.59%的复合剂及 0.5%T501 于 HVIS 的中性油中，可达到 L-HM 的质量水平。可用于采煤机、工程机械的各种液压泵型的中压液压系统的润滑
DL 9203	加 1.96%的复合剂及 0.5%T501 于 HVIS 的中性油中，可达到 L-HM 的质量水平。可用于起重机、注塑机、采煤机的等工各种液压泵型的高压液压系统的润滑
H5036	由极压抗磨剂、抗氧化剂、腐蚀抑制剂等添加剂调制而成。用于调制低锌型高压抗磨液压油。质量稳定，具有优良的极压抗磨性和热氧化安定性，换油期有明显延长。加 0.8%的量于适当的基础油中，可满足 GB 11118.1—94、DIN51524(Ⅱ)、HF-0 规格要求
H5039	加入 0.8% HVIS、HVIW 基础油中，可调配成 32 至 100 黏度级别、其质量符合 GB 11118.1—94 L-HM 的矿物油型液压油，满足 HF-0、ISO 11158—97、vickers m-2950-s DIN51524(Ⅱ)以及 P-68、P-69、P-70 等规格要求
TE5064	加入 0.6%～0.8%于 HVIS、HVIW 基础油中，可满足 HF-0、ISO 11158—97、vickers M -2950-s DIN 51524(Ⅱ)以及 P-68、P-69、P-70 等规格要求
LZ 5042	加 1.0%和 1.5%的量，可分别满足德国钢铁工业液压油(SEB-181-222)和德国钢铁工业齿轮油(SEB-181-226)的要求
LZ 5138	具有优良的抗磨、防锈和抗乳化性能，加 1.35%的量可满足抗磨液压油和要求极压性能的压缩机油的要求
LZ5178J	加 0.85%～1.20%的量，可满足 Denison HF-1、HF-2、HF-0、Vickers I-286-S、M-2950-S、DIN51524、Part 2、USS 136 及 127、Ford M-6C32 等规格要求
LZ5186	加 1.25%的量，可满足 Denison HF-1、HF-2、HF-0、Clincinnati Milacron P-68、P-69 和 vickers I-286-S、M-2950-S 等规格的油品要求
LZ5703	加 0.85%～1.2%的量，可满足大多数抗磨液压油规格要求；加 0.6%的量，可满足 Denison HF-2、vickers I-286-S 要求
LZ5704	满足无灰抗磨液压油和工业齿轮油的性能要求。此外，还可以用来调合螺杆式空气压缩机油和油膜轴承油。加 1%的量，可满足 DIN51524 Part 2、Thyssen TH-N256 142、USS 127 及 136 规格要求
LZ5705	FZG 大于 12 级，加 0.5%～0.9%可满足 DIN 51524/2、AFNOR 48-690 干过滤性、AFNOR 48-691 湿过滤性及 Vickers I-286-S、M-2950-S 规格要求
ADDITIN PA205	加 0.6%～0.8%于Ⅰ、Ⅱ、Ⅳ类油中，可满足 DIN 51524 Part 2 和 3(HLP、HVLP)液压油要求
OLOA 4992	加 0.36%和 0.45%的量，可分别满足 AFNOR NFE48-603 HL、DIN 51524 Part 1 的防锈抗氧液压油和 AFNOR NFE48-603 HM、DIN 51524 Part 2、Clincinnati Milacron P-70 抗磨液压油规格要求
OLOA 4994	加 0.65%和 0.9%的量，可分别满足 Denison HF-2 和 Denison HF-0、Vickers M-2952 规格要求

三、低温液压油复合添加剂

低温液压油的主要性能是凝点低、黏度指数高、低温黏度小、油膜强度大和稳定性好等，即要求具有低温启动性和低温泵送性要好的特点，以适应在野外低温操作下的液压系统。低温性能好，关键是选择合适的基础油和黏度指数改进剂。

为了满足低温性能好的要求，必须选择凝点低和黏温性能好的基础油，一般有矿物油、合成油和半合成油，然后加入抗剪切性和低温性能都好的黏度指数改进剂，调至液压系统所要求的黏度。黏度指数改进剂一般用聚甲基丙烯酸酯较多，也有用聚异丁烯、聚烷基苯乙烯。然后再加入液压油所要求性能的添加剂，如抗磨剂、抗氧剂、防锈剂和抗泡剂等。

中国低温液压油按其使用要求分为两档，L-HV 用于温度在－30℃以上的寒区，L-HS 用于－45℃以上的严寒区，ISO 只有 L-HV 标准，有 10～150 八个黏度级别，L-HS 是根据中国的实际情况增加的。

四、抗燃液压油复合添加剂

抗燃液压油的特性是抗燃性好，主要用于高温和离明火近的液压系统。这类液压液一般有三种类型：一是乳化型，如水包油型乳化液，或油包水型乳化液，或高水基液；二是水-乙二醇液；三是磷酸酯合成液。抗燃液压油的介质不是油，而是水或磷酸酯，因此乳化型的一定要用乳化剂使油、水乳化，然后添加一些防锈、抗氧和抗磨剂等。典型的抗燃液压油复合剂有 LZ 5162、LZ 5605、LZ 5607 等。

第四节 自动传动液复合添加剂

自动传动液（automatic transmission fluid，简称 ATF）是一种多功能、多用途的液体，主要用于轿车和轻型卡车的自动变速系统，也用于大型装载车的变速传动箱、动力转向系统，农用机械的分动箱。在工业上广泛用作各种扭矩转换器、液力偶合器、功率调节泵、手动齿轮箱及动力转向器的工作介质。汽车行驶时换挡变速箱，由于手动变速装置操作麻烦，不利于家庭轿车使用。随着汽车工业的发展，许多高级轿车都使用自动变速装置。驾驶者只要手握方向盘，脚踩油门或刹车，便可顺利操纵汽车。自动变速装置能使汽车自动适应行驶阻力的变化，提高汽车的动力性能，启动无冲击，变速时震动小，乘坐舒适平稳，驾驶方便，并使发动机经常处于最佳工况，过载时还能起保护作用，充分利用发动机功率，有利于消除排气污染。

一、自动传动液（ATF）的分类

根据 ISO 6743/A 把液力传动系统工作介质分为适用于自动转动装置的油（HA 油）和适用于功率转换器的油（NH 油）。ASTM 和 API 把自动传动液按使用分类分为 PTF-1、PTF-2 和 PTF-3 三种。PTF-1 应用于轿车、轻卡车自动传动装置，此类油对低温黏度要求较高，也要有好的低温启动性；PTF-2 适用于重负荷功率转换器、负荷较大的汽车的自动传动装置、多级变矩器和液力偶合器，这类油对极压、抗磨要求较高，但对低温黏度要求放宽了；PTF-3 主要用于农业和建筑机器液压、齿轮、刹车和发动机共用的润滑系统中，这类油对耐负荷性和抗磨性的要求比 PTF-2 类更严格。

由于自动变速器内装有液力变扭器、齿轮机构、液压机构、湿式混合器等，但只用一种油来润滑，所以对 ATF 的要求就高。如对液力变扭器来说，要求 ATF 具有动力传递介质油的性能；对于齿轮机构来说，要求 ATF 具有良好的极压抗磨性能；对液压机构要求具有良好的低温流动性。ATF 在运转过程中油温上升，长期使用不换油，同时又要求 ATF 具有良好的清净分散性、氧化安定性、抗泡性、防橡胶膨胀性和防锈性能等。要满足这样多的性能，需要加多种添加剂，从而促进了满足各类 ATF 需要的复合添加剂的开发和发展。

二、自动传动液（ATF）用的添加剂

自动传动液（ATF）是由第Ⅱ类、第Ⅲ类基础油或合成油与不同的添加剂调合而成的。ATF 各方面的性能平衡主要靠添加剂来实现。一般自动传动液需要添加黏度指数改进剂、降凝剂、清净剂、分散剂、抗氧剂、抗磨剂、防锈剂、金属减活剂、摩擦改进剂、抗泡剂、密封材料膨胀剂等多种添加剂。总剂量高达 10%～15%，其中约一半为黏度指数改进剂，使 ATF 具有适宜的高温黏度、较小的低温黏度和较低的倾点。ATF 的配方中所含添加剂类型和加量范围如表 4-20 所示。

表 4-20 一般自动传动液配方中所含的添加剂

添加剂类型	使用的化合物	功能	加入量/%
清净剂和分散剂	磺酸盐	控制油泥和漆膜生成	2～6
抗氧剂	ZDDP、烷基酚、芳香胺	抑制油品氧化	0.5～1
腐蚀抑制剂	磺酸盐、脂肪酸、胺类	防锈和抑制其他金属腐蚀	0.2～0.4
抗磨剂	ZDDP、磷酸酯、硫化油脂、胺类	防止金属接触磨损	0.5～1.5
抗泡剂	硅油和非硅化合物	抑制泡沫生成	0.001～0.006
密封材料溶胀剂	磷酸酯、芳香族化合物、氯代烃类	控制橡胶膨胀和硬化	0～3
黏度指数改进剂	PMA、PIB、聚烷基苯乙烯	在保持 100℃ 的黏度时，－40℃ 的黏度很小	3～6
降凝剂	PMA、聚 α-烯烃	降低油品的倾点和改善低温流动性	0.1～0.5
摩擦改进剂	脂肪酸、酰胺、高相对分子质量磷酸酯或亚磷酸酯、硫化鲸鱼代用品	在离合器中保持低的静摩擦系数和高的动摩擦系数	0.3～0.8
金属减活剂	有机氮杂环化合物	抑制其他金属腐蚀及催化氧化	0.01～0.2
染料	红色染料	自动传动液的识别	0.02～0.03

现代的自动传动液配方中，无灰分散剂在复合剂中占大部分，主要是烯基丁二酰亚胺；抗氧剂主要是胺型或酚型，可控制氧化延长油品的使用寿命；抗磨剂以磷为基础，从烷基磷酸酯或亚磷酸酯一直到含有锌或没有锌的二硫代磷酸酯，能防止金属之间的磨损；特殊类型的黏度指数改进剂有助于自动传动液达到好的低温流动性，也是复合剂中添加量最大的组分之一，主要类型有聚甲基丙烯酸酯和聚烷基苯乙烯等；密封膨胀剂用来防止橡胶溶胀、收缩和硬化以保证密封性好、不泄漏，主要有磷酸酯、芳香族化合物和氯化烃；抗泡剂用来抑制 ATF 在狭小油路里高速循环时起泡，以保证油压稳定和防止烧结，主要是硅油或非硅抗泡剂；摩擦改进剂主要是由长链极性物质组成，如脂肪酸、酰胺类、高相对分子质量的磷酸酯或亚磷酸酯和硫化鲸鱼代用品等，使 ATF 有适当的油性，保证有相匹配的静摩擦系数和动

摩擦系数。

摩擦特性是全部性能中最重要、又最难达到的性能。一个性能优良的汽车 ATF 要求动摩擦系数尽可能高，静与动摩擦系数之比要小于 1.0，在全部操作温度范围内摩擦特性要保持不变。动摩擦系数对扭矩传递和换挡时间有明显的影响，动摩擦系数过小会影响传递功率和离合器打滑，并使换挡时间延长。静摩擦系数过大，会使换挡后期扭矩急剧增大，产生“嘎、嘎”的异声，使换挡感觉恶化。自动传动液的摩擦特性在很大程度上是由摩擦改进剂决定的。

自动传动液复合添加剂的商品牌号、主要性能和应用，如表 4-21 所示。

表 4-21 自动传动液复合添加剂的商品牌号、主要性能和应用

商品牌号	主要性能和应用
LZ 1067	加入 9%的量，可满足大多数 OEM 性能规范。个别性能规范，如 GM TASA 和 volvo 97325 仅需 4.5%。且配方中使用同一类基础油
LZ 9636G	除 Dexron ⅢG 和 Allison TES-389 需 13.1%的量外，其他规格只需 10.3%就能满足 CAT TO-2、Allison C-4、ZF TE-ML 05L、ZF TE-ML05L、ZF TE-ML09 规格要求
LZ 760A	加 4.6%于适当的基础油中，可满足 Allison C-3 规格的液压传动液
LZ 7907	加 10.9%于适当的基础油中，可满足 Dexron Ⅱ D、Allison C-4、Ford Mercon、Daimler Chrsyler 236.6、ZF TE-ML09、ZF TE-ML11、ZF TE-ML 14、Cat TO-2 规格油品的要求
LZ9614R	可满足 Dexron-Ⅲ/Mexron、Allison C-4、Caterpillar TO-2 油品的要求
LZ9692A	加 8.8%于适当的基础油中，可满足 CAT TO-4、Allison C-4、ZF TE-ML03、ZF TE-ML01 规格油品的要求
Infineum T4031	加 11.8%可满足 Dexron-Ⅱ D、Daimler Benz 236.7、CAT TO-2、ZF TE-ML09/11/14 的规格要求
Infineum T4208	推荐 5.15%可满足 Dexron-Ⅱ、Allison C-4 油品的规格要求
Infineum T4285	加 10%于Ⅲ类油中，可配制 Dexron-Ⅲ H、MERCON、ChryslerATF＋3/＋4、Allison C-4 规格油品的要求
Infineum T4556	推荐 10.5%可满足 Dexron-Ⅲ、MERCON、Allison C-4 规格油品的要求
Infineum T4575	加 9.7%于Ⅱ类油中可满足 Dexron-Ⅲ H、MERCON、Allison C-4 规格油品的要求
OLOA 978E	加 7.6%于适当的基础油中，可满足 Dexron-Ⅱ规格油品的要求
OLOA 9790F	加 9.2%于适当的基础油中，可满足 CAT TO-4、Allison C-4、ZF TE-ML01、ZF TE-ML03 规格油品的要求
Hitec 2440	推荐用量 10%可满足 GM、Ford 和 Allison 规格要求，如：Dexron-Ⅲ，MERCON，Allison C-4 以及 Caterpillar TO-2 等
Hitec 3421	推荐使用 8.2%于Ⅱ类油中可满足 Ford 和 GM 2005 年车型传动液的要求
Hitec 3418B	推荐使用 8.2%于Ⅲ类油中可满足 GM Dexron-Ⅲ G/H、Ford、MERCON 和 Allison C-4 规格要求

第五节 其他复合添加剂

除了前面叙述的四种复合剂外，还有一些其他复合剂，其中用的最多的有补充复合剂、导轨油复合机、液压导轨油复合剂、汽轮机油复合剂、压缩机油复合剂、链条油复合剂、涡轮蜗杆油复合剂、导热油复合剂等。

一、补充复合剂

补充复合剂不能单独使用，它主要是与主复合剂配合后才能起作用，一般可提高主复合剂的性能或等级。

补充复合剂有以下几种类型，一种是与主复合剂复合后，可提高原复合剂的等级；另一种是加不同的量与主复合剂复合后，可满足不同等级的要求；也有成品油增塑剂，在一定质量水平的油品中补加这种成品油加强剂，就可提高原成品油的等级。

二、涡轮蜗杆油复合剂

涡轮蜗杆油是采用精制润滑油馏分油或合成油为基础油，加入油性剂、抗氧剂、防锈剂等多种添加剂调制而成。作为复合型涡轮蜗杆油，主要用于铜-钢配套的圆柱形和双包围等类型的承受轻负荷、传动中平稳无冲击的涡轮蜗杆副，包括该设备的齿轮及滑动轴承、气缸、离合器等部件的润滑，及在潮湿环境下工作的其他机械设备的润滑。

蜗轮蜗杆油复合剂由极压抗磨剂、油性剂、防锈剂和抗氧剂等多种添加剂调制而成。用淄博惠华化工有限公司生产的 H4306 复合剂调制的蜗轮蜗杆油，有优良的抗极压、抗磨损性、抗氧化性能和防锈性能。在不同的基础油加入 1.0%～1.2%的 H4306 复合剂，可调制 L-CKE 涡轮蜗杆油；加入 1.5%～1.8%该复合剂，可调制 L-CKE/P 涡轮蜗杆油。还有无锡南方石油添加剂有限公司生产的 WX-12 复合剂，该复合剂具有优良的润滑性、抗磨性、抗乳化性、抗腐蚀性、氧化安定性及抗泡性等性能，适用于 N68 至 N460 等不同黏度等级的基础油。

三、汽轮机油复合剂

汽轮机油系统主要包括润滑油系统、发电机密封系统、顶轴油系统和抗燃油（电液调节）系统。汽轮机油系统作为电厂系统中的一个重要组成部分，主要起润滑、冷却、调速和密封的作用。汽轮机油主要是作为汽轮机的主机和辅机中主轴的润滑剂，在汽轮机中的作用主要有润滑、调速、散热、冲洗、减震等几个方面。

随着汽轮机设计制造方面的改进，现代汽轮机的蒸汽温度和工作压力不断提高，装机容量不断增加，使得汽轮机中的油温也越来越高，从而对汽轮机油的要求更为苛刻。汽轮机油用于发电厂、船舶和其他工业的蒸汽轮机、水力轮机、发电机轴承等机械设备中的润滑系统。要求油品抗氧化安定性好，能防止酸性物及沉淀物生成；抗乳化性好，易与水分离；抗泡性好，使生成的泡沫及时消失；防锈性好，保护润滑系统不发生锈蚀。

在汽轮机油组成中，基础油所占的比例最大，一般在 97%以上。汽轮机油的许多重要性质都是由其所使用的基础油性质决定的。汽轮机油中所加的添加剂有抗氧剂、防锈剂和抗泡剂等。汽轮机油复合剂是由抗氧剂、防锈剂、抗泡剂等添加剂复合而成。汽轮机油复合剂商品牌号、主要性能和应用，如表 4-22 所示。

表 4-22 汽轮机油复合剂商品牌号、主要性能和应用

商品牌号	主要性能和应用
T 6001	由抗氧剂、防锈剂、抗泡剂等多种添加剂调配而成，但不含 T501、TT151 和稀释油。最大的特性是在冬天亦无晶体析出。适合于汽轮机油，也可用于抗氧、防锈型液压油。加 0.4%～0.7%的量，能满足各种黏度级别的 L-TSA 汽轮机油对氧化安定性及防锈性的要求，质量符合国家标准汽轮机油的规格要求
WX-6002	具有良好的抗氧和防锈性能，可调制 L-HL 通用机床油(0.25%)、抗氨汽轮机油(0.5%)和 L-TSA 汽轮机油(0.8%)
TH 6002	在高度精制或加氢处理的油中加入 1～20mg/kg 的抗泡剂，再加 0.4%～0.5%的 TH6002 复合剂，可调制 N32、N46、N68、N100 级别的 TSA 汽轮机油
KT6001	用于汽轮机油中，可调制各种黏度级别的 L-TSA 汽轮机油。也可用于抗氨、防锈型液压油。推荐用量 0.5%

四、导轨油复合添加剂

淄博惠华化工有限公司生产的 H5130 导轨油复合添加剂，是选用抗氧剂和极压抗磨剂等多种添加剂调制而成的。用该复合剂调制的导轨油具有良好的抗氧化、抗腐蚀性能、防锈性能及优异的抗磨损性能。加入 1.5%可调制不同黏度的导轨油。

第五章 添加剂在燃料油和润滑油中的应用

第一节 添加剂在燃料油中的应用

燃料添加剂是应用最早的石油产品添加剂，早在20世纪20～30年代，一些抗爆剂和抗氧剂就成为生产各种汽油、柴油等燃料不可缺少的重要添加剂。此后相当长的时间里，石油加工工艺的技术进步，成为推动燃料油品使用性能提高的主要推动力，而不像各种润滑油那样主要依靠各类添加剂来保证满足其使用性能。所以燃料添加剂的发展比较迟缓。

1980年代以来，随着强化系数大、高功率内燃机的发展，各国对环保提出日益严格的要求，人们对汽柴油的品质有了更高的期望。虽然石油加工技术的进步部分满足了市场对燃油品质的要求，但加工工艺对燃油品质提高的成本较高，而燃料添加剂是提高燃油品质十分经济而有效的手段。

近年来，由于环保要求的日益严格，对添加剂也提出了更高的要求，停用对环境有害的添加剂，最典型的就是烷基铅类汽油抗爆剂被淘汰。我国已在21世纪初实现汽油无铅化。目前发展低毒或无毒的添加剂、开发燃料油品清净剂、改善燃烧性能、提高燃油经济性、减少尾气对大气的污染，成为燃料添加剂的主要目标。

表5-1是燃料添加剂的主要种类及其作用。

表5-1 燃料添加剂主要种类及其作用

添加剂类型	主 要 作 用
抗爆剂	提高汽油辛烷值，防止汽油在气缸内燃烧时，产生爆震，减少能耗，提高功率
抗氧剂	延缓油品氧化，防止胶质生成而造成油嘴堵塞，防止进气门黏结导致功率降低
金属钝化剂	抑制金属对油品的催化氧化作用，与抗氧剂复合后有明显的协同作用
防冰剂	能与油中的水形成低冰点溶液，也能溶解一定量的冰晶，达到低温使用条件下不析出冰晶
抗静电剂	提高油品的电导率，防止电荷聚集引起火灾爆炸事故
抗磨防锈剂	减少燃油泵柱塞头磨损，防止油管、油缸锈蚀与腐蚀
低温流动性能改进剂	降低柴油凝点和冷滤点，改善低温流动性能
十六烷值改进剂	提高柴油的十六烷值，缩短柴油滞燃期，改善柴油着火性能
清净分散剂	防止汽化器、进气阀门生成污泥与沉积、减少油路沉渣
助燃剂	促进汽油汽油、柴油的充分燃烧、减少尾气中碳氢化合物、CO和颗粒的排放
乳化剂	促进燃料与水形成乳化燃料
助溶剂	促进甲醇、乙醇与汽油、柴油互相形成稳定的醇基燃料

一、添加剂在汽油中的应用

（一）汽油机的工作原理及对燃料的使用要求

汽油是点燃式发动机燃料，此类发动机又称汽化器式发动机。按用途可以分为车用汽油和航空汽油两类。各种汽油均以辛烷值（Octane Number，ON）作为牌号。我国生产汽油的工艺以催化裂化为主，辅以催化重整、烷基化和醚化等工艺。航空汽油则是由催化裂化汽油、烷基化油、工业异丙苯和异戊烷等高辛烷值组分调合而成。

汽油的使用要求和质量标准主要来源于汽油机的工作要求。

按燃料供给方式的不同，汽油机可分为化油器式及喷射（电喷）式两大类。汽油机通常由曲轴连杆机构、配气机构、燃料系统、润滑系统、冷却系统和点火系统所组成。图 5-1 为喷射式汽油机的结构示意图，图中只表明汽油机工作原理的部分。

活塞在汽缸中上行所到的最高位置称为上死（止）点；活塞下行达到的最低位置称为下死点。活塞从上死点到下死点的距离称为行程。活塞在下死点时活塞上方的汽缸容积 V_1 称为汽缸总容积；活塞在上死点时活塞上方的汽缸容积 V_2 称为燃烧室容积，如图 5-2 所示。

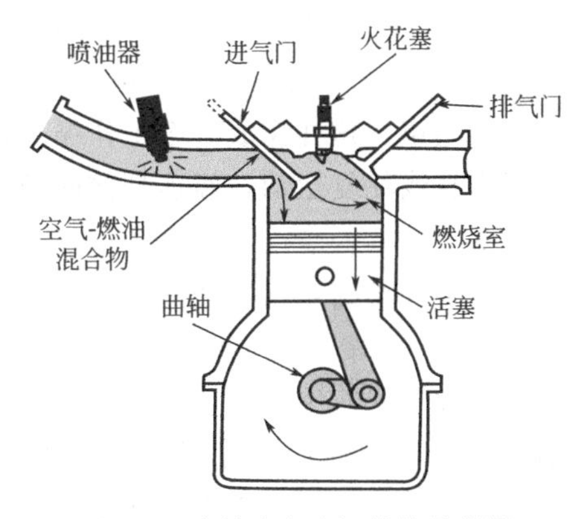

图 5-1 喷射式汽油机结构示意图

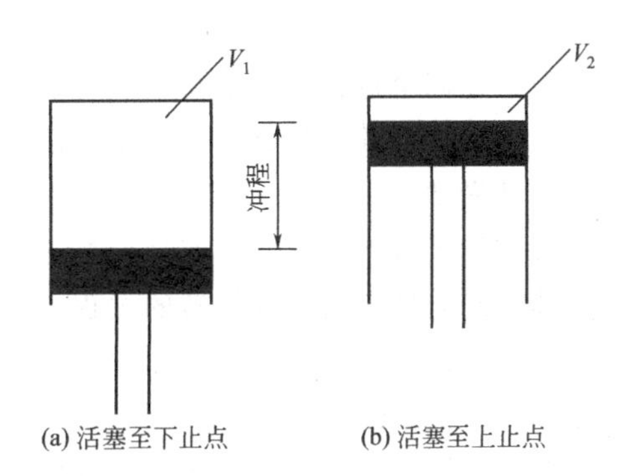

图 5-2 汽油机的上止点和下止点的示意图

V_1 与 V_2 的比值 V_1/V_2 称为压缩比。它表示可燃混合气在气缸内被压缩的程度，是汽油机的重要技术指标。压缩比越大的汽油机，其功率、热效率越高，油耗量和单位马力金属重量均有所下降，也就是越经济；压缩比越大，对汽油机的材质和汽油辛烷值的要求也越高。

汽油机一般是以四冲程循环工作，依次完成进气、压缩、燃烧膨胀做功、排气这四个过程。如图 5-3 所示。

(1) 进气　在这一冲程中，进气阀打开，排气阀关闭，活塞从上止点向下止点运动，活塞上方的体积增大，压力降低，汽缸内压力逐渐下降到 $(0.7\sim0.9)\times10^5$ Pa。空气经进气支管被吸入，在这里与喷油器以细小油滴喷出的燃油混合，随后不断吸热蒸发，逐渐形成均匀的可燃性混合气经进气阀进入汽缸，进气终了温度可达 85～130℃。

(2) 压缩　当活塞到达下止点后转为向上运动时，进气阀关闭，活塞由下止点向上止点运动，可燃性混合气被压缩，其温度和压力也随之上升。当活塞上行接近上止点、压缩过程终了时，压力可达 0.7～1.5MPa，温度可达 300～450℃。压缩混合气体的温度、压力取决于发动机的压缩比。

(3) 燃烧膨胀做功　进气阀和排气阀仍关闭，火花塞发出电火花而引燃混合气体；火焰以 20～30m/s 的速度迅速向四周传播燃烧，同时产生大量热能，最高温度可达 2000～2500℃，最高

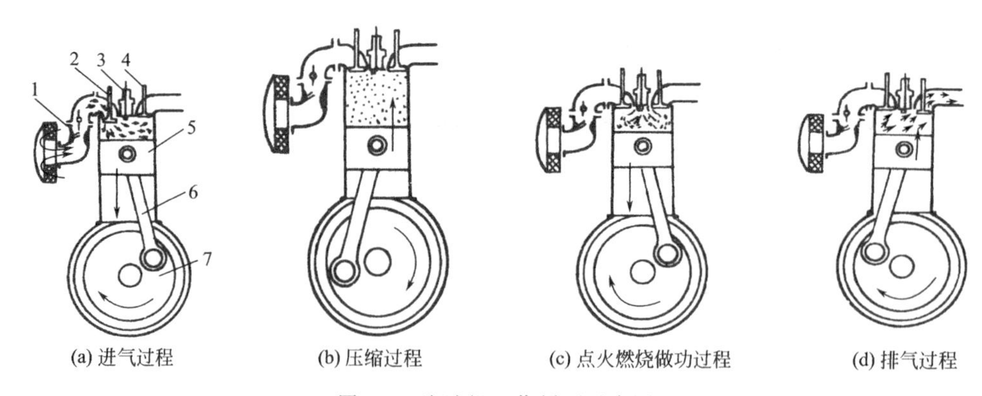

(a) 进气过程 (b) 压缩过程 (c) 点火燃烧做功过程 (d) 排气过程

图 5-3 汽油机工作循环示意图

1—化油器；2—进气门；3—火花塞；4—排气门；5—活塞；6—连杆；7—曲轴

压力达 3.0～4.0MPa；高温高压燃气，推动活塞下行，将燃料燃烧放出的热能转变为机械能，通过连杆旋转对外做功；终了时温度约为 900～1200℃，压力为0.4～0.5MPa。

(4) 排气过程 活塞下行到下止点后依靠惯性向上运动，此时做功过程结束，排气阀开启，将燃烧后的废气排出汽缸，废气排出温度 700～800℃，活塞到达上止点时，排气阀关闭。这就完成了一个工作循环。

经历上述四个过程后，活塞再次到达上止点时，排气结束，这样完成一个工作循环，继而重复上述工作循环。如此周而复始，活塞不断上、下作直线往复运动，经连杆使曲轴不断旋转，对外做功。

一般汽油机有四个或六个汽缸，按一定顺序排列，使不连续的点火燃烧和膨胀做功过程变成连续的经连杆带动曲轴旋转的过程。

根据汽油机的工作原理和工作过程，要求车用汽油具备下列使用性能：适当的蒸发性能和可靠的燃料供给性能；燃烧时无爆震现象；良好的抗氧化安定性；不含水分和机械杂质，对发动机和金属设备没有腐蚀作用；且排出的污染物少。而随着发动机工作条件的强化，烃类本身的性能已不能全面适应汽油使用性能的要求。

我国车用汽油的质量标准如表 5-2 和表 5-3 所示。

表 5-2 车用汽油标准（Ⅲ)(GB 17930—2013)

项目	判断	质量指标			试验方法
		90 号	93 号	97 号	
抗爆性					
研究法辛烷值(*RON*)	不小于	90	93	97	GB/T 5487
抗爆指数(*RON*+*MON*)/2	不小于	85	88	报告	GB/T 503
铅含量[②]/(g/L)	不大于	0.005			GB/T 8020
馏程：					
10%蒸发温度/℃	不高于	70			GB/T 6536
50%蒸发温度/℃	不高于	120			
90%蒸发温度/℃	不高于	190			
终馏点/℃	不高于	205			
残留量/%(*V*/*V*)	不大于	2			

续表

项目	判断	质量指标			试验方法
		90号	93号	97号	
蒸气压/kPa					
从11月1日至4月30日	不大于	88			GB/T 8017
从5月1日至10月31日	不大于	72			
胶质含量/(mg/100mL)					GB/T 8019
未洗胶质含量(加入清净剂钱)	不大于	30			
溶剂洗胶质含量	不大于	5			
诱导期/min	不小于	480			GB/T 8018
硫含量②/(mg/kg)	不大于	150			GB/T 0689
硫醇(满足下列条件之一,即判断为合格):					
博士试验		通过			SH/T 0174
硫醇硫含量/%(*m*/*m*)	不大于	0.001			GB/T 1792
铜片腐蚀(50℃,3h)/级	不大于	1			GB/T 5096
水溶性酸或碱		无			GB/T 259
机械杂质及水分		无			目测③
苯含量④/%(*V*/*V*)	不大于	1.0			SH/T 0713
芳烃含量/%(*V*/*V*)	不大于	40			GB/T 11132
烯烃含量⑤/%(*V*/*V*)	不大于	30			GB/T 11132
氧含量(质量分数)/%	不大于	2.7			SH/T 0663
甲醇含量①(质量分数)/%	不大于	0.3			SH/T 0663
锰含量⑥/(g/L)	不大于	0.016			SH/T 0771
铁含量①/(g/L)	不大于	0.01			SH/T 0712

① 车用汽油中，不得人为加入甲醇以及含铅或含铁的添加剂。

② 也可采用GB/T 380、GB/T 11140、SH/T 0253、SH/T 0742、ASTM D7039，在有异议时，以SH/T 0689测定结果为准。

③ 将试样注入100mL玻璃量筒中观察，应当透明，没有悬浮和沉降的机械杂质和水分。在有异议时，以GB/T 511和GB/T 260测定结果为准。

④ 也可采用SH/T 0693，在有异议时，以SH/T 0713测定结果为准。

⑤ 对于97号车用汽油，在烯烃、芳烃总含量控制不变的前提下，可允许芳烃的最大值为42%（体积分数）。也可采用NB/SH/T 0741，在有异议时，以GB/T 11132测定结果为准。

⑥ 锰含量是指汽油中以甲基环戊二烯三羰基锰形式存在的总锰含量，不得加入其他类型的含锰添加剂。

表5-3 车用汽油标准（Ⅳ）(GB 17930—2013)

项目	判断	质量指标			试验方法
		90号	93号	97号	
抗爆性					
研究法辛烷值(*RON*)	不小于	90	93	97	GB/T 5487
抗爆指数(*RON*+*MON*)/2	不小于	85	88	报告	GB/T 503
铅含量①/(g/L)	不大于	0.005			GB/T 8020

续表

项　　目	判断	质量指标			试验方法
		90号	93号	97号	
馏程：					
10%蒸发温度/℃	不高于	70			GB/T 6536
50%蒸发温度/℃	不高于	120			GB/T 6536
90%蒸发温度/℃	不高于	190			GB/T 6536
终馏点/℃	不高于	205			GB/T 6536
残留量/%(V/V)	不大于	2			GB/T 6536
蒸气压/kPa					
从11月1日至4月30日	不大于	42～88			GB/T 8017
从5月1日至10月31日	不大于	40～68			GB/T 8017
胶质含量/(mg/100mL)					GB/T 8019
未洗胶质含量(加入清净剂钱)	不大于	30			GB/T 8019
溶剂洗胶质含量	不大于	5			GB/T 8019
诱导期/min	不小于	480			GB/T 8018
硫含量[②]/(mg/kg)	不大于	50			GB/T 0689
硫醇(满足下列条件之一,即判断为合格)：					
博士试验		通过			SH/T 0174
硫醇硫含量/%(*m*/*m*)	不大于	0.001			GB/T 1792
铜片腐蚀(50℃,3h)/级	不大于	1			GB/T 5096
水溶性酸或碱		无			GB/T 259
机械杂质及水分		无			目测[③]
苯含量[④]/%(V/V)	不大于	1.0			SH/T 0713
芳烃含量/%(V/V)	不大于	40			GB/T 11132
烯烃含量[⑤]/%(V/V)	不大于	28			GB/T 11132
氧含量(质量分数)/%	不大于	2.7			SH/T 0663
甲醇含量[①](质量分数)/%	不大于	0.3			SH/T 0663
锰含量[⑥]/(g/L)	不大于	0.008			SH/T 0771
铁含量[①]/(g/L)	不大于	0.01			SH/T 0712

① 车用汽油中，不得人为加入甲醇以及含铅或含铁的添加剂。

② 也可采用GB/T 380、GB/T 11140、SH/T 0253、SH/T 0742、ASTM D7039，在有异议时，以SH/T 0689测定结果为准。

③ 将试样注入100mL玻璃量筒中观察，应当透明，没有悬浮和沉降的机械杂质和水分。在有异议时，以GB/T 511和GB/T 260测定结果为准。

④ 也可采用SH/T 0693，在有异议时，以SH/T 0713测定结果为准。

⑤ 对于97号车用汽油，在烯烃、芳烃总含量控制不变的前提下，可允许芳烃的最大值为42%（体积分数）。也可采用NB/SH/T 0741，在有异议时，以GB/T 11132测定结果为准。

⑥ 锰含量是指汽油中以甲基环戊二烯三羰基锰形式存在的总锰含量，不得加入其他类型的含锰添加剂。

（二）在汽油中使用的添加剂

在汽油中使用的添加剂主要有汽油抗爆剂和汽油清净剂。

1. 汽油抗爆剂

汽油在汽油机当中的燃烧过程中，如果发生爆震燃烧，汽油机的最大功率会降低10%左右。抗爆剂主要作用是提高汽油的辛烷值，防止汽缸中发生爆震现象，减少能耗提高功率。

辛烷值是车用汽油最重要的质量指标，采用抗爆剂是提高车用汽油辛烷值的重要手段。20世纪80年代以前主要以烷基铅作为抗爆剂，如四乙基铅（TEL）、四甲基铅（TMI）、二乙基二甲基铅（CR）等。90年代以后，随着汽车废气排放控制及保护环境的需要，国内外已限制或取缔向汽油中加入烷基铅，并逐步实现汽油无铅化。非铅系抗爆剂分为有机金属盐型、非金属型有机化合物和大量掺用异辛烷、异戊烷、重整汽油及MTBE、TBA、甲醇等高辛烷值组分。

（1）锰系抗爆剂　最有代表性的是甲基环戊二烯三羰基锰（$MnCH_3C_5H_5(CO)_3$，MMT），其作用机理和四乙基铅的作用机理相似。在汽油燃烧过程中MMT高温下分解产生活性金属MnO_2的微粒，由于其表面作用，破坏燃烧着火前链的分支反应，即与链反应中的活性中心作用，使之变为活性很小的氧化中间产物，导致焰前反应中过氧化物的浓度降低，链的长度和分支减少，有选择性地钝化一部分有机过氧化物分散成的自由基，延长着火的诱导期，并扩大冷焰区域，阻碍自动着火，同时也降低了释放能量的速度，使燃料的抗爆性能提高。MMT特点和性能见第三章第二节汽油抗爆剂。MMT对不同地区油品的感受性见表5-4所示和表5-5所示。

表5-4　MMT在*RON* 86～88基础燃料中对辛烷值的影响

地区	MMT(以Mn计)/(mg/L)	*RON*	辛烷值增加值
亚洲	0	86.4	
	9	87.9	+1.5
	18	89.1	+2.7
中东	0	86.4	
	9	87.7	+1.3
	18	88.8	+2.4
南美	0	88.0	
	9	89.6	+1.6
	18	90.8	+2.8

MMT在*RON* 86～88基础燃料中使用时，按质量浓度为9～18mg/L（以Mn计）添加MMT，可使汽油的研究法辛烷值（*RON*）提高1.5～2.7个单位。

表5-5　MMT在*RON* 92～96基础燃料中对辛烷值的影响

地区	MMT(以Mn计)/(mg/L)	*RON*	辛烷值增加值
亚洲	0	93.5	
	9	94.5	+1.0
	18	95.1	+1.6
中东	0	94.1	
	9	95.2	+1.1
	18	95.8	+1.7

续表

地区	MMT(以 Mn 计)/(mg/L)	*RON*	辛烷值增加值
南美	0	92.4	
	9	93.2	+0.8
	18	93.6	+1.2
欧洲	0	96.3	
	9	97.4	+1.1
	18	98.1	+1.8

MMT 在 *RON* 92～96 基础燃料中使用时，按质量浓度为 9～18mg/L（以 Mn 计）添加 MMT，可使汽油的研究法辛烷值（*RON*）提高 1～1.6 个单位。

通过 MMT 在催化汽油、催化裂化汽油和直馏汽油的混合汽油、重油催化裂化汽油和蜡油催化裂化汽油中的使用，可将 MMT 的作用效果归纳如下：

可提高无铅汽油的辛烷值，与含氧调合组分具有良好的配伍性；改善炼油操作，降低重整装置操作的苛刻度，降低汽油中的芳烃含量，减少原油的需要量；减少炼油厂及汽车的 NO_x、CO、CO_2 的排放，总体上减少碳氢化合物的排放；可配合汽油废气排放控制系统，对催化转化器有改善作用，对氧气传感器没有危害；减少排气阀座缩陷，对进气阀具有保洁作用。

(2) 含氧化合物甲基叔丁基醚（MTBE） 醚类抗爆剂以甲基叔丁基醚（MTBE）、乙基叔丁基醚（ETBE）、甲基叔戊基醚（TAME）、二异丙基醚（DIPE）为代表，该类物质因其自身具有较高辛烷值（见表 5-6），将其掺和到油品中时能够通过调合作用提高油品的辛烷值。其中，甲基叔丁基醚性能最好，与汽油调合时具有明显的正调合效应，并具有改善燃烧室清洁度和减少发动机磨损等特点。

表 5-6 典型醚类抗爆剂的辛烷值

名称	*RON*	*MON*	雷德蒸气压/kPa	沸点/℃	含氧量/%
TAME	105～115	95～105	19.30	86.1	15.7
MTBE	120～130	97～115	54.47	55.0	18.2
ETBE	120	102	27.58	71.7	13.8
DIPE	107～110	97～103	33.78	68.3	15.7

试验表明，MTBE 对直馏汽油、催化裂化汽油、宽馏分重整汽油和烷基化油均有良好的调合效应，MTBE 调合辛烷值均高于它本身的净辛烷值（实测值 *MON* 101，*RON* 118），尤其在直馏汽油和烷基化油中为最好，其一般 *RON* 调合辛烷值分别高达 133 和 130，*MON* 也分别达到 115 和 108。在催化裂化汽油和重整汽油中，MTBE 的调合抗爆指数（*MON*＋*RON*)/2，分别为 112 和 113，高于它的净抗爆指数 109。

在双组分调合汽油（催化裂化汽油-直馏汽油、催化裂化汽油-烷基化油、催化裂化汽油-重整汽油）中，MTBE 的调合辛烷值接近于其净辛烷值，而均低于它在这些单组分汽油中的调合辛烷值。说明它在双组分汽油中的调合辛烷值不具有加和性，详见表 5-7。

表 5-7　MTBE 在双组分基础油中的调合辛烷值

基础汽油	MTBE 加入量/%(体积分数)	MTBE 的调合辛烷值		
		MON	*RON*	(*MON*+*RON*)/2
催化裂化汽油+直馏汽油Ⅰ	10	99	114	107
	15	—	—	—
	20	100	116	108
催化裂化汽油+直馏汽油Ⅱ	10	103	120	112
	15	110	118	114
	20	111	119	115
催化裂化汽油+烷基化油	10	100	122	111
	15	102	115	109
	20	100	116	108
催化裂化汽油+重整生成油	10	95	120	108
	15	97	116	107
	20	110	107	109

在三组分调合中，试验考察了 MTBE 对直馏汽油-催化裂化汽油-重整馏分、烷基化油-催化裂化汽油-重整馏分调合汽油辛烷值的影响。其中催化裂化汽油和重整馏分的调合比相同，只是第三组分不同，只占 10%，结果见表 5-8。MTBE 在这两种三组分汽油中的调合辛烷值大体相等，且与 MTBE 的净辛烷值不相上下。

表 5-8　MTBE 对不同三组分基础汽油辛烷值的影响

基础汽油	MTBE 加入量/%(体积分数)	MTBE 的调合辛烷值		
		MON	*RON*	(*MON*+*RON*)/2
催化裂化汽油+重整馏分+直馏汽油Ⅰ	0	80.5	89.6	85.1
	10	82.3	92.5	87.4
	15	83.7	93.9	88.6
	20	84.3	95.4	89.9
催化裂化汽油+重整馏分+烷基化汽油	0	83.4	93.4	88.4
	10	85.0	95.4	90.2
	15	86.0	96.7	91.4
	20	87.0	97.7	92.4

MTBE 作为汽油调合组分迄今已经使用了 20 多年，其研究法辛烷值和马达法辛烷值都很高，且与汽油互溶性好，对直馏汽油、FCC 汽油、烷基化汽油均有良好的调合效应，调合汽油的辛烷值均比 MTBE 本身的辛烷值高，是生产低芳烃、低烯烃、有氧高辛烷值汽油的良好组分。

2. 汽油清净剂

(1) 发动机油路系统沉积物的形成及危害　我国车用汽油发动机已普遍采用电子燃油喷射系统，相比化油器型汽油发动机，电喷发动机构造更加精密，对生成的沉积物的影响也更加敏感。再加上我国汽油中催化裂化汽油占汽油总调合组分的 75%～80%，烯烃含量一般高达40%，导致燃油系统严重污染，燃油喷嘴的平均堵塞率也高。按照沉积物的生成区域，电喷汽油机沉积物主要分为进气系统沉积物（ISD）、燃烧室沉积物（CCD）、进气阀沉积物（IVD）和喷油嘴沉积物（PFID）。ISD和CCD的生成对发动机工作性能和排放性能会造成严重的不良影响；PFID会限制燃料流量并改变喷射特性，使发动机动力降低、工作不稳定以及排放恶化；IVD同样会影响发动机的性能，严重时将导致发动机动力性和经济性下降、排放指标恶化等不良后果。为解决这一问题采用的最有效便捷方法即加入汽油清净剂。

（2）汽油清净剂的功能

① 保洁功能。保洁功能是指保持发动机燃油供给系统的清洁：新车或刚清洗过的车辆燃用含汽油清净剂的汽油，在运行中化油器、喷嘴、进气阀和燃烧室等部位不再产生新的沉积物，保持干净的状态和良好的性能。

② 清洗功能。清洗功能是指将化油器、进气系统、喷嘴、进气阀和燃烧室等部位已产生的沉积物清洗干净，清除由于沉积物造成的不良影响，从而恢复原车设计参数。

③ 节省燃油。清洁的燃料供给系统，供油畅通，从而保持汽油发动机的额定空燃比，使发动机驱动平衡，加速有力。故而，汽油清净剂里一般含有助燃成分，能促使汽油雾化、燃烧完全，使发动机功率充分发挥，节省燃油。

④ 防锈性能。汽油在储运和使用过程中不可避免地会有水分存在，给储运设备和车辆油路系统造成腐蚀。所以，汽油清净剂中一般含有防锈成分，可防止车辆油箱、油路及发动机锈蚀，有利于车辆保养。

⑤ 破乳性能。汽油清净剂还具有抗乳化性能，可以防止油品乳化、堵塞滤网、造成腐蚀、破坏供油和影响发动机的正常运转。

⑥ 减少环境污染。使用清洁汽油后，汽车尾气中有害物质的排放浓度大大降低，CO浓度能下降30%左右，碳氢化合物浓度能下降20%左右，消耗能耗降低10%左右。

⑦ 改善驾驶性能。使用清洁汽油的发动机启动容易，转速平稳，提速加快。

⑧ 延长发动机的使用寿命。燃油加入有效清净剂后，使发动机保持了良好的工况，降低了机件磨损，减少了维修次数，从而延长了发动机的使用寿命。

（3）汽油清净剂的种类和应用　汽油清净剂是一种具有清净、分散、抗氧、破乳和防锈性能的多功能复合添加剂，主要由主剂、载体油、溶剂、抗氧抗腐蚀剂等组成。

汽油清净剂的发展历程见表5-9。第一代清净剂，其主剂主要为含有氨基、酰胺等含氮的低相对分子质量化合物，主要解决化油器的积炭问题。

表5-9　汽油清净剂的发展历程

<table>
<tr><th>解决问题</th><th>化油器结冰</th><th>化油器沉积</th><th>喷油嘴沉积</th><th>进气阀沉积</th><th>燃烧室沉积</th></tr>
<tr><td rowspan="4">解决方法</td><td colspan="2">脂肪胺</td><td colspan="2"></td><td rowspan="2"></td></tr>
<tr><td rowspan="3"></td><td colspan="3">丁二酰基亚胺</td></tr>
<tr><td rowspan="2"></td><td rowspan="2"></td><td colspan="2">聚醚胺</td></tr>
<tr><td colspan="2">高活性聚异丁烯胺</td></tr>
</table>

第二代清净剂的主剂类型主要为传统胺类化合物，是在第一代汽油清净剂的基础上开发而成的，它将热稳定性较好的高分子清净分散剂聚异丁烯琥珀酰亚胺引进汽油中，同时解决喷嘴堵塞的问题。

第三代清净剂主剂类型主要为相对分子质量较高的聚合型分散剂，但主剂本身并不能显著减少进气阀沉积物的量，要使汽油清净剂的主剂发挥作用，必须要有足够量的携带剂（也称为载体油），其作用是保证主剂在高温下仍具有一定的活性，有助于难溶于溶剂或汽油中的组分充分溶解，同时又要它能够完全燃烧，尽量减少在燃烧室内形成沉积物。矿物油、聚α-烯烃合成油、聚烯烃及聚醚类合成油等都可以作为载体油。第三代清净剂是一种集清净、分散、抗氧、防锈、破乳多种功能于一体的复合燃料添加剂，不仅解决了喷油嘴的积炭问题，还解决进气阀的积炭问题。

第四代清净剂主剂类型主要为聚异丁烯丁二酰亚胺、聚异丁烯胺等，载体油多选为聚醚类合成油。第四代清净剂不仅要解决进气阀处生成的沉积物，而且也要抑制燃烧室内形成的沉积物。

第五代汽油清净剂的主剂类型主要为聚醚胺等。

聚异丁烯丁二酰亚胺是研究较为广泛的一种汽油清净剂，不同相对分子质量的聚异丁烯丁二酰亚胺的积炭清净效果不同，清净效果随氮含量的增加而提高。聚异丁烯丁二酰亚胺对化油器、节气门、进气管沉积物具有高效清净效能。通过单缸进气阀清洁实验表明，汽油中添加 50 磅/千桶聚异丁烯丁二酰亚胺时，进气阀沉积物增加 88%，因此聚异丁烯丁二酰亚胺单剂使用，其性能严重不足。聚异丁烯丁二酰亚胺与聚异丁烯、矿物油复合使用的清净实验结果表明，复合使用时，进气阀沉积物生成可有大幅度下降。

聚醚胺清净剂近年来应用逐渐增加，但其清净性能不及聚异丁烯丁二酰亚胺和聚异丁烯胺。因为其热稳定性较低，在实际的汽油机工作中，进气阀表面温度一般在 300℃以上，有的甚至可达 350～400℃，所以聚醚胺难以控制高温进气阀表面生成沉积物。因此，聚醚胺比较适用于低负荷工作的发动机，而高负荷工作的汽油机宜采用聚异丁烯胺清净剂。

将聚醚胺和聚异丁烯胺以 400μg/g 的量加入到基础汽油中，来模拟汽油和汽油清净剂在进气阀上生成沉积物的情况，结果见表 5-10。

表 5-10 聚醚胺、聚异丁烯胺的性能评定结果

项目	沉积物质量/mg	模拟进气系统沉积物下降率/%
空白	12.4	
聚醚胺	0.6	95.2
聚异丁烯胺(国产)	3.6	70.9
聚异丁烯胺(国外)	1.5	87.9

表 5-10 结果表明，与聚异丁烯胺相比，聚醚胺的沉积物质量较低，模拟进气系统沉积物下降率较高，说明聚醚胺具有更好的进气系统沉积物控制效果，即具有更好的清净性能。

将聚醚胺和聚异丁烯胺复配使用时，效果更好。如九江石化波涛科技发展有限公司研制开发的“润京”牌多功能汽油清净剂，采用了两种清净性能互补的油溶性高分子有机胺类表面活性剂（聚异丁烯胺和聚醚胺）作清净分散剂，该产品集清洗、保洁、防锈、减摩于一身，使燃油燃烧完全，可降低发动机油耗，并大大减少汽车尾气污染物的排放量。经过模拟试验、台架评定、行车试验和用户使用表明，该清净剂对汽车发动机有清净和保护作用，可保持燃油系统清洁，使发动机的额定空燃比得以保证；燃料雾化效果好，燃烧充分，且节约燃料；大大减少了汽车尾气污染物的排放，碳氢化合物和 CO 的排放量分别下降 40%和 70%左右；价格低于国外相似产品，具有广阔的市场前景。

二、添加剂在柴油中的应用

柴油是压燃式发动机的燃料，是柴油机的燃料，也是目前国内消费量最大的发动机燃料，分为馏分型和残渣型两种。

馏分型分为轻柴油和重柴油。轻柴油适应于转速大于1000r/min的高速发动机，按凝点划分牌号，有10#、5#、0#、−10#、−20#、−35#和−50#七个牌号，其标准如表5-11和表5-12所示。重柴油适应于中速、低速（<500r/min）发动机，按黏度分级分为10#、20#、30#三个牌号。

残渣型分为大功率、低速船用柴油机，按黏度划分牌号。

数十年来，柴油机得到日益广泛的应用，其主要原因是柴油机与汽油机相比，具有以下优点：较高的经济性；所用燃料的沸点高、馏程宽、来源多、成本低；较好的加速性能，不需要经过预热阶段即可以转入全负荷运转；工作可靠、耐久，使用保管容易；且柴油闪点比汽油高，在使用管理中着火危险性小。所以，柴油机得到日益广泛的应用。

表5-11 车用柴油（Ⅲ）技术要求和试验方法（GB 19147—2013）

项目		5号	0号	−10号	−20号	−35号	−50号	实验方法
凝点/℃	不高于	5	0	−10	−20	−35	−50	GB/T 510
冷虑点/℃	不高于	8	4	−5	−14	−29	−44	GB/T 0248
运动黏度(20℃)/(mm²/s)		3.0～8.0			2.5～8.0	1.8～7.0		GB/T 265
闪点(闭口)/℃	不低于	55			50	45		GB/T 261
着火性①(需满足下列要求之一)： 十六烷值 十六烷值指数	 不小于 不小于	 49 46			 46 46	 45 43		 GB/T 386 SH/T 0694
密度②(20℃)/(kg/m³)		810～850				790～840		GB/T 1884 GB/T 1885
流程： 50% 回收温度/℃ 90% 回收温度/℃ 95% 回收温度/℃	 不高于 不高于 不高于	 300 355 365						GB/T 6536
氧化安定性 总不溶物/(mg/100mL)	 不大于	2.5						SH/T 0175
硫③/(mg/kg)	不大于	350						SH/T 0689
酸度(以KOH计)/(mg/100mL)		7						GB/T 258
10%蒸余物残炭④/%(w)	不大于	0.3						GB/T 268
灰分/%(w)	不大于	0.01						GB/T 508
铜片腐蚀(50℃,3h)/级	不大于	1						GB/T 5096
水分⑤/%(V)	不大于	痕迹						GB/T 260
机械杂质⑥		无						GB/T 511
润滑性 磨痕直径(60℃)	 不大于	460						ISO 12156-1
多环芳烃含量⑦/%(w)	不大于	11						SH/T 0606
脂肪酸甲酯⑧	不大于	1.0						GB/T 23801

① 十六烷指数的计算也可采用GB/T 11139，结果有异议时，以SH/T 0694方法为准。

② 也可采用SH/T 0604进行测定，结果有异议时，以GB/T 1884和GB/T 1885方法为准。

③ 也可采用GB/T 11140和ASTM D7039进行测定，结果有异议时，以SH/T 0689方法为准。

④ 也可采用GB/T 17144进行侧定，结果有异议时，以GB/T 268方法为准。若车用柴油中含有硝酸酯型十六值改进剂，10%蒸余物残炭的测定，应用不加硝酸酯的基础燃料进行。

⑤ 可用目测法，即将试样注入100 mL玻璃量筒中，在室温（20℃±5℃）下观察，应当透明，没有悬浮和沉降的杂质。结果有异议时，按GB/T 260测定。

⑥ 可用目测法，即将试样注入100 mL玻璃量筒中，在室温（20℃±5℃）下观察，应当透明，没有悬浮和沉降的杂质。结果有异议时，按GB/T 511测定。

⑦ 也可采用SH/T 0806进行测定，结果有异议时，以SH/T0606方法为准。

⑧ 脂肪酸甲酯应满足GB/T 20828的要求。

表 5-12　车用柴油（Ⅳ）技术要求和试验方法（GB 19147—2013）

项　　目	5 号	0 号	−10 号	−20 号	−35 号	−50 号	实验方法
凝点/℃　不高于	5	0	−10	−20	−35	−50	GB/T 510
冷滤点/℃　不高于	8	4	−5	−14	−29	−44	GB/T 0248
运动黏度(20℃)/(mm^2/s)	3.0～8.0			2.5～8.0	1.8～7.0		GB/T 265
闪点(闭口)/℃　不低于	55			50	45		GB/T 261
着火性①(需满足下列要求之一)： 十六烷值　不小于 十六烷值指数　不小于	 49 46			 46 46	 45 43		 GB/T 386 SH/T 0694
密度②(20℃)/(kg/m^3)	810～850				790～840		GB/T 1884 GB/T 1885
馏程： 50% 回收温度/℃　不高于 90% 回收温度/℃　不高于 95% 回收温度/℃　不高于	 300 355 365						GB/T 6536
氧化安定性 总不溶物/(mg/100mL)　不大于	2.5						SH/T 0175
硫③/(mg/kg)　不大于	50						SH/T 0689
酸度(以 KOH 计)/(mg/100mL)	7						GB/T 258
10%蒸余物残炭④/%(*w*)　不大于	0.3						GB/T 268
灰分/%(*w*)　不大于	0.01						GB/T 508
铜片腐蚀(50℃,3h)/级　不大于	1						GB/T 5096
水分⑤/%(V)　不大于	痕迹						GB/T 260
机械杂质⑥	无						GB/T 511
润滑性 磨痕直径(60℃)　不大于	460						ISO12156-1
多环芳烃含量⑦/%(*w*)　不大于	11						SH/T 0606
脂肪酸甲酯⑧　不大于	1.0						GB/T 23801

① 十六烷指数的计算也可采用 GB/T 11139，结果有异议时，以 SH/T 0694 方法为准。

② 也可采用 SH/T 0604 进行测定，结果有异议时，以 GB/T 1884 和 GB/T 1885 方法为准。

③ 也可采用 GB/T 11140 和 ASTM D7039 进行测定，结果有异议时，以 SH/T 0689 方法为准。

④ 也可采用 GB/T 17144 进行侧定，结果有异议时，以 GB/T 268 方法为准。若车用柴油中含有硝酸酯型十六值改进剂，10%蒸余物残炭的测定，应用不加硝酸酯的基础燃料进行。

⑤ 可用目测法，即将试样注入 100mL 玻璃量筒中，在室温（20℃±5℃）下观察，应当透明，没有悬浮和沉降的杂质。结果有异议时，按 GB/T 260 测定。

⑥ 可用目测法，即将试样注入 100mL 玻璃量筒中，在室温（20℃±5℃）下观察，应当透明，没有悬浮和沉降的杂质。结果有异议时，按 GB/T 511 测定。

⑦ 也可采用 SH/T 0806 进行测定，结果有异议时，以 SH/T 0606 方法为准。

⑧ 脂肪酸甲酯应满足 GB/T 20828 的要求。

(一) 柴油机的工作过程及对燃料的性能要求

柴油机主要由曲轴连杆机构、配气机构、润滑系统、冷却系统和燃料系统构成，它与汽油机不同之处在于没有汽化器和电点火系统，但有一套专门的柴油高压喷射装置，

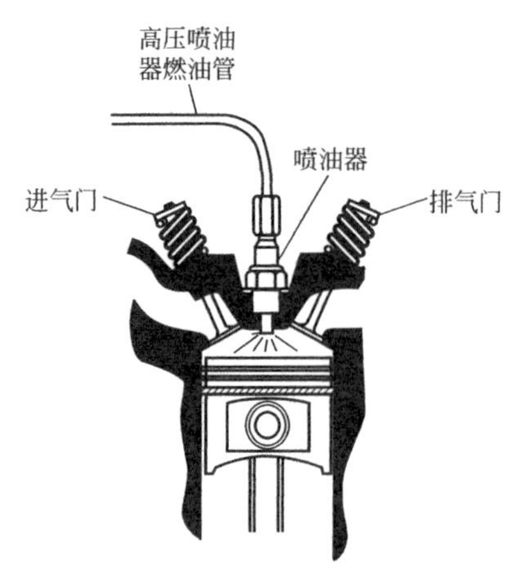

图 5-4 柴油机原理构造

如图 5-4 所示。

柴油机的工作循环和汽油机基本一样，有进气、压缩、膨胀做功和排气四个过程。其主要的差别是：

① 柴油机的压缩比约高于汽油机一倍，一般为16～30。这样，压缩后气体的温度、压力都比较高，可达到 500～700℃、3～5MPa，此温度超过柴油的自燃点。

② 汽油发动机的进气是空气燃油混合气，而柴油发动机在进气过程只吸入空气，在压缩行程接近上止点时开始喷入燃油

③ 柴油是用高压油泵喷入气缸中，经雾化后的细小油滴便与被压缩的高温空气混合，并迅速蒸发汽化、自燃发火，其燃烧气体温度高达 1500～2000℃，压力猛增至 5～12MPa。

④ 柴油机的压缩比及气缸内的温度和压力都显著高于汽油机的，因此其热效率一般比汽油机的高，当二者功率相同时，柴油机可节约燃料 20%～30%。

目前，有不少柴油机采用增压技术。柴油机增压就是将空气在进入气缸前进行压缩，提高进入气缸内空气的密度，以增加充气量，相应便可增加每次循环的燃料供应量，从而提高柴油机的功率和经济性。同时，由于采用增压技术能使柴油机气缸内的燃烧温度提高，因而可降低 CO 及未燃烃等污染物的排放量，有利于保护环境。

根据柴油机的工作特点，要求柴油具有良好的燃烧性能，保证柴油机工作平稳、经济性好；在柴油机工作环境下，具有良好的燃料供给性能；具有良好的雾化性能、热安定性和储存安定性；对机件没有磨损和腐蚀性。因此，为了改善油品品质、促进燃烧、达到节能和环保的目的，柴油中需添加少量的化学物质，即为柴油添加剂。常见柴油添加剂有低温流动性改进剂、十六烷值改进剂、化学稳定剂等。

（二）在柴油中使用的添加剂

1. 柴油低温流动改进剂

柴油是中间馏分油，一般沸程是 170～390℃之间，含有正构烷烃、烯烃和芳香烃。一般是由两种或两种以上的直馏及裂化组分调合而成。不同组分的调合柴油由这些组分的特性决定，也取决于所需柴油的蒸发性能、黏度、十六烷值、低温性能等使用指标。

柴油机在工作时，柴油经过粗细过滤器，再经过高压油泵，把燃料通过喷油嘴喷入汽缸。在低温时，由于蜡晶的析出，阻碍了柴油流经导管和滤清器的性能，会导致柴油系统因供油不足而影响工作。

解决柴油的低温流动性的问题，可以采用脱蜡工艺、加入二次加工柴油和加入流动改进剂等方法。加入流动改进剂的方案由于加剂量少、成本低、操作方便等优点，成为解决柴油低温流动性的首选方案。

我国的柴油组分主要是直馏柴油和催化裂化柴油两种，热加工柴油和加氢裂化等柴油所占比例甚微。多数炼油厂的柴油都是直馏柴油与催化裂化柴油调合的。

通过不同的柴油组分之间的凝点调合效应可以增加柴油产量，但是有限，特别不能解决

-10℃以下的低凝点柴油的问题。为了增产柴油和生产低凝点柴油，国内开发了柴油流动改进剂T1804。T1804为相对分子质量在1500～2000的乙烯-乙酸乙烯酯共聚物，乙烯乙酸酯含量为30%（质量分数）左右，可改善35号、20号柴油的低温性能，加入0.02%～0.1%（质量分数）的量，可不同程度地降低柴油的凝点和冷滤点，特别对含蜡较少的环烷基和中间基原油的直馏柴油以及催化裂化柴油的效果较显著。不同原油的直馏柴油加T1804的效果见表5-13和表5-14。

表5-13 不同原油的直馏柴油加T1804的效果（一）

原油	原油含蜡量/%	柴油中正构烷烃含量/%	柴油中芳烃含量/%	柴油馏程及低温性质			加剂0.1%		
				初馏点/℃	干点/℃	凝点/℃	冷滤点/℃	降低凝点/℃	降低冷滤点/℃
大庆	25.8	37.9	7.3	228	338	0	0	10	-1
胜利	14.6	23.0	21.4	236	307	-17	-16	4	2
华北	22.8	35.1	11.4	220	338	-2	7	7	0
辽河	10.9	—	22.2	216	347	-10	-2	20	-4
新疆	5.8	—	7.2	228	354	-1	1	18	11
江汉	10.7	27.6	16.8	178	353	1	4	25	5

表5-14 不同原油的直馏柴油加T1804的效果（二）

原油	柴油中正构烷烃含量/%	柴油中芳烃含量/%	柴油馏程及低温性质			加剂0.1%		
			初馏点/℃	干点/℃	凝点/℃	冷滤点/℃	降低凝点/℃	降低冷滤点/℃
大庆	12.3	30.0	207	340	-9	-3	>40	4
大庆	—	29.8	186	336	-3	-1	>40	9
华北	4.8	63.2	204	343	-10	1	>40	6
华北	11.7	52.9	213	350	-3	3	>40	-2

T1804在不同地区来源原油的0号柴油中的应用效果见表5-15。

表5-15 T1804在0号柴油中的应用效果

原油类型	大庆	新疆	胜利、部分进口油	阿曼、伊朗、印尼原油
柴油馏程/℃				
10%	254	240	237	223
50%	288	278	268	270
95%	350	359	352	356
基础油性质				
冷滤点/℃	4	5	6	0
凝点/℃	0	0	4	-3
加T1804 0.05%				
冷滤点/℃	2	1	2	-1
凝点/℃	<-20	-22	<-20	<-20

乙烯-乙酸乙烯酯共聚物是一种效果良好的降凝剂，但是由于其分子结构相对单一，对某些油品的感受性比较差，所以国内已有不少对 EVA 进行改性的报道，一般是加入第三单体与之共聚，改性后的三元共聚物，降凝效果比 EVA 好。

2. 柴油十六烷值改进剂

柴油的十六烷值的高低取决于柴油中烃类组成，但采用添加剂来提高柴油十六烷值是比较经济有效的方法。目前世界上广泛使用的十六烷值改进剂是硝酸酯类、草酸酯和过氧化物等。硝酸异辛酯的添加量为 0.1%～0.3%时，可提高柴油十六烷值 2～9 个单位；硝酸环十二酯在添加量为 0.1%时，可提高柴油十六烷值 3.7 个单位；3-甲基-3-硝基-2-丁基硝酸酯在添加量为 0.15%时，可提高柴油十六烷值 9.4 个单位。表 5-16 是一些有机硝酸酯改进柴油的十六烷值的效果。

表 5-16 一些有机硝酸酯改进柴油的十六烷值的效果

化合物名称	十六烷值增加值	化合物名称	十六烷值增加值
2-氯乙基硝酸酯	13.3	伯己基硝酸酯	15.1
2-乙氧基乙基硝酸酯	21.0	仲己基硝酸酯	17.6
异丙基硝酸酯	17.9	环己基硝酸酯	21.5
2,2-二甲基-1,3-丙二醇二硝酸酯	9.2	正庚基硝酸酯	14.8
三羟甲基丙烷三硝酸酯	9.2	正辛基硝酸酯	20.3
丁基硝酸酯	16.8	2-乙基己基硝酸酯	12.1
混合戊基硝酸酯	12.1	正壬基硝酸酯	13.3
伯戊基硝酸酯	13.0	乙烯基乙二醇二硝酸酯	2.1
仲戊基硝酸酯	15.0	乙二醇二硝酸酯	2.1
异戊基硝酸酯	14.1	丙烯基乙二醇二硝酸酯	2.5

草酸酯是近年来研究较多的无氮十六烷值改进剂，其主要特点是不含氮元素，确保了柴油机尾气中氮化物不会因使用柴油十六烷值改进剂而增加，有利于环境保护。表 5-17 是柴油十六烷值改进剂草酸异戊酯的使用效果。

表 5-17 柴油十六烷值改进剂草酸异戊酯的使用效果

改进剂添加量/%	十六烷值	增加值
0	41.1	
0.3	41.5	0.4
0.5	42.4	1.2
1.0	45.7	4.6
1.5	46.1	5.0

十六烷值改进剂草酸异戊酯添加量为 1%时，柴油的十六烷值可提高 4.6 个单位，与添加 0.2%硝酸异辛酯相当。

适当加入十六烷值改进剂，可提高柴油的十六烷值，但在柴油中加入添加剂，可影响柴油闪点变化，且加改进剂后的柴油，储存一段时间后，柴油十六烷值会衰减。因此，建议在使用十六烷值改进剂调合油品时，要尽量使十六烷值在 46 以上，并尽量减少储存期。

适当加入十六烷值改进剂，可提高十六烷值，但不同的油品组分对添加剂的感受性不同。如果将相同浓度的十六烷值改进剂分别加入结构组成不同的柴油中，其对柴油的十六烷值改进效果不同。表 5-18 是将相同质量分数的过氧化物加入到不同来源的柴油中的使用效果。

表 5-18　添加质量分数 0.1%的过氧化物在柴油中的效果

改进剂	茂名柴油（介于两者之间）		武汉柴油（芳烃含量较高）		燕山柴油（芳烃含量稍低）	
	CN	Δ*CN*	*CN*	Δ*CN*	*CN*	Δ*CN*
过氧化氢	43.2	+1.0	43.2	+2.5	45.0	+0.3
二叔丁基过氧化物	43.8	+1.6	43.8	+2.8	45.4	+0.7
1,1-二叔丁基过氧化环己烷	47.4	+5.2	49.5	+8.8	45.7	+1.0
2,2-二叔丁基过氧丁烷	47.4	+5.2	46.5	+5.8	45.7	+1.0
过氧化苯甲酸叔丁酯	47.9	+5.7	49.5	+8.8	45.7	+1.0

从表 5-18 中可以看出，叔丁基过氧化物在不同催化柴油中改善柴油的十六烷值的效果不一样，说明不同的催化柴油对叔丁基过氧化物的感受性不同。柴油中芳烃含量高，烷烃含量较低时，叔丁基过氧化物的十六烷值改进效果比较好。柴油中某些化合物也会影响十六烷值改进剂的改进效果，如某些含硫化物会降低硝酸酯类十六烷值的改进效果。

各种柴油对十六烷值改进剂的感受性与加入量并不成线性关系，而是当加入量达到一定程度时，感受性逐步趋于零。如图 5-5 是硝酸戊酯和硝酸己酯作为十六烷值改进剂的添加量和十六烷值上升值的关系。

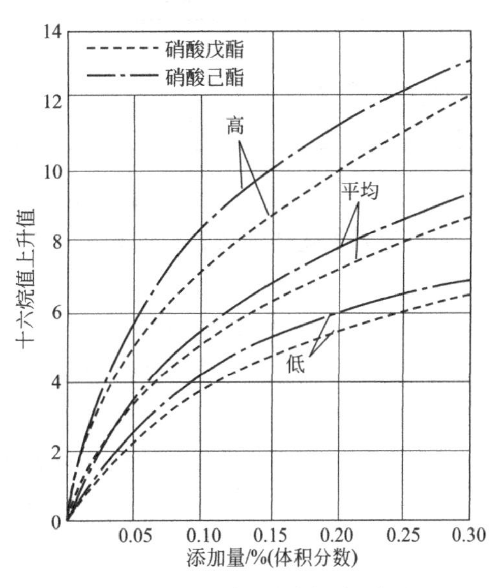

图 5-5　十六烷值改进剂添加效果图

由图 5-5 可知，十六烷值改进剂一般加 0.3%就可以提高十六烷值约 10 个单位，而最高添加量不超过 1%。直馏柴油对十六烷值上升剂的感受性好，一般加 0.1%可提高十六烷值 5～6 个单位，催化裂化柴油的感受性差，一般加 0.1%时只能提高十六烷值 3～6 个单位。

3. 柴油化学稳定剂

用催化裂化等二次加工工艺生产的柴油中含有大量的硫、氮、氧等非烃类化合物和不饱和烃（特别是二烯烃）。这些物质会相互作用，发生自氧化和聚合反应，导致柴油变质生成胶质和沉渣，使柴油颜色变深。生成的胶质和沉渣会造成过滤器堵塞、滤嘴形成积炭、喷雾状况变坏、发动机油耗增加和环境受污染等，严重时还会使发动机不能正常工作。因此，改善柴油安定性已成为人们普遍关注的问题。

提高柴油的安定性的方法有加氢精制、碱精制和使用化学稳定剂等方法。

柴油加氢精制的效果最好，能有效地脱除柴油中的硫、氮、氧等杂质及饱和柴油中的烯烃等，减少形成颜色的前身物。精制后的柴油安定性好，产品收率高。但建设加氢装置一次性投资大，操作费用高，加氢精制成本约为 160～170 元/吨，并受氢资源的制约。

传统的柴油碱精制工艺采用低浓度的碱液处理柴油，除去柴油中的苯酚、硫醇及硫酚类等酸性物质。该方法的优点是装置投资少，工艺简单。但不能有效地除去氮化合物等不安定性组分，精制效果不很理想，同时碱精制产生碱渣处理困难，会带来二次污染。

加入化学稳定剂虽不能除去柴油中的不安定组分，但可利用化学物质抑制不安定物之间的化学反应，从而明显改善柴油的安定性能。其优点是简便易行，添加剂使用量少，成本低，不改变炼油企业的生产流程。缺点是对不安定性物质含量较高的柴油，其添加剂用量较大，有时加入添加剂仍不能符合柴油的质量要求。另外，化学稳定剂的感受性还受到基础油质量和其他添加剂的影响。

在炼油企业中，可以根据企业的具体情况，同时采用上述两种或三种方法来提高柴油的安定性能是比较理想的方法。如加氢精制和添加稳定剂的方法并用。

通常用于提高柴油氧化安定性的添加剂有抗氧剂、分散剂、防腐剂、金属钝化剂、酸中和剂和杀菌剂 6 种，稳定剂一般指以上一种或几种添加剂的复合剂。用以在储存期内提供更多的抗氧化保护，即抑制油品在储存过程中的变色及胶质和沉渣的生成。其中抗氧剂为酚型或胺型类，如酚型或胺型抗氧剂，主要防止生成酸性物质，抑制游离基反应；分散剂能分散所生成的沉渣，降低颗粒直径；金属钝化剂有抑制金属催化氧化的作用。

如取自日常某生产装置中的催化裂化柴油，其氧化安定性见表 5-19。

表 5-19 催化柴油氧化总不溶物含量分析结果

静置时间/d	当天	5	10	20	30
1# 样品/(mg/100mL)	8.50	9.23	13.10	19.70	21.60
2# 样品/(mg/100mL)	11.08	15.4	16.30	24.90	26.80

从表 5-19 可以看出，催化柴油中氧化总不溶物含量较高，一般在 10～20mg/100mL 之间，而且随着催化柴油放置时间延长，其氧化总不溶物含量不断增加，超过国家新标准要求的 2.5mg/100mL 指标。

HITEC4235（表格中简称 H）是一种性能优良的多效馏分燃料油稳定剂，将其加入到催化裂化柴油和催化裂化柴油与常压柴油的混合柴油，加入稳定剂后柴油的氧化安定性如表 5-20 所示。

表 5-20 添加 HITEC4235 稳定剂后的氧化安定性实验结果

样品名称	氧化总不溶物含量/(mg/100mL)	氧化总不溶物含量下降率/%
催化柴油	18.60	0
催化柴油+(50×10^{-6})的 H	12.29	33.92
催化柴油+(100×10^{-6})的 H	1.97	41.02
催化柴油+(200×10^{-6})的 H	9.52	48.81
催化柴油+(300×10^{-6})的 H	9.20	50.54
催化柴油+(400×10^{-6})的 H	8.92	52.04
常压柴油:催化柴油		
4∶1	7.69	0
4∶1+(100×10^{-6})的 H	4.91	36.15
4∶1+(200×10^{-6})的 H	3.12	59.43
4∶1+(300×10^{-6})的 H	2.90	62.29
4∶1+(400×10^{-6})的 H	2.64	65.69

从表 5-20 可以看出，催化柴油添加 HITEC4235 稳定剂后，氧化安定性得到较大提高。当添加量达到一定值时，氧化总不溶物含量下降并不明显，从生产经济性考虑，添加浓度为 300×10^{-6} 的 HITEC4235 稳定剂，效果明显且具有经济性。而常压柴油和催化柴油以 4∶1 比例调合时，柴油中氧化总不溶物含量得以降低，添加 HITEC4235 稳定剂后的其量也大大减少。

三、添加剂在喷气燃料中的应用

近几十年来，喷气发动机在航空上得到越来越广泛的应用。目前，不仅在军用上而且在民用上已基本取代了点燃式航空发动机。点燃式航空发动机受高空空气稀薄及螺旋桨效率所限，只能在 10000m 以下的空域飞行，时速也无法超过 900km/h。喷气发动机是借助高温燃气从尾喷管喷出时所形成的反作用力推动前进的，它的突出优点是可以在 20000m 以上高空以 2 马赫以上高速飞行。

（一）涡轮喷气发动机的工作原理及对燃料的质量要求

1. 涡轮喷气发动机的工作原理

涡轮发动机主要由离心式压缩器、燃烧室、燃气涡轮和尾喷管等部分构成，如图 5-6 所示。

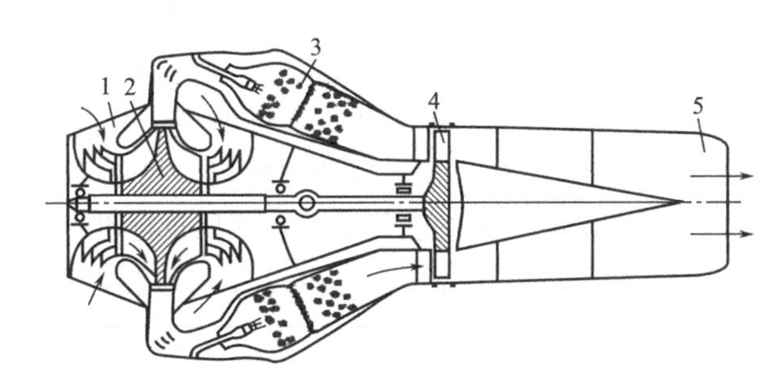

图 5-6 涡轮喷气发动机结构示意图

1—进气装置；2—离心式压缩器；3—燃烧室；4—燃气涡轮；5—尾喷管

因高空的空气稀薄，需将迎面进入发动机的空气用离心式压缩器压缩至 0.3～0.5MPa，温度达 150～200℃，然后再进入燃烧室。空气压力越高，燃料的热能利用程度也越高，从而可提高发动机的经济性，增强发动机的推力。在燃烧室中，经压缩的空气与燃料混合，形成混合气，在启动时需要用电点火，随后即可连续不断地进行燃烧。燃烧室中心温度可高达 1900～2200℃，为防止因高温使涡轮中的叶片受损，需通入部分冷空气，使燃气的温度降至 750～800℃左右。燃气推动涡轮高速旋转，将热能转化为机械能。燃气涡轮在同一轴上带动离心式空气压缩器旋转，旋转的速度为 8000～16000r/min。从涡轮中排出的高温高压燃气在尾喷管中膨胀加速，尾气在 500～600℃下高速喷出，由此产生反作用推动力以推动飞机前进。

2. 涡轮喷气发动机对燃料的质量要求

喷气发动机是在高空、低温和低压条件下，把燃料的热能转变为燃气动能来进行工作的。其工作特点是喷气发动机在启动时，由电火花把喷出的汽油引燃，然后再换用喷油嘴喷入喷气燃料，在高速空气流中连续喷油、连续燃烧。其燃烧速度比活塞式发动机快数倍，要求燃料燃烧连续、平稳、迅速、安全。要在高空飞行中满足上述要求，会遇到很多问题。例如，高空飞行中，发动机变换工作状态时容易熄火，燃烧不易完全，以致产生积炭和增加耗油率；高空气温低，燃料较难顺利地从油箱进入发动机；高空的低气压使燃料容易蒸发；由于高速飞行与空气摩擦产生热量，使燃料温度升高，容易变质等。

根据喷气式发动机的工作特点，对喷气燃料质量的要求如下。

① 良好的燃烧性能。高热值，良好的燃烧稳定性、完全性、启动性、生炭性、冒烟性。

② 良好的洁净性。机械杂质、水、表面活性物的含量应严格符合质量标准的要求。

③ 良好的低温性。在低温工作条件下不析出晶体，以保证发动机正常供油。

④ 良好的安定性。在储运过程中和使用条件下不变质。

⑤ 无腐蚀性。保证燃油系统零部件不发生液相腐蚀，燃气系统零部件不发生气相腐蚀。

⑥ 良好的高空性能。适宜的饱和蒸气压和蒸发性，馏程分布均匀，以保证高空飞行中不产生气阻，蒸发损失小，燃烧稳定。

⑦ 适宜的润滑性。保证燃油系统零部件正常润滑无磨损。

⑧ 具有较小的起电性和着火危险性。

从喷气燃料的使用性能来看，喷气燃料的理想组分是环烷烃，这是因为虽然正构烷烃质量热值较大、积炭生成倾向小，但体积热值小，并且低温性能差，所以不甚理想；芳烃虽然有较高的体积热值，但质量热值低，且燃烧不完全，易形成积炭，吸水性大，所以更不是理想的烃类，规定芳烃含量不能大于20%；烯烃虽然有较好的燃烧性能，但安定性差，生成胶质的倾向大，也被限制使用。因此，综合考虑，环烷烃是喷气燃料的理想组分。

喷气燃料，即航空煤油，按生产方法可分为直馏喷气燃料和二次加工喷气燃料两大类；按馏分的宽窄、轻重又可分为宽馏分型、煤油型及重煤油型，共分为1号、2号、3号、4号、5号、6号六个牌号。3号喷气燃料为较重煤油型燃料，民航飞机、军用飞机通用，已取代1号和2号喷气燃料，成为产量最大的喷气燃料，其质量标准见表5-21。

表5-21 3号喷气燃料的技术要求和试验方法（GB 6537—2006）

项　　目		质量指标	实验方法
外观		室温下清澈透明，目视无水解、水及固体杂质	目测
颜色	不小于	+25①	GB/T 3555
组成			
总酸值	不大于	0.015	GB/T 12574
芳烃含量(体积分数)/%	不大于	20②	GB/T 11132
烯烃含量(体积分数)/%	不大于	5	GB/T 11132
总硫含量(质量分数)/%	不大于	0.20③	GB/T 380
硫醇性硫(质量分数)/%	不大于	0.002	GB/T 1792
或博士试验④		通过	GB/T 0174
直馏组分(体积分数)/%		报告	
加氢精制组分(体积分数)/%		报告	
加氢裂化组分(体积分数)/%		报告	
挥发性			
馏程			GB/T 6536
初馏点/℃		报告	
10%回收温度/℃	不高于	205	
20%回收温度/℃		报告	
50%回收温度/℃	不高于	232	
90%回收温度/℃		报告	
终馏点/℃	不高于	300	
残留量(体积分数)/%	不大于	1.5	

续表

项目		质量指标	实验方法
损失量(体积分数)/%	不大于	1.5	
闪点(闭口)	不低于	38	GB/T 261
密度(20℃)		775～830	GB/T1884,GB/T 1885
流动性			
冰点	不高于	－47℃	GBIT2430,SH/T 0770⑤
黏度			GB/T 265
20℃	不小于	1.25⑥	
－20℃	不大于	8	
燃烧热			
净热值/(MJ/kg)	不小于	42.8	GB/T 384⑦,GB/T 2429
烟点/mm	不小于	25	GB/T 382
或烟点最小值为 20mm 时,萘系芳烃含量(体积分数)/%	不大于	3.0	SH/T 0181
或辉光值		45	GB/T 11128
腐蚀性			
铜片腐蚀(100℃,2h)/级	不大于	1	GB/T 5096
银片腐蚀(50℃,4h)/级	不大于	1⑧	GB/T 0023
安定性			
热安定性(260℃,2.5h)			GB/T 9169
过滤器压力降/kPa	不大于	3.3	
管壁评级		小于 3,且无孔雀蓝色或异常沉淀物	
洁净性			
实际胶质/(mg/100mL)	不大于	7	GB/T 8019
水反应			GB/T 1793
界面情况/级	不大于	1b	
分离程度/级	不大于	1b	
固体颗粒污染物含量/(mg/L)		报告	SH/T 0093
导电性			
电导率(20℃)/(pS/m)		50～450⑨	GB/T 6539
水分离指数			SH/T 0616
未加抗静电剂	不小于	85	
加入抗静电剂	不小于	70	
润滑性			
磨痕直径 WSD/mm	不大于	0.65⑩	SH/T 0687

① 对于民用航空燃料，从炼油厂输送到客户，输送过程中的颜色变化不允许超出以下要求：初始赛波特颜色大于 25 时，变化不大于 8；初始赛波特颜色在 15～25 之间，变化不大于 5；初始赛波特颜色小于 15 时，变化不大于 3。

② 对于民用航空燃料的芳烃含量（体积分数）规定为不大于 25.0%。

③ 如有争议时，以 GB/T 380 为准。

④ 硫醇性硫和博士试验可任做一项，当硫醇性硫和博士试验发生争议时，以硫醇性硫为准。

⑤ 如有争议时，以 GB/T 2430 为准。

⑥ 对于民用航空燃料，20℃的黏度指标不作要求。

⑦ 如有争议时，以 GB/T 384 为准。

⑧ 对于民用航空燃料，此项指标可不要求。

⑨ 如燃料不要求加抗静电剂，对此项指标不作要求。燃料离厂时要求大于 150 pS/m。

⑩ 民用航空燃料要求 WSD 不大于 0.85mm。

注：经铜精制工艺的喷气燃料，油样应按 SH/T 0182 方法测定铜离子含量，不大于 150μg/kg。

(二)喷气燃料中使用的添加剂

1. 抗静电剂

(1) 静电的产生及危害　喷气燃料在输送、过滤、混合、喷出、加注等过程中，由于流体和固体的摩擦，就会在油面产生和积累大量的静电荷，其电势可以达到上千伏甚至万伏。如遇到可燃气体，就会引起爆炸失火，酿成重大灾害。影响静电积累的因素主要是燃料本身的电导率，燃料越纯净，其电导率越低，在相同条件下，电导率低的燃料，静电荷消失的慢，因而积聚很快；当燃料中含有水分、杂质、金属盐或其他极性物质之后，燃料的电导率会迅速提高，电导率高的燃料，静电荷的消失速度快，电荷不易聚集。

(2) 抗静电剂的种类和应用　为了防止静电荷造成的火灾爆炸事故，通常在喷气燃料中加入适量的抗静电剂。抗静电添加剂的作用不是“抗静电”，而是在喷气燃料内加入微量的多组分化合物后，可以成倍地增加喷气燃料的电导率，其电荷得不到积聚而又不影响喷气燃料质量，达到安全使用油品的目的。抗静电添加剂一般是具有强的吸附性、离子性、表面活性等的有机化合物，抗静电剂分为有灰型和无灰型两大类。

① 有灰型抗静电剂。喷气燃料中常用的阴离子抗静电剂有松香酸铅盐、油酸三乙醇铵盐、合成脂肪酸铬盐、油酸钠和β-二酮及铬盐的反应生成物、烷基水杨酸铬盐以及磺酸型表面活性剂等。如20世纪60年代，英美等国家使用Shell公司研制的ASA-3抗静电剂是由单烷基或二烷基水杨酸铬盐同丁二酸或2-乙基已酸磺化酯钙盐以1∶1混合，另加40%的聚丙烯酸甲酯共聚物组成的。还有我国研制的首例抗静电剂T1501也是由烷基水杨酸铬、丁二酸二异辛酯磺酸钙和甲基丙烯酸十二酯-甲基丙烯酸二乙基胺酯共聚物三种原料按适当比例调合配制而成的，该抗静电添加剂对国内航空油料安全使用起到了很大作用。

但ASA-3和T1501抗静电添加剂本身却存在很大的问题。如，将其加入到喷气燃料中后电导率衰减很快，若加大或补加用剂量，会显著降低燃料的水分离指数；且这两种有灰抗静电剂含有铬盐，毒性很大；同时，添加到油品易乳化以及易导致水分离指数不合格等，金属离子在油品中影响飞机发动机的安全；另外生产ASA-3和T1501的工作条件恶劣，环境污染严重。目前这两种抗静电剂已停止生产和使用，目前已被无灰抗静电剂取代。

② 无灰型抗静电剂。鉴于有灰型抗静电剂存在诸多缺点和不足，ASA-3抗静电剂现已被杜邦公司生产的Stadis 450(亚砜聚合物、非金属型抗静电剂)代替，Stadis 450抗静电添加剂是在全球获得认证的可用于碳氢燃料的抗静电剂，是由专利聚合物、专利聚胺和二壬基萘磺酸，辅以溶剂而成的，其有效成分质量分数约为37%，具有质量稳定、效果明显的特点。迄今为止，Stadis 450抗静电添加剂已成为国际通用的抗静电添加剂。Stadis 450抗静电添加剂外观为清澈琥珀色液体，属于易燃化学品，对人体皮肤有刺激性，该剂正常情况下保质期为5年。

为了适应国际喷气燃料发展的趋势，提高我国抗静电添加剂的质量水平，我国于20世纪90年代开始了无灰型抗静电添加剂的研究工作。由空军油料研究所研制的T1502无灰型抗静电添加剂于90年代末研制成功，目前已成为国内主要使用的抗静电添加剂之一。

T1502抗静电剂由聚砜、聚胺等高分子化合物与溶剂复合而成，外观为琥珀色透明液体，属易燃化学品，不属于爆炸品，有低毒，对人体皮肤有刺激性。经实验室分析、各种性能评定及台架试车、部队试飞等，T1502试用结果均满足使用要求。经过几年的使用证明，T1502具有导电性高，加入量少，电导率升高快，对水分离指数影响小，抗衰减性好，燃烧后不会发生铬污染，可进行多次补加等优点，是一种较理想的抗静电添加剂。

T1502抗静电剂通常情况下加入量为0.8～1.5mg/L，按照标准要求，T1502抗静电剂初次加入量不得大于3.0mg/L，累计加入量不得大于5.0mg/L。

抗静电剂对于不同的工艺生产的喷气燃料的感受性不同，如表5-22所示。

表5-22 ST450和T1502在不同工艺喷气燃料中的电导率感受性 单位：pS/m

喷气燃料	空白	ST450				T1502			
添加量/(mg/L)	0	1	1.5	2	2.5	1	1.5	2	2.5
直馏工艺(石家庄)	26	183	206	260	291	218	250	279	308
加氢工艺(燕化)	0	544	654	798	915	348	436	503	588
加氢裂化(辽化)	1	526	625	763	853	680	910	1236	1357

从表5-22可以看出，抗静电剂的添加可以大大改善航空煤油的电导率值。直馏航空煤油对抗静电剂的感受性较差，主要是由于直馏航空煤油中杂原子含量相对较高，因杂原子影响了添加剂的空间位，强偶极离子再根据外静电场的正负极分布而重新进行定向排列，而其中的酚类及盐类在低浓度的情况下，就可能对无灰型抗静电剂的导电性质造成很大的负面作用，使得抗静电剂的作用效果明显降低。加氢裂化及加氢精制过程大大降低了航煤中的杂原子含量，因此对抗静电剂的感受性比直馏的好。

将Stadis 450和T1502加入燕化航空煤油中，分别保存在20℃、0℃和−10℃的环境温度下，4h后进行电导率的测量，发现电导率均随着温度的升高而升高，见表5-23。

表5-23 航煤中抗静电剂在不同温度下的感受性

抗静电剂	电导率/(pS/m)		
	20℃	0℃	−10℃
Stadis 450	654	510	411
T1502	436	368	258

另外，将T1502分别与抗静电剂Stadis 450以及T1501以1∶1比例进行复配，添加到燕化航煤中，感受性明显好于单独使用T1502，见表5-24。

表5-24 抗静电剂协同感受性

抗静电剂	电导率/(pS/m)	
	1.5mg/L	2.0mg/L
Stadis 450	434	513
T1502	456	579
T1501	272	323
T1502+T1501	742	835
T1502+Stadis 450	657	761

无灰型抗静电剂的感受性主要受到温度、油品组成以及其他添加剂的多种因素影响。其中，抗静电剂电导率随着温度的升高而增加；芳烃含量越高感受性越好；降凝剂对抗静电剂的感受性影响有一定的负面作用；无灰型抗静电剂之间存在着协同效应，协同后感受性变好。因此，炼厂在选择抗静电剂时，最好能对这几种剂进行实验室内感受性考察，选择在本炼厂油品中感受性最好的抗静电剂。

2. 喷气燃料抗磨剂

在喷气发动机中，燃油泵的润滑是依靠燃料自身的润滑性能来保障的。燃油系统部件，特别是旋转和摆动部件的工作寿命，很大程度上取决于喷气燃料的润滑性能。当燃料的润滑性能不足时，燃料泵的磨损增大，这不仅降低油泵的使用寿命，而且也影响油泵的正常工作，引起发动机运转失常甚至停车等故障，威胁飞行安全。

（1）喷气燃料润滑性能的影响因素　喷气燃料的润滑性能与燃料的化学组成有关。一般燃料的沸点越高，造成燃料的分子量越大，其黏度就越大，润滑性能也越好。如柴油的润滑性能高于煤油，而煤油润滑性能高于汽油。组成液体燃料的物质的润滑性能按带极性非烃类化合物、多环芳烃、单环芳烃、环烷烃、烷烃的顺序依次降低。因为极性的非烃类化合物如环烷酸、酚类化合物以及某些含硫、氮的极性化合物具有较强的极性，易被金属吸附在表面，形成牢固的油膜，有效降低金属间的摩擦和磨损。在加氢或深度精制的过程中，燃料中的有机酸、酚类、多环芳烃以及少量的杂环硫化物（如噻氢萘）被部分或全部除去。这些极性物质的脱除，虽然能提高燃料的热稳定性，但却使燃料的润滑性能显著降低。所以，燃料的精制程度越深，其润滑性能越差。除此之外，燃料中含有固体杂质和金属粉末均可加速柱塞泵的磨损，严重时可使油泵遭受破坏。燃料若还有水分或溶解氧存在，同样也会降低燃料润滑性能。

提高喷气燃料润滑性能的方法是改进飞机油泵材质；控制燃料中的酸度在0.3～0.4mgKOH/100mL；掺兑一定量润滑性能好的喷气燃料或直馏组分；改进航空燃料的精制工艺；加入少量的抗磨添加剂，对于加氢精制和加氢裂化生产的喷气燃料必须加入适宜的抗磨添加剂。

显然，采用抗磨剂是提高喷气燃料润滑性能的最有效的途径。

（2）喷气燃料抗磨剂的作用机理　抗磨剂是具有一定极性和化学反应活性的化合物，其中极性基团吸附在金属表面，形成单分子或多分子层，整齐排列在一起。温度较缓和时，为物理吸附过程，温度很高时，极性基团与表面活性金属发生化学反应，形成金属有机化合物，可使润滑膜不发生破裂，起到提高润滑性能的作用。

（3）抗磨剂的种类和应用　美国军方在JP-3、JP-4、JP-5喷气燃料中使用的抗磨剂有MIL-I-25017，但该添加剂会导致喷气燃料的水分离指数降低。但通过飞机发动机试验和12个月的储存稳定性试验等后，加入该添加剂后喷气燃料能满足规范的全部要求以及其他添加剂的相容性等。美国军方使用的另外一种抗磨剂是普拉特惠特尼公司生产的PWA-536，该添加剂专门作为JP-7喷气燃料。美国军方现在使用的添加剂品种中有不含P的抗磨剂、含P的抗磨剂、含N的抗磨剂等。

① T1602抗磨剂。T1602抗磨剂是环烷酸型的，该添加剂原料来源广泛、价格便宜，是从煤油和柴油中抽提、精制而得到的环烷酸，不溶于水，易溶于油中，在喷气燃料中加入$(15\sim30)\times10^{-6}$，能显著改善喷气燃料的抗磨性，同时不影响所加入产品的水分离指数、氧化稳定性、银片腐蚀等，并且对喷气燃料的导电性也有一定程度的改善。

② T1601抗磨防锈剂。该添加剂是参照英国HitecE515添加剂研制的，主要成分是精馏二聚酸、二（2-乙基己基）磷酸酯、2,6-二叔丁基对甲酚和稀释剂（二甲苯或煤油）。作为喷气燃料抗腐蚀剂使用时，加入量为$(10\sim20)\times10^{-6}$，能有效防止有色金属（如黄铜、铝、碳铜及铝青铜）锈蚀，但与其他添加剂的配伍性较差，能使喷气燃料的水分离指数急剧降低。

3. 防冰剂

(1) 喷气燃料中水分的危害 喷气燃料本身不允许含有水分，但在储存和使用过程中，由于燃料本身的溶水性，以及雨露、冰霜的侵入，还有容器中的水蒸气凝结等原因，常会含有一些水分。这些水分以游离水的形式存在，还以溶解状态存在，且不同烃类水的溶解度是不同的。含有的水分在低温下形成冰晶，会造成过滤器堵塞、供油困难等问题。另外，喷气燃料含有水分还会增加燃料的腐蚀性，恶化低温性能，破坏燃料的润滑性，增大磨损，严重时会卡死油泵的柱塞，水分过多时会引起发动机熄火。

飞机在高空飞行时，环境温度极低，如我国南方的福州、广州、昆明等地区的16000～19000m高空，全年最低平均气温为－76.5～－71.3℃。在我国北方冬季，飞机油温最低部位——副油箱油温曾达到－50℃。另外，飞行时间越长，飞行速度越慢，温度越低。因此，喷气燃料要具有良好的低温性能。为了防止冰晶的生成，最有效的途径是添加防冰剂。

(2) 防冰剂的作用机理 防冰剂同时具有亲油性和亲水性，是一种既溶于油又溶于水的化学物质，它不仅可以防止喷气燃料中的水分在低温下形成结晶，还可抑制喷气燃料中微生物的繁殖。民用飞机对燃料低温性能要求没有军用飞机高，可以从压缩机引来少量热空气或利用润滑油的热量来加热燃油和油滤，防止冰晶的产生。因此，民用飞机一般不加防冰剂。

喷气燃料中的水分呈两种状态，即溶解水和非溶解水，二者可以互相转换。当外界环境温度降低时，溶解水析出转化为非溶解水，这部分非溶解水在一定的低温下会转化为冰晶。防冰剂具有良好的亲水性，它能与燃料中微量的水分子形成氢键缔合，增大燃料对水的溶解度，使燃料对水的溶解性由可逆过程变为不可逆过程。在温度降低到水的冰点时，水就不会单独结晶析出；在温度骤变时，水分即使析出，也是呈比例不定的防冰剂与水的混合液，即“液珠”析出，并沉降于容器的底部，而不至结冰。但“液珠”也可能使油发生浑浊，应及时排出蓄积的“液珠”水分。

由于防冰剂具有降低水的冰点的作用，所以即使在已产生冰晶的燃料中加入防冰剂，也能起到一定的溶冰作用。

(3) 防冰剂的种类和应用 美国空军于1962年开始使用乙二醇甲醚（MIL-I-27686）和丙三醇的混合物作为防冰剂，丙三醇是作为缓和的微生物抑制剂而加入的，同时也是为了防止防冰剂对油箱密封橡胶和涂层的侵蚀。但在使用中发现丙三醇在燃料中的溶解度很小，并且在热运转条件下会影响发动机寿命，因此就取消了丙三醇的使用。美国海军在使用中还发现，乙二醇甲醚可以将JP-5喷气燃料的闪点降低约3℃，因此海军研制了一种新型高闪点防冰剂-二乙二醇甲醚（MIL-I-85470）。该防冰剂对环境和人体的危害比乙二醇甲醚小，后来美国空军也使用二乙二醇甲醚作为防冰剂。

俄罗斯（前苏联）早在1956年就开始使用乙二醇乙醚（乙基溶纤剂）作为防冰剂，简称“И”液，另外还用四氢糠醛（ТГФ）。把乙二醇乙醚和四氢糠醛分别与甲醇混合使用，当乙二醇乙醚和甲醇按体积比1∶1混合时，称之为“И-М”液，四氢糠醛和甲醇按体积比1∶1混合时，称之为“ТГФ-М”液。

我国曾有五种防冰剂：①二乙二醇乙醚与异丙醇的混合物（质量比为1∶1)；②乙二醇甲醚全馏分（乙二醇甲醚的质量含量为90%、二乙二醇甲醚的质量含量为10%)；③乙二醇乙醚全馏分（乙二醇乙醚的质量含量为90%、二乙二醇乙醚的质量含量为10%)；④乙二醇甲醚（也称乙二醇单甲醚)；⑤乙二醇乙醚（也称乙二醇单乙醚）。目前我国实际使用的防冰剂为乙二醇甲醚，GB 6537—2006《3号喷气燃料》标准中规定还可以使用二乙二醇甲醚作为防冰剂。

目前世界各国实际使用的防冰剂有以下3种：乙二醇甲醚（中国）、乙二醇乙醚（俄罗斯）、二乙二醇甲醚（美国与北约）。上述三种防冰剂中，乙二醇甲醚的防冰效果最好，但其在喷气燃料中的溶剂性不及乙二醇乙醚；乙二醇乙醚在喷气燃料中的溶剂度最大（25℃时，体积浓度可达10%，但不超过15%），但防冰效果不及乙二醇甲醚；二乙二醇甲醚对环境和人体的毒性最小，对喷气燃料闪点的影响最小，其他两种防冰剂可降低喷气燃料的闪点1～3℃。

4. 杀菌剂

（1）微生物的危害 微生物生长繁殖需要的三个条件（水、适宜温度和养分）在燃油体系中都能得到满足，因此燃油容易受微生物污染。水分是微生物生长繁殖的必需条件之一，燃油中含有微量的水分，水在烃类中的溶解度和烃的碳链长度、芳香性、结构及温度有关。芳香烃能溶解的水分是相应直链烃的5～10倍，低碳链的烃能溶解的水分比长碳链烃多。不同国家、不同地区、不同炼油厂生产的油品所采取的生产工艺路线不同，烃的种类和含量存在差异，因此燃油的水含量是有差别的。

刚生产出来的燃油由于经过高温炼制是无菌的，但微生物遍布于周围环境，在运输、储存和使用过程中很容易进入燃油系统中而污染燃油。人们已经从燃油中分离出了超过一百种的微生物，其中有些微生物进入燃油系统后短期内不会死亡，也不能繁殖，处于“休眠”状态，不会造成污染问题。

能够在燃油中生长繁殖造成燃油微生物污染的微生物主要有以下三种。

① 真菌。树脂枝孢霉（Hormoconis resinae）、拟青霉（Paecilomyces Varioti）、烟曲霉（Aspergillus Fumigatus）等。

② 细菌。假单胞杆菌（Pseu-domonas），弧菌（Vibrio）、芽孢杆菌（Bacillus）、硫酸盐还原菌（Sulfate Reducing Bacteria）等。

③ 酵母菌。红酵母（Rhodotorula）、假丝酵母（Candida）、球拟酵母（Tomlopsis）等。

综合国内外研究发现，对喷气燃料质量以及储存影响最严重的主要是枝孢霉菌（Hormoconis resinae）和硫酸盐还原菌（Sulfate Reducing Bacteria）。这些菌类一旦大量繁殖，便会形成大量沉积物，并产生多种代谢产物，如柠檬酸、酒石酸、乳酸等有机酸以及氨、单质硫、硫化氢、甚至硫酸等腐蚀性物质，造成污染，危害极大。

微生物污染最直接的危害是导致燃油变质，影响其性能指标；其次是在储运和使用过程中会造成各种各样的腐蚀和堵塞问题。

首先，微生物污染产生的直接危害是分解碳氢化合物和添加剂；代谢生成水，提高燃油水分含量；硫酸盐还原菌会增加燃油硫含量；代谢产物分散于燃油中，增加燃油悬浮颗粒；有些代谢产物使油水乳化，细胞会进入油相生成黏泥。

间接危害一是堵塞管道、阀门和过滤器等。由于污染燃油的真菌由菌丝构成，这些菌丝互相密集缠绕，当菌丝体断裂时，大量的菌丝体可能引起过滤器及管道堵塞；菌丝体也可能缠绕在探测器和油表上，造成探测器和油表失灵。二是腐蚀储罐、管道和引擎等。储罐腐蚀可能引起燃油泄漏，造成污染环境。

其次，燃油在储存时发生微生物污染后，微生物的细胞和代谢产物进入油相会造成燃油悬浮物增多，出现浑浊等问题。若污染了硫酸盐还原菌，会增加硫含量，使燃油出现银片腐蚀不合格问题。细菌分泌的内毒素、条件致病菌等，导致燃油性能指标不合格。燃油品质出现问题后处理非常麻烦，会增加许多成本。

再者，燃油使用过程中的微生物污染也可能带来一系列问题。微生物附着的油箱部位会形成严重的阳极腐蚀点，微生物生长消耗体系的氧并产生酸性代谢产物，酸腐蚀和局部氧损耗，导致氧梯度电化学腐蚀。当燃油长期储存后体系变成厌氧氛围，这就适合厌氧微生物如硫酸盐还原菌的生长繁殖，产生的硫化氢溶解在燃油中对于引擎泵中的银和铜有很强的侵蚀作用。

（2）杀菌剂的种类和应用　燃油微生物污染的控制除了加强管理外，最有效的措施就是往燃油中添加杀菌剂来预防和控制。杀菌剂广泛应用于各种工业系统，在控制微生物污染方面起到了不可替代的作用。燃油使用杀菌剂分为两种情况：

① 为预防燃油微生物污染而在燃油中预先添加一定量的杀菌剂进行保护；

② 燃油微生物污染后，用杀菌剂对微生物进行杀灭，避免更严重的污染发生。

大家担心的问题是杀菌剂的添加会不会影响燃油的性能，给实际使用带来问题。应用杀菌剂控制燃油微生物已有不少研究，已证明是控制燃油微生物的有效方法。现已开发了多种应用于燃油的杀菌剂产品，表 5-25 列出了在 EPA 注册的燃油用杀菌剂。结合实际情况，合理使用杀菌剂，可以有效保护燃油免受微生物污染。

表 5-25　EPA 注册的燃油用杀菌剂

杀菌剂种类	EPA 注册商品名称	应用
异噻唑啉酮	KATHON FP1.5	燃油
有机硼烷	BIOBOR JF	燃油
吗啉衍生物	BIO KLEEN DIESEL FUEL BIOCIDE FUELSAVER	燃油储罐底水
咪唑啉衍生物	8256 FUEL OIL TREATMENT 303 MC FUEL OIL TREATMENT	燃油储罐底水
二甘醇单甲醚	PHILLIPS FUEL ADDITIVE 56 MB-PHILLIPS LNL	燃油
二硫代氨基甲酸酯衍生物	VALVTECT BIOGUARD FUEL MICROBIOCIDE	燃油、润滑油

第二节　添加剂在润滑油中的应用

润滑油是润滑材料中最主要的一种，在国民经济中占有重要的地位，它对保证和维护各种车辆和机械设备的正常运转、减少摩擦磨损、降低能量消耗、延长设备使用寿命都起着十分关键的作用。随着国民经济的发展，润滑油的市场需求也随之增大，其中近一半是车用润滑油。虽然润滑油的实际消费量占石油产品的总消费量的比例很小，但它的应用领域比较广泛，在不同的应用领域需要不同性能的润滑油，不同的条件还需要不同牌号的润滑油品种和牌号还必须配套齐全。因此，润滑油的种类繁多、品种各异。与石油燃料产品相比，产量少而品种多是润滑油的特色。

伴随近代机械技术日益向高级、精密、尖端发展，润滑油产品应用范围向高温、高低压、高低速、高负荷、巨型和微型、耐辐射、耐真空、耐有害介质等方向发展。单靠纯石油基础油是不能满足这些条件和需求的，必须在选用适当的基础油同时，加入各种高效添加剂，生产出多种适合使用性能的润滑油。最重要的添加剂有清净剂、分散剂、抗磨剂、抗氧剂、黏度指数改进剂、降凝剂、抗泡剂，除此以外，还有防腐剂、防锈剂、密封溶胀剂、抗菌剂、抗乳化剂等添加剂。

一、在齿轮油中的应用

齿轮传动是机械工程中的主要组成部分，用于动力传递和转向，由于结构紧凑，传动效率高而在机械设备上获得广泛应用。齿轮油是专用于齿轮的润滑油。

1. 齿轮油的分类

齿轮油分为工业齿轮油和车辆齿轮油两大类。

(1) 车辆齿轮油的分类　国际上车辆齿轮油至今尚无统一规格标准，ISO 一直未发布车辆齿轮油分类标准和产品规格，我国参照 API 分类，订立了车辆齿轮油的详细分类。

车辆齿轮油的分类与发动机油类似，也有质量等级和黏度等级两种。质量等级依据齿轮类型和负荷大小而分为三个等级，即普通车辆齿轮油（CLC）、中负荷车辆齿轮油（CLD）、重负荷车辆齿轮油（CLE）。其组成、特性和使用说明如表 5-26 所示。

表 5-26　我国车辆齿轮油的质量等级、组成、特性和使用说明

油品名称及代号	对应 API	组成、特性和使用说明	使用部位
普通车辆齿轮油（CLC）	GL3	精制矿物油加抗氧剂、防锈剂、消泡剂和少量极压剂等制成。适用于中等速度和负荷比较苛刻的手动变速器和螺旋伞齿轮的驱动桥	手动变速器、螺旋伞齿轮的驱动桥
中负荷车辆齿轮油（CLD）	GL4	精制矿物油加抗氧剂、防锈剂、消泡剂和极压剂等制成。适用于低速高扭矩、高速低扭矩下操作的各种齿轮，特别是客车和其他车辆的各种准双曲面齿轮	手动变速器、螺旋伞齿轮和使用条件不太苛刻的准双曲面齿轮驱动桥
重负荷车辆齿轮油（CLE）	GL5	精制矿物油加抗氧剂、防锈剂、消泡剂和极压剂等制成。适用于高速冲击负荷、高速低扭矩和低速高扭矩下操作的各种齿轮，特别是客车和其他各种车辆的准双曲面齿轮	操作条件缓和或苛刻的准双曲面齿轮及其他各种齿轮的驱动桥，也可用于手动变速器

黏度等级是采用美国 SAE 黏度分类标准，分成含 W 和非 W 两个系列，分别为冬用齿轮油和夏用齿轮油。除单级油外也有多级油，如 80W/90、85W/740 是加入了黏度指数改进剂的稠化油，四季通用性强。车辆齿轮油黏度等级分类见表 5-27。

表 5-27　车辆齿轮油的黏度等级分类

SAE 黏度等级	动力黏度达 150 000mPa·s 时最高温度/℃	100℃运动黏度/(mm²/s)	
		最小	最大
70W	−55	4.1	
75W	−40	4.1	
80W	−26	7.0	
85W	−12	11.0	
90		13.5	<24.0
140		24.0	<41.0
250		41.0	

（2）工业齿轮油的分类　工业齿轮油的分类、组成、特性和用途如表5-28所示。

表5-28　工业齿轮油的分类、组成、特性和用途

油品名称		主要组成、特性和用途	对应的ISO代号
闭式齿轮油	普通工业齿轮油	由精制润滑油加入抗氧剂、防锈剂制成，具有较好的氧化安定性和防锈性等。适用于一般正齿轮、斜齿轮、伞齿轮及低速轻负荷的螺旋齿轮的封闭齿轮箱的润滑	CKB
	中负荷工业齿轮油	由精制基础油加入极压抗磨剂、抗氧剂、防锈剂制成，比普通工业齿轮油有更好的抗磨性能。适用于载重负荷或具有振动负荷的正齿轮、斜齿轮、伞齿轮、螺旋齿轮或圆齿轮的封闭式齿轮箱的润滑	CKC
	重负荷工业齿轮油	由精制润滑油加入极压抗磨剂、抗氧剂、防锈剂制成，比闭式中负荷工业齿轮油具有更好的抗磨性、氧化安定性。适用于特别高的恒定温度和重负荷条件下的正齿轮、斜齿轮、螺旋齿轮或圆弧齿轮的封闭式齿轮箱的润滑	CKD
	涡轮蜗杆油	由精制的直馏矿物油加3%～10%脂肪和合成脂肪配制而成。适用于涡轮蜗杆装置的润滑	CKE
	极温重负荷工业齿轮油	由合成油或含有部分合成油的精制矿物油加入极压抗磨剂和防锈剂制成。具有抗氧、抗磨、防锈和高低温性能，适用于宽广的温度和重负荷条件下的齿轮箱润滑	CKT
	极温工业齿轮油	由合成油或含有部分合成油的精制矿物油加入抗磨剂、抗氧剂和防锈剂制成。适用于极高和极低温度下的齿轮箱润滑	CKS
开式齿轮油	抗氧防锈开式齿轮油	普通开式齿轮油，由高黏度精制基础油加入抗氧剂、防锈剂制成，具有较好的抗氧化安定性、防锈性、抗乳化性。适用于工作条件缓和的半封闭式或开式齿轮润滑	CKH
	极压开式齿轮油	中负荷开式齿轮油，由精制矿物油加入专门添加剂制成，具有较好的极压抗磨性能。适用于苛刻条件下工作的开式齿轮箱或半封闭式齿轮箱的润滑	CKJ
	溶剂稀释型开式齿轮油	由高黏度的开式齿轮油或极压开式齿轮油加入挥发性溶剂制成，溶剂挥发后，在齿轮表面形成一层油膜，具有较好的极压抗磨性能。适用于开式齿轮箱和半封闭式齿轮箱的润滑	CKH-DIL或CKJ-DIL
	特种开式齿轮油	重负荷开式齿轮油，由矿物油加入高聚物和其他专门添加剂制成，具有较好的抗擦伤、抗腐蚀性和黏附性，有很好的耐水性、防锈性和极压性。用于特别重负荷条件下运行的齿轮。	CKM

2. 齿轮油的工作特点和性能要求

齿轮的润滑特点是齿间接触部位的面积小，接触压力很高，如载重机械的减速器齿轮的齿面应力可达400～1000MPa，车辆后桥的双曲线齿轮可达1000～3000MPa。齿轮咬合处的齿面摩擦以滑动摩擦为主，在重负荷时因摩擦生热，工作温度也比较高。这些原因都会引起齿面的擦伤、啮合和磨损，因而有些齿轮油的工作条件是十分苛刻的。为满足齿轮的润滑需求，要求齿轮油应具备以下性能特点。

① 合适的黏度。有足够的黏度保证在弹性流体动压润滑的条件下，形成足够厚的油膜，承受负荷，降低齿面的磨损，黏度也不能太大，不至于增加运动阻力。

② 有良好的抗磨和极压性能。齿轮油具备良好的极压性能可减缓齿面的磨损。

③ 热氧化安定性好。齿轮油的工作温度较高，良好的氧化安定性保证油品不易氧化变质。

④ 良好的防锈防腐蚀性能。腐蚀和锈蚀不仅破坏齿轮的几何学特点和润滑状态，而且腐蚀与锈蚀的产物会进一步引起齿轮油变质，产生恶性循环。

⑤ 消泡沫性能好。在运转中因激烈搅动而产生的泡沫能及时消除。

⑥ 抗乳化性好。在接触水分时不产生乳化，能防止酸性氧化产物和活性添加剂对金属的腐蚀和锈蚀。

⑦ 黏温性好。在寒区使用时要求低温流动性好。

3. 齿轮油的基础油和添加剂构成

齿轮油也是由基础油加添加剂构成的。基础油是矿物油或聚烯烃类合成油，添加剂除油性剂和极压剂两个主要品种之外，还有抗氧剂、防锈抗腐蚀剂、增黏剂、抗泡剂、抗乳化剂等。

对中负荷下工作的工业齿轮，在属于弹性流体润滑时，是依靠齿轮油的黏度在齿面间形成油膜而润滑的。黏度过低，油膜薄，易破裂而引起磨损；黏度过高，增加齿轮传动阻力而使动力消耗增加。在轻、中负荷齿轮油中只需少量极压剂就可以满足使用要求。

对重负荷下工作的工业齿轮和车用双曲线齿轮都属于边界润滑到极压润滑的范畴，齿面间不可能再保持连续的油膜，维持润滑作用的是外加的油性添加剂和极压添加剂。同时，应把含不同活性元素的载荷添加剂复合使用。此时，其载荷性能可超过同等量单剂使用时的水平，产生加合效应。

在选择齿轮油添加剂时尤其要注意各种添加剂作用之间的协调。载荷添加剂，尤其是极压剂原本就是活泼的化合物，在润滑油中使用时，对油品的腐蚀性和安定性有一定的副作用。在满足油品极压抗磨性能的基础上，在考虑载荷添加剂种类和加量时应减少其对油品腐蚀性的影响。同时，添加适当的防锈剂能提高防锈性能，T746 是较常使用的防锈剂之一。载荷添加剂和防锈剂由于都具有表面活性，还会对油品的抗乳化性能有影响。可通过调整这些添加剂并使用破乳剂来达到破乳化性指标。在齿轮油添加剂中通常还根据具体情况适当加入抗氧剂 T501 和消泡剂 T901。

(1) 车辆齿轮油的添加剂　车辆齿轮油的基础油可用聚烯烃合成油、半合成油或凝点较低的石油基基础油。

CLC(GL-3) 车辆齿轮油选择合适的防锈剂、少量的极压剂即可保证质量指标的合格。极压剂添加量为 2%～4%。

CLE(GL-5) 水平的车辆齿轮油，可采用含硫-磷-氯-锌型极压剂或含硫-磷型极压剂。硫-磷-氯-锌型极压剂主要由二烷基二硫代磷酸锌和氯化石蜡构成，硫-磷型极压剂主要由硫化烯烃和亚磷酸酯构成。油中含磷量小于 0.1%，极压剂总剂量为 6%～10%，再配合抗氧剂（如二巯基噻二唑）、破乳剂、消泡剂，就形成了 GL-5 油的完整配方。

CLD(GL-4) 油的配方为 GL-5 的添加剂量减半即可。

GL-6 水平的双曲线齿轮油，只有硫-磷型极压剂才能满足，且磷型极压剂的选择尤其重要。采用磷酸酯铵盐的硫磷型极压剂有良好的极压性能，可通过低速高扭矩试验（L-37）和高速冲击载荷试验（L-42），同时表现出良好的极压性能和热氧化安定性能，抗腐蚀性也较好。用剂量较大时可制备双曲线齿轮油，用剂量较小时则可生产极压工业齿轮油。GL-6 油中的极压剂总量达 10%～15%。

近年来，含硼添加剂的使用日益广泛，二烷基二硫代磷酸锌和硼酸酯加到 10%～20% 时，可达到 GL-5 水平。加硼酸酯-活性硫添加剂 8%～10%，也能符合 GL-5 油的要求。

表 5-29 是主要应用于载货车和公共汽车手动变速箱和后驱动桥的齿轮润滑油的原料配比。

表 5-29 齿轮润滑油的原料配比（质量配比）

原　料	1	2	3
硫化烯烃	64.1%	61.5%	65.8%
LAN203 二辛基二硫代磷酸锌碱式盐与磷酸三甲酚酯以 1∶1 的混合物	25.6%	—	—
硫磷酸复酯铵盐与硼化硫代磷酸酯铵盐以 1∶1 的混合物	—	25.6%	—
LAN203 二辛基二硫代磷酸锌碱式盐与酸性亚磷酸十二烷基酯以 1∶1 的混合物	—	—	26.3%
T102 有机磺酸钙	5.1%	7.7%	—
T406 苯三唑十八铵盐		2.6%	2.6%
LAN561 噻二唑	2.6%	2.6%	—
LAN152 双丁二酰亚胺	—	—	5.3%

表 5-29 的产品中，油性剂为油酸乙二醇酯或苯三唑胺或硫化棉籽油或它们的混合物；清净分散剂为双丁二酰亚胺或有机磺酸钙或它们的混合物。含硫极压抗磨剂是亚磷酸酯及其衍生物，或硫磷酸复酯及其衍生物，或磷酸酯及其铵盐衍生物，或硫代磷酸酯剂其铵盐衍生物，或二烷基二硫代磷酸锌及其衍生物，或它们任意组合物的混合物。较适宜的是酸性亚磷酸十二烷基酯，或硫磷酸复酯铵盐，或磷酸三甲酚酯，或硼化硫代磷酸酯铵盐，或硫代磷酸三丁酯，或异辛基酸性磷酸酯十八铵盐，或二辛基二硫代磷酸锌的碱式盐，或它们的混合物。金属钝化剂是噻二唑衍生物，抗氧剂是二壬基二苯胺类化合物，或将金属钝化剂和抗氧剂复配使用。

表 5-29 中的产品的主要特性是包括大量的矿物油和至少一种含硫极压、抗磨损剂，至少一种含磷极压、抗磨损剂，至少一种油性剂，至少一种清净分散剂，至少一种金属钝化剂和/或抗氧剂，至少一种降凝剂，至少一种抗泡剂，其质量符合中国中负荷车辆齿轮油（超 API GL-4）规格。

（2）工业齿轮油的添加剂

① 开式齿轮用润滑油。开式齿轮用润滑油，在齿轮运转中易被挤出或甩掉，因而要用黏附性强的油或脂。加入黏附剂、沥青或者（硫化）脂肪可提高油品的黏附性。基础油常用 100℃黏度 10～65mm²/s、苯胺点 34～90℃、黏度指数小于 0 的混合基或环烷基的润滑油料，黏度较小的用中性油，黏度较大的用光亮油，这样的油对沥青的油溶性较好。除沥青以外还可加入聚异丁烯、聚苯乙烯等黏度添加剂增加黏附性。调制抗氧防锈开式齿轮油还需加入少量的防锈剂和破乳剂。

表 5-30 是开式齿轮润滑油的原料配比。

表 5-30 开式齿轮润滑油的原料配比（质量配比）

原　料	1	2	3
合成烃油 PAO4	28	—	—
合成酯类油三羟甲基丙烷酯	—	28	—
烷基苯合成油	—	—	38
聚合菜籽油	50	—	—

续表

原　　料	1	2	3
聚合棉籽油	—	40	20
聚甲基丙烯酸酯	—	—	30
聚异丁烯	—	30	—
微粉石墨	—	4	—
胶体石墨	—	—	5
硼酸盐	—	—	7
乙基 HiTEC-343	—	5	—
美孚 G361	5	—	—
酚类抗氧剂 T501		3	—
硼酸盐	7	—	—
胺类抗氧剂二苯胺	2	—	1
石油磺酸钡	1	—	3
十二烯基丁二酸	—	2	—

表 5-30 中的产品各组分的质量配比范围是合成基础油 28%～38%、聚合植物油 20%～50%、辅助增黏剂 10%～30%、极压剂 8%～12%、抗氧剂 1%～3%、防锈剂 1%～3%。

合成基础油是指合成烃油、合成酯类油、聚异丁烯、烷基化芳烃油中的一种或几种的混合物。因为合成油的低温性能优异，所以保证了低温流动性能。

聚合植物油是指菜籽油、棉籽油、大豆油、葵花籽油、米糠油的聚合物中的一种或几种混合物。其特点是黏度大、黏性好、黏度指数高，而且具有良好的润滑性能，能够在金属表面上有很强的吸附力，黏度对温度不敏感，油膜厚度大，油膜强度高，加入几种即起增黏作用又有油性和极压抗磨性能，可改善摩擦表面的润滑状况。

辅助增黏剂是指聚甲基丙烯酸酯、乙丙共聚物、聚丙烯酸酯、丁二酰亚胺乙丙共聚物、无规聚丙烯、聚异丁烯等物质中的一种或几种的混合物。

极压剂是指石墨、二硫化钼、有机硫化物、有机磷化物、有机氯化物、硼酸盐、美孚添加剂 G631、乙基添加剂 HiTEC-343 等物质中的一种或几种的混合物。

抗氧剂是指胺类抗氧剂或酚类抗氧剂中的一种或几种混合物。

防锈剂是指十二烯基丁二酸、石油磺酸钡中的一种或两种的混合物。

该产品低温流动性好，可满足低温下泵送或喷射的使用需求；因为没有溶剂稀释，不堵喷嘴，避免了清洗喷嘴的麻烦；黏性好、不甩油，聚合植物油和辅助增黏剂起到了增强黏性的作用；聚合植物油和极压剂共同作用，提高了油膜强度，增强了润滑性能；油膜厚度大，抗水冲刷性明显提高；黏性好、油膜厚度提高了防护性能，如防腐蚀性和防锈性；适应性广，改变增黏剂的含量，可分别适应喷射和涂刷的要求。

② 闭式齿轮用润滑油。普通工业齿轮油对极压性能没有特殊要求，而中、重负荷工业齿轮油的极压性能是最重要的。中、重负荷齿轮油基础油是由光亮油和中性油调制而成的。当今工业齿轮油所用的极压剂是硫磷型极压剂。大部分硫磷型极压工业齿轮油中的硫化物来自硫化油脂（由植物油、动物油、合成酯、烯烃单独硫化和混合硫化而制得），磷来自磷系化合物，如用二烷基二硫代磷酸锌和硫化苄等极压剂可制成重负荷的工

业齿轮油。硫-磷系极压剂的齿轮油热安定性和抗氧化安定性及抗乳化性能良好，但也有生成黑色油泥和防锈性不好、腐蚀铜制部件的缺点，通过添加抗氧化清净剂、防锈防腐蚀剂得以解决。中负荷齿轮油的极压剂加量约为2%，重负荷齿轮油的极压剂加量约为4%。

③ 涡轮蜗杆油。涡轮蜗杆的咬合部分主要为滑动摩擦，而且滑动速度大，摩擦损失也大，对润滑油性能要求较高。既要求润滑油必须有浸润并黏附齿面的性能，还要能解决磷青铜-钢之间的润滑。一般使用含5%～10%油脂或油性添加剂的涡轮蜗杆润滑油。载荷添加剂对铜表面的吸附力比钢表面大，涡轮蜗杆油所用的载荷添加剂主要起减摩作用。含硫氯的极压剂对涡轮蜗杆油几乎无效，反而使磨损增加；活性硫极压剂对青铜有腐蚀作用，不宜使用；磷系极压剂或磷-油脂系复合物是涡轮蜗杆油较好的极压剂。根据具体情况，也有的用含3%～5%的蓖麻油、含1%～2%油酸的油性添加剂或含2%～5%磷酸酯或磷酸盐的添加剂，也有加入10%的氧化菜籽油及1.5%三甲苯基磷酸酯的。

二、在内燃机油中的应用

内燃机油是润滑油中最主要的品种，其产量几乎要占到润滑油总量的一半，并且属于技术密集、产品更新换代速度快的一类。随着机械制造和汽车行业水平的不断提高，与之配套使用的润滑油的质量也要相应地不断提高。

内燃机油包括汽油机油、柴油机油、活塞式航空发动机油、二冲程汽油机油、船用发动机油和铁路机车柴油机油等。以下重点介绍汽油机油和柴油机油，这两种润滑油是工业和交通运输业应用最多的。

1. 内燃机的工作特点和使用性能要求

内燃机油中除了二冲程汽油机外，都是循环使用的油品，换油期较长，其质量优劣关系到发动机内各部件的润滑、密封和冷却状况，从而影响发动机的功率、使用寿命和燃油的消耗。

（1）内燃机的工作特点　汽油机油和柴油机油的工作环境有如下特点。

① 温度高、温差大。内燃机的温度直接受燃料燃烧和摩擦所产生的热量的影响。内燃机运行时各工作区的温度都较高，如活塞顶部、气缸盖和气缸壁，温度大约在250～300℃之间；活塞前部温度大约在110～150℃之间；主轴承、曲轴箱油温约在85～95℃之间，尤其在曲轴箱变小条件下，油温可高达120℃左右。另外，在冬季条件下的冷启动温度较低，内燃机的运行温度和环境温度差别较大。

② 运动速度快。内燃机曲轴转速多在1500～4800r/min，活塞的平均线速达8～10m/s，在摩擦表面形成润滑油膜十分困难。再加上润滑油被燃料稀释，使气缸壁与活塞之间经常处于边界润滑状态，严重时会导致摩擦表面的黏结和烧结现象。

③ 负荷重。现代内燃机的功率高，因而运动摩擦副受的负荷很大，如连杆轴承负荷为7.0～24.5MPa，而主轴承负荷为5.0～12.0MPa。有时连杆轴承还要承受冲击负荷。

④ 受环境因素的影响大。内燃机在进气冲程吸入的大气尘埃和燃料燃烧生成的废气、固态物质及润滑油氧化生成的积炭、漆膜和油泥等沉积物，都会加速摩擦表面的磨损与腐蚀，而影响零部件的使用寿命。

（2）内燃机的使用性能要求　针对以上内燃机的工作特点，对内燃机油的主要性能要求如下：

① 适当的黏度和良好的黏温性能。对于一般负载的内燃机，内燃机油在100℃条件下的黏度以10mm²/s、黏度指数在90以上为宜。若黏度过低，则摩擦副得不到良好润滑，而产生磨损。如黏度在6mm²/s以下（含有增黏剂，在4.5～6mm²/s）时，则连杆轴承磨损明显增加。若黏度过高，低温冷启动困难，泵送性变差，功率损失增加，甚至产生干摩擦。为适应内燃机工作温度范围广的工作需要，内燃机油不仅需具有适当的黏度，而且必须具有良好的黏温性能。

② 较强的抗氧化能力和良好的清净分散性。内燃机油在发动机工作温度下，由于金属的催化作用和高温，产生氧化、聚合、缩合等反应物，如酸性物质、漆膜、油泥和积炭等，这些物质会使油品的润滑性变差，甚至丧失；同时由于漆膜和积炭的生成，不仅使发动机气缸过热，活塞环密封性下降，而且使发动机的功率损失增大。为使润滑油具有抑制氧化的能力，要选择适宜的基础油和添加剂，以提高其抗氧化安定性。

内燃机油应具有良好的清净分散作用。使氧化产物在油中处于悬浮分散状态，不致堵塞油路、滤清器及聚结在发动机的高温部位继续氧化而生成漆膜、积炭，导致活塞环黏结、磨损加剧，直至发动机停止运转。为此，内燃机油中都加有金属清净剂和无灰分散剂，以提高其清净分散性能。

③ 良好的抗磨性能。内燃机的轴承负荷重及气缸壁上油膜的保持性很差，这就要求内燃机油具有良好的油性和极压性能。通常内燃机油中都加有抗磨剂和油性剂或极压添加剂。

④ 良好的防腐蚀性能。现代内燃机的主轴承和曲轴轴承，均使用机械强度较高的耐磨合金，如铜铅、镉银、锡青铜或铅青铜等。由于油品含有的或在氧化过程中或燃料燃烧过程中生成的酸性物质，对这些合金有很强的腐蚀作用。为此，要求在油品中添加抗氧抗腐剂，以阻止氧化的进行及中和已经形成的有机酸和无机酸。

2. 内燃机油分类

我国内燃机油的分类，采用国际上通用的SAE黏度分类和API性能分类。表5-31列出一些已有内燃机油类别及牌号。

表5-31 内燃机油类别及牌号

分类方法	名　称	牌号(分级)
黏度分类(牌号)	单级油	20、30、40、50
		0W、5W、10W、15W、20W、25W
	多级油	5W/10、5W/20、5W/30、5W/40、5W/50、10W/20
		10W/30、10W/40、10W/50、20W/30、20W/40、20W/50
性能分类(分级)	汽油机油	SA、SB、SC、SD、SE、SF…
	柴油机油	CQ、CB、CC、CD…
	船用柴油机油	ZA、ZB、ZC、ZD…

(1) 内燃机油黏度分级　黏度分级是内燃机油的牌号划分。过去我国采用前苏联标准，以100℃时的运动黏度来划分牌号。1980年，我国废除了原来的划分方法，采用国际上通用的美国汽车工程师学会（SAE）的黏度分级法，见表5-32。表中有两组黏度级数，一组后附字母W，一组未附。前者规定了最高低温黏度、最高边界泵送温度和100℃时的最低黏度；后者只规定了100℃时的黏度范围。

表 5-32 美国汽车工程师学会（SAE）单级内燃机油黏度分级

SAE黏度级数	最高低温黏度		最高边界泵送温度/℃	100℃运动黏度/(mm^2/s)	
	mPa·s	温度/℃		最小	最大
0W	3250	−30	−35	3.8	—
5W	3500	−25	−30	3.8	—
10W	3500	−20	−25	4.1	—
15W	3500	−15	−20	5.6	—
20W	4500	−10	−15	5.6	—
25W	6000	−5	−10	9.3	—
20	—	—	—	5.6	9.3
30	—	—	—	9.3	12.5
40	—	—	—	12.5	16.3
50	—	—	—	16.3	21.9

为了克服单级油的地区限制和季节限制这一缺点，最大限度地节约能源，SAE设计了一种适用于较宽地区范围和不受季节限制的多级油。多级油能同时满足多个黏度等级的要求，故多级内燃机油是一种黏温性能好，工作温度宽，节能效果明显的润滑油。

规定多级内燃机油的级号，用带W和不带W的两个级号组成，共分12个级号，见表5-33。它们的低温黏度和边界泵送温度符合寒区和冬季W级要求，而100℃黏度则在夏用油的范围。如10W/30不仅能满足10W级的要求，在寒区和冬季使用，也能满足30级的要求，在非寒区和夏季使用，另外还能满足10W至30间其他等级的要求。所以说，多级油是一种节能型润滑油。试验资料表明，使用10W/30油比使用30油节约燃油5%～10%。

表 5-33 SAE多级内燃机油黏度分级

SAE黏度等级	5W/10	5W/20	5W/30	5W/40	5W/50	10W/20
SAE黏度等级	10W/30	10W/40	10W/50	20W/30	20W/40	20W/50

多级内燃机油与单级内燃机油主要区别在黏温特性，多级内燃机油黏度指数一般大于130，而单级内燃机油黏度指数一般为75～100。

(2) 内燃机油性能分类　内燃机油的性能分类主要涉及对不同发动机性能的适应性，即内燃机油质量等级。采用美国由美国石油学会（API）、美国汽车工程师协会（SAE）及美国材料试验学会（ASTM）三家共同制定的标准，并纳入SAE标准。共同提出了SAE J183发动机油性能及使用分类，把车用发动机油分为两类：汽油机油（加油站供售用油Service station oil），用S字头表示；柴油机油（商业用油Commercial oil），用C字头来代表。

中国根据SAE J183分类标准于1989年提出了GB 7631.3—89内燃机油分类标准，根据特性、使用场合和使用对象将车用发动机油分为：

汽油机油：EQB、EQC、EQD、EQE、EQF，其质量水平分别与API的SB、SC、SD、SE、SF对应。

柴油机油：ECA、ECB、ECC、ECD，其质量水平分别与API的CA、CB、CC、CD、对应。

二冲程汽油机油：ERA、ERB、ERC、ERD，其质量水平分别与API的TA、TB、

TC、TD对应。

1995年发布的GB 11121—95汽油机油国家标准将汽油机油的代号由EQ系列改为S系列，并分为SC、SD（SD/CC）、SE（SE/CC）、SF（SF/CD）等质量等级。柴油机油仍为C系列，但读音改为英文字母“C”。

（3）二冲程汽油发动机油　按发动机结构原理的不同，汽油发动机分为二冲程和四冲程两大类。这两类发动机使用的发动机润滑油也对应有所区分，在油品的外包装上均有明确的文字说明或符号标示。如2T或2-T标示，即表明该油品为二冲程机油；4T或4-T标示，则表示该油品为四冲程机油。这是很容易区分和识别的。

对于二冲程发动机，要选用二冲程的机油，四冲程发动机则要选用四冲程机油。使用中应注意，一定要严禁两类油品的互换代用。这是因为这两类油品在上述两类发动机中使用所起的作用并非完全相同所致。

在四冲程发动机中，机油的主要作用是零件的润滑。而在二冲程发动机中，机油的作用不仅是零件的润滑作用，而且还直接参与油气的燃烧。机油基础油中重质组分的燃烧必将带来结胶、积炭，而使发动机的运转可靠性下降，故而对二冲程机油的要求中，高温润滑性、燃烧清净性尤为重要。考虑到燃烧积炭会增加磨损及分离润滑对低温流动性的要求，往往还需要加入减摩剂、降凝剂。

四冲程发动机机油由于是循环使用的，一旦机油在油底壳中受到燃气及汽油的稀释和污染，防止低温油泥生成的分散剂就显得很重要；循环使用的防止高温氧化问题也很重要。

故而二冲程与四冲程机油中，功能添加剂的出发点是不同的。因此，由于基础油和添加剂的不同，四冲程机油与二冲程机油的互换代用将会带来一系列发动机运转问题及可靠性问题。

二冲程机油共分两个黏度级别，即SAE20、SAE30。对于分离润滑、寒区使用及超轻负荷二冲程发机多采用SAE20，以保证供油系统的流动性及适当厚度的摩擦面油膜，其他情况多选用SAE30级别。

二冲程机油的品质级别按GB 7631.3—89的规定，按汽油机使用场合和特性分为ERA、ERB、ERC、ERD四个级别，见表5-34。表5-34中所列四个品质等级分别与现行的由API、SAE、ASTM和CEC（欧洲协调委员会）共同努力在过去分类基础上于1985年提出的二冲程汽油机机油使用性能分类国际标准中的TSC-1、TSC-2、TSC-3、TSC-4四个品质等级对应。

现在二冲程发动机机油原则上按照JASO（Japanese Automobile Standards Organization）为标准，分为FA、FB、FC、FD等级，用于风冷摩托车发动机。

表5-34　二冲程汽油机油标准及使用要求

中国	JASO	API	特性和使用
ERA	FA	TA	用于缓和条件下工作的小型风冷二冲程汽油机。具有防止发动机高温堵塞和活塞磨损的性能，另外还能满足发动机其他的一般性能要求
ERB	FB	TB	用于缓和至中等条件下工作的小型风冷二冲程汽油机。具有防止发动机活塞磨损和燃烧室沉积物引起提前点火的性能
ERC	FC	TC	用于苛刻条件下工作的小型至中型的风冷二冲程汽油机，具有防止高温活塞环黏结和由燃烧室沉积引起提前点火的性能，另外还能满足发动机其他的一般性能要求
ERD	FD	TD	

（4）四冲程汽油发动机油　四冲程汽油机油就是常用S系列汽油机油。我国根据SAE J183标准，制定了中国内燃机（发动机）油性能和使用分类GB/T 7631.3—1995，其中汽油机油性能和使用试验分类见表5-35。

表5-35　汽油机油性能和使用试验分类（GB/T 7631.3—1995）

品种代号	特性和使用场所
SA	已废除
SB	已废除
SC	用于货车、客车汽油机和其他汽油机以及要求使用API SC级油的汽油机，可控制汽油机高、低温沉积及磨损、锈蚀和腐蚀
SD	用于货车、客车和某些轿车的汽油机以及要求使用API SC、SC级油的汽油机，此种油品控制汽油机高、低温沉积物，磨损、锈蚀和腐蚀性能优于SC，并可代替SC
SE	用于轿车或某些货车的汽油机以及要求使用API SE、SD级油的汽油机，此种油品的抗氧化及控制汽油机高温沉积物，锈蚀和腐蚀性能优于SD或SC，并可代替SD或SC
SF	用于轿车或某些货车的汽油机以及要求使用API SF、SE、SD级油的汽油机，此种油品的抗氧化及抗磨损性能优于SE，还具有控制汽油机沉积、锈蚀和腐蚀性能，并可代替SE、SD或SC
SG	用于轿车、货车和轻型卡车的汽油机以及要求使用API SG级油的汽油机，SG质量还包含CC(或CD)的使用性能。此种油品改进了SF级油控制发动机沉积物、磨损和油的氧化性能，具有抗锈蚀和腐蚀性能，并可代替SF、SF/CD、SE或SE/CC
SH	用于轿车和轻型卡车的汽油机以及要求使用API SH级油的汽油机，SH质量在汽油机磨损、锈蚀、腐蚀及沉积物控制和氧化方面优于SG，并可代替SG

由表5-35可看出，SF级汽油发动机油性能要求较严格，其质量等级也较高。

（5）柴油发动机油　表5-36列出我国柴油发动机主要性能与评价方法

表5-36　我国柴油发动机主要性能与使用试验分类（GB/T 7631.3—1995）

分级	主要性能要求
CA	已废除
CB	已废除
CC	用于中及重负荷下的非增压、低增压或增压式柴油机，包括一些重负荷下的汽油机。对于柴油机具有控制高温沉积物和轴瓦腐蚀的性能；对于汽油机具有控制锈蚀、腐蚀和高温沉积物的性能
CD	用于需要高效控制磨损及沉积物或使用包括高硫燃料非增压、低增压或增压式柴油机以及国外要求使用API CD级的柴油发动机，具有控制轴承腐蚀和高温沉积物的性能，可代替CC级油
CD-Ⅱ	用于需要高效控制磨损及沉积物的重负荷二冲程柴油机以及要求使用API CD-Ⅱ级油的发动机，同时满足CD级油性能要求
CE	用于低速高负荷和高速高负荷条件下运行的低增压和增压式重负荷柴油机，以及要求使用API CE级油的发动机，同时满足CD级油性能要求
CF-4	用于高速四冲程柴油机及要求使用API CF-4级油的柴油机。在油耗和活塞沉积物控制方面优于CE，并可代替CE，此种油品特别使用于高速公路行驶的重负荷卡车

3. 内燃机油的基础油和添加剂构成

内燃机油的工作条件十分苛刻，对它提出的性能要求又是多方面的，仅以烃类为主的矿物油无法提供多方面的功能，不能满足使用要求，必须加入适当的添加剂。

（1）内燃机油的基础油　内燃机的基础油有矿物油和合成油两种，为满足内燃机油的黏度、黏度指数和低温性能的要求，应选用适宜的基础油。基础油一般选黏度较小的，可较好地保证低温性能。但基础油的黏度不能太小，若基础油的黏度太小，则黏度指数改进剂量加得太多，必然造成成本上升，同时蒸发损失和闪点指标也难以合格。对于10W/30油可用75SN∶150SN=1∶9为基础油，15W/40可用500SN∶150SN=(8～9)∶(2～1)为基础油。

在我国基础油多属于APIⅠ类油，国内APIⅡ类油生产和应用尚属起步阶段，高档的内燃机油选择APIⅡ类油为基础油更好。Ⅱ类油对于抗氧剂的感受性好，且比Ⅰ类油黏度增长慢。在使用同一配方条件下，Ⅱ类油的杂质的分散能力好，在类似VG的试验中产生较少的油泥和漆膜。Ⅱ类油另一优势在其优良的挥发性能，有助于达到GF-3中Noack蒸发试验的15%的挥发极限。APIⅡ类油用于重负荷发动机油时，在Mack T-8烟炱增稠试验、Cummins M-11高烟炱试验中对分散剂的感受性明显优于Ⅰ类油。适应了为减少日益增多的由燃烧产生的烟炱，重负荷发动机油所需的高分散能力。

可用于内燃机油的合成油有聚α-烯烃、双酯、多元醇酯等。合成油因具有优良的热稳定性和低温性能、黏度指数高、挥发性低而优于矿物油，但其价格昂贵，多用于矿物油无法满足的特殊油品，如航空润滑油等。有时也采用由矿物油与合成油两者按适当比例搭配后的半合成油作基础油。

(2) 内燃机油的添加剂　根据内燃机油的性能要求，添加剂主要有清净剂分散剂、抗氧抗腐剂、黏度指数改进剂、降凝剂、摩擦改进剂、极压抗磨剂、抗泡沫剂等。

① 清净分散剂。柴油机油的清净分散性侧重于中和燃烧时生成的SO_2和SO_3，防止在露点下与水化合生成硫酸或亚硫酸引起腐蚀，要求清净分散剂的碱性和中和能力较强。故而采用的添加剂是3%～10%的高碱性磺酸盐（碱值300～400mgKOH/g），或加10%～20%的烷基水杨酸钙。高碱性磺酸钙灰分过高，因而在其后混用或改用了单位质量中灰分较少的磺酸镁盐。近年来清净分散剂常用高碱性酚盐。

无灰清净分散添加剂用琥珀酰亚胺或琥珀酸酯，还有用分散型黏度指数添加剂。

金属盐型清净分散剂对抑制汽油机油高温运转油泥的生成和柴油机油的漆膜积炭的清洗有较好的作用。但对汽油机低温运转的油泥生成，如市内时开时停的汽油机，则抑制作用不大，因而对于汽油机油要同时加对抑制低温油泥生成作用较大的无灰分散剂。

调制多级油时，由于使用了黏度指数改进剂，应当相应地增加清净分散剂的用量。

② 抗氧抗腐剂和极压抗磨剂。内燃机油中常使用的添加剂ZDDP是抗氧抗腐和极压抗磨双效添加剂。其中仲烷基ZDDP的抗氧性和抗磨性均能满足内燃机油的要求。为防止动阀系的磨损，ZDDP的加量必须达到油含锌量0.05%以上，SF级油的含锌量要求达0.12%。同时铅铜轴会承受硫系添加剂的腐蚀而产生磨损，油含硫量在0.005%～0.02%内对铅铜轴承的影响较小。

由于磷对汽车尾气净化装置的催化剂有毒害作用，为防止催化剂中毒，油中的磷含量必须控制在0.06%或0.09%以下。调制符合这一要求的内燃机油应以二烷基二硫代氨基甲酸锌替代ZDDP。

③ 黏度指数改进剂。内燃机油使用的黏度指数改进剂一般选用乙烯丙烯共聚物(OCP)。黏度指数改进剂的选择应从其增稠能力、剪切安定性、低温性能和氧化安定性四个方面来考虑。从增稠能力来看，OCP优于聚异丁烯（T603），T603的100℃黏度约为OCP的一半，用T603稠化到同一黏度的用量比OCP大。虽然OCP的价格较高，但添加T603的成本仍比添加OCP高。从剪切安定性看，OCP和T603较好，而国产的T602较

差。在低温性能方面，T602（聚甲基丙烯酸）最优，OCP次之，T603最差。另外，OCP的氧化安定性也是较好的。综合以上四方面的性能，OCP用于内燃机油可满足要求。

④ 降凝剂。为保证内燃机油的低温性能和油品质量指标中的凝点要求，使用降凝剂是有效而又简捷的方法。降凝剂应选择T803（聚烯烃），或T803与T602（降凝型）复合使用，绝不能使用T801。

⑤ 消泡剂。消泡性能是从低档内燃机油到高档内燃机油的必须具有的性能，广泛采用加入1～10μg/g的甲基硅油，可有效地减少泡沫生成量，并使泡沫易于破裂。

⑥ 添加剂总剂量。现今国外低档SB/CC级油中含氮量已到0.04%（质量分数）的无灰清净分散剂，同时加入磺酸钙和烷基酚钙，使碱值达到3.8mgKOH/g，并加入0.9%（质量分数）的二烷基二硫代磷酸锌抗氧化、抗腐蚀、抗磨损添加剂。SG油含氮量平均为0.13%，含硫量0.97%，含磷量0.09%。API规格CD级的内燃机油，也是由无灰清净分散剂和金属盐型清净分散剂复合调制的。一般SD级油，加无灰剂3%和有灰剂4%，含锌量0.06%；SE级油为加无灰剂和有灰剂各5%，含锌量0.08%；CC级油为含锌1.2%，硫酸盐灰分1.2%；CD级油含锌0.1%，硫酸盐灰分1.7%；CE级油含锌0.1%，硫酸盐灰分仍保持约1.7%的水平，而抗氧型无灰剂含量增加且质量提高；CH级油硫酸灰分降至低于0.4%；1997年新制定了SJ级低灰分、低磷的节能环保型高档内燃机油。

国内SB级汽油机油采用的配方：T108 2.5%，T202 0.5%，T801＜1.0%，T901 10μg/g。QC级油有T109方案和T106方案两种。T109方案在SB级汽油机油的基础上调整了T108和T202，加入了T109和T155，总加剂量为5%。T106方案以T106和T106为清净分散剂，适当调整T202的用量使总剂量为6%。SD级油若以水杨酸盐为主清净剂，总加剂量为7%；以磺酸盐、硫化烷基酚钙为主清净剂，总剂量小于7%。

CA级柴油机油多采用T108方案：T108 2.8%，T202 0.7%，T901 5μg/g；也可采用磺酸盐方案，T105、T155、T202和T901的总剂量为2.05%。CC级油的水杨酸盐添加剂配方总剂量8%，磺酸盐添加剂配方总剂量不到8%。CD油的总剂量在8%～12%。水杨酸盐型油和磺酸盐型油不能在同一内燃机里混用，否则易产生沉淀，影响使用。

在选择添加剂时应注意与基础油的配伍性，不同来源的基础油与相同的添加剂调配时，也有可能产生性能不同的油。以石蜡基和中间基原油生产出的基础油对添加剂的感受性的差别较大，此时必须调整配方达到内燃机油的性能要求。

几种不同的添加剂同时加入油品中，它们相互间会产生一些影响，最终对改善油品性能可能是增效的，也可能是减效的，所以在几种添加剂同时使用时要注意它们之间的配伍性。复合添加剂是选择几种相互之间有协和增效作用的品种，以优化的配比构成的一种可直接供调合油品用的添加剂产品，如目前常用的汽油机油复合剂、柴油机油复合剂、通用机油复合剂等。这类复合剂的配方成熟、性能稳定、效果可靠，总剂用量也可以减少。以兰州石化公司生产的CC级复合剂6.2%～6.3%即可调制出CC级油，以CD级复合剂7.8%可调制出CD级油。

表5-37是汽油发动机润滑油的原料配比。

表5-37中产品的各组分配比（质量配比）范围为：基础油69.5%～92.4%、分散剂4.7%～6.1%、清净剂2.7%～5%、抗磨剂1.5%～2%、抗氧剂烷基化二苯胺0.5%～0.6%、噻二唑衍生物0.4%～0.6%、光亮油12%～15%、黏度油7%～9%、降凝剂0.7%～0.9%、抗泡剂0.001。其中所用的基础油为150SN、350SN、500SN等；分散剂包

括丁二酰亚胺3.2%～3.6%、丁二酸酯1.3%～2.5%；清净剂包括水杨酸钙或水杨酸镁1.4%～5%、磺酸钙0.8%～1.2%、硫化烷基酚钙0.5%～1%；抗磨剂为二戊基二硫代氨基甲酸锌，也可以为二戊基二硫代氨基甲酸的碱金属或碱土金属盐，优选为锌盐；黏度油可以为加氢-苯乙烯-双烯聚合物；降凝剂可以为长链烷基萘、长链烷基酚、聚甲基丙烯酸十二烷基酯、聚丙烯酸酯；抗泡剂可以为饱和醇、脂肪酸和其酯类（如磷酸三丁酯、邻苯二甲酸二乙酯）、高级脂肪酸金属皂、硫化油和有机硅油。

表5-37 汽油发动机润滑油的原料配比（质量配比）

原料		1	2	3	4	5
基础油		88.9	91.3	92.4	74.9	69.5
分散剂	丁二酰亚胺	3.6	3.2	3.6	3.6	3.6
	丁二酸酯	2.5	1.5	1.3	1.4	1.5
清净剂	水杨酸钙	5	1.8	—	—	—
	水杨酸镁	—	—	1.4	1.5	1.3
	磺酸钙	—	1.2	0.8	1.2	1.2
	硫化烷基酚钙	—	1	0.5	1	0.8
二戊基二硫代氨基甲酸锌		—	—	—	2	1.5
烷基化二苯胺		—	—	—	0.6	0.5
2,5-二巯基-1,3,4-噻二唑衍生物		—	—	—	0.6	0.4
聚甲基丙烯酸酯		—	—	—	—	8
聚甲基丙烯酸十二烷酯		—	—	—	—	0.8
光亮油		—	—	—	15	12
磷酸三丁酯		—	—	—	—	0.001

发动机采用该润滑油能大大降低使用过程中油泥的生成量，并且能长时间稳定地发挥作用，对发动机有良好的维护作用。

三、在液压油中的应用

液压系统是以液体为工作介质进行能量传递和控制运动方向的机械装置，广泛应用于工业、农业、建筑业和交通运输的机械设备中。工作液体多为石油系液压油，若用于明火或高温环境下，则应选用合成油或水-油乳化液、水-乙二醇溶液。

1. 液压油的工作特点和性能要求

液压系统由油箱、泵、控制阀门、导管和传动机构组成。除要求液压油传递压力和能量之外，还要减轻泵、阀门等运动部件的摩擦和磨损，减少流体的泄漏，并保护金属表面不受锈蚀。为使能量传递做到准确、灵敏，机器运行和控制有最佳效率，人们对液压油的使用性能提出了以下多方面的要求。

（1）黏度　黏度低可以减少摩擦和油管的压力损失，但也必须有适当高的黏度，以提供满意的润滑和减少泄漏。

（2）黏温性能　为保证启动顺利，液压油启动时的黏度不能太大。但由于液压系统启动以后温度发生变化，特别是户外工作机械的液压系统，启动前后的温差很大。为了能在很宽的温度范围内保持合适的黏度，要求油品有高的黏度指数。在室内工作的机械，液压系统正常工作温度在 50～60℃，黏度指数在 75 以上已能满足要求，而对于工作温度宽的航空液压油，则要求黏度指数达到 130～180。

（3）剪切安定性　液压油在实际应用中，通过泵、阀件和微孔等元件时，所受剪切速率一般达 10^4～$10^6 s^{-1}$。在高剪切速率下，含黏度指数改进剂的液压油的黏度易下降。液压油在高剪切速率下黏度的暂时降低同样能使液压油的泄漏损失增加，还会影响润滑特性及其他工作性能。除暂时性的黏度降低外，还会发生永久性的黏度降低。为防止液压油黏度暂时降低过多，应尽量减少黏度指数改进剂的用量。

（4）润滑性　液压油不仅是液压系统中传递能量的工作介质，而且也是润滑剂。为了使系统中各运动部件磨损尽量减小，液压油应具有良好的润滑性能。特别在启动和停车时，可能处于边界润滑状态，所以液压油还需满足在边界润滑条件下保证润滑的要求。良好的润滑性还可防止启动或低速运转时产生“爬行”现象。

（5）与密封材料的适应性　液压油与各种与它接触的材料之间互不发生损坏和显著影响的性质称为与材料的适应性或相容性。一般来说，实际存在的突出问题是液压油对液压系统密封材料的影响。因为液压油在工作部件中操纵活动部件运动时，活动部件与筒体之间全靠密封圈来密封，既要保证活动部件运动自如，又要保证不漏油。如果密封不良，会引起漏油或混入空气。

液压系统比较普遍采用橡胶密封件，有的还采用尼龙、塑料、皮革等其他密封材料。选用液压油时，应考虑与系统密封材料的适应性，如果与密封材料不适应则不能使用。

对于用橡胶作密封材料的液压系统来说，要求液压油不侵蚀橡胶，不使其过分溶胀，也不允许收缩或硬化，以免降低其机械性能。为保证可靠地进行密封，橡胶密封件与液压油接触后，应有适当、恒定的膨胀值，膨胀后应对其机械性能和尺寸稳定性无不良影响。

为检验液压油与橡胶的适应性，通常在一定温度下，将橡胶浸泡在液压油中，经过一定时间后，测定橡胶膨胀或溶解程度以及硬度的变化。如果这些变化在允许范围内，则这种材料和液压油是相适应的。轻微的变化不仅是允许的，而且常常是必要的。一般规定橡胶的膨胀度小于 25%为宜。

天然橡胶不耐油，石油基液压油对一般橡胶的膨胀作用，主要是其中的芳香烃或无侧链的多环环烷烃引起的，因为它们最容易极化并与橡胶的极性基相互作用。油品中芳香烃的含量可从苯胺点的高低反映出来，苯胺点较高的油品芳香烃含量较少，对橡胶的溶胀性低。不同液压油基础油与橡胶的适应性见表 5-38。

表 5-38　不同液压油基础油与橡胶的适应性

基础油	矿物油	水-乙二醇	磷酸酯	双酯	硅油	聚乙二醇	氟油
相适应的橡胶	丁腈橡胶、氯丁橡胶、硅橡胶、氟橡胶、丙烯腈橡胶、丙烯酸酯橡胶等；不能用天然橡胶和丁基橡胶（油包水乳化液与橡胶的适应性同矿物油）	天然橡胶、氯丁橡胶、丁腈橡胶、丁基橡胶、硅橡胶、氟橡胶、乙丙橡胶等	丁基橡胶、硅橡胶、氟橡胶等	丁腈橡胶、硅橡胶、氟橡胶	氯丁橡胶、氟橡胶	丁腈橡胶	硅橡胶

（6）清洁度　液压油中有机械杂质进入液压系统后，容易引起液压元件工作表面的破坏，从而使液压元件的寿命大大缩短。为了保证液压系统的正常工作，提高液压元件的寿命，进入液压系统的液压油必须十分清洁，不允许含有超过限度的固体颗粒和其他脏物。特

别是对于应用电液伺服阀的高度自动化的液压装置，由于伺服阀里的滑阀间隙仅 2～5μm，这对液压油的清洁度提出了更高的要求。随着液压系统的工作压力越来越高，对液压油清洁度的要求越来越严，除了控制机械杂质的数量外，还提出控制杂质颗粒直径的要求。

液压油中混入水分，除了对于矿物油的影响与其他润滑油相同以外，对于用硅酸酯或磷酸酯作基础油的液压油，会发生水解，产生相应的酸，腐蚀金属零件。因此，要求液压油中应无水分。

(7) 空气释放特性和抑制泡沫生成的能力　油中分散的细微气泡聚集成较大的气泡，而又不能及时从油中释放出去时，会形成气穴。气穴出现在管道中会产生气阻，妨碍液压油的流动，严重时会使泵吸空而断流。气穴还会降低液压系统的容积效率，并使系统的压力、流量不稳定而引起强烈的震动和噪声。当气穴被油流带入高压区时，气穴受到压力的作用，体积急剧缩小甚至溃灭。气穴溃灭时，周围液体以高速来填补这一空间，因而发生碰撞，产生局部高温、高压。局部压力升高能达 10～100MPa。如果这种局部液压冲击作用在液压系统零件的表面上，会使材料剥蚀，形成麻点。这种由于气穴消失在零件表面产生的剥蚀现称为气蚀。为了减少液压系统中发生的气穴和气蚀现象，要求溶解和分散在油中的气泡应尽快地从油中释放出来，即要求液压油应具有较好的空气释放性。

(8) 水分离特性和防锈性能　液压油还应该有良好的水分离特性和优良的防锈性能。

2. 液压油的分类

液压油的分类方法诸多，如按液压油的组成、用途、性能、使用温度、使用压力等，国际标准化组织（ISO）于 1982 年提出了《润滑剂、工业润滑油和有关产品——第四部分 H 组》分类，即 ISO 6743/4—1982。我国 1987 年颁布的“润滑剂和有关产品（L 类）的分类第二部分：H 组（液压系统）”（GB 7631. 2—87），等效采用了 ISO 6743/4—1982。目前我国液压油的最新国家标准为 GB/T 7631. 2—2003，将 H 组产品分为液体静压系统用工作介质和流体动力系统用工作介质两部分。

(1) HH 液压油　HH 液压油是一种不含任何添加剂的矿物油。这种油虽已列入分类之中，但在液压系统中已不使用。因为这种油安定性差、易起泡，在液压设备中使用寿命短。

(2) HL 液压油（也称通用型机床工业用润滑油）　HL 液压油是由精制深度较高的中性基础油，加抗氧和防锈添加剂制成的。HL 液压油按 40℃运动黏度可分为 15、22、32、46、68、100 共六个牌号。

HL 液压油主要用于对润滑油无特殊要求，环境温度在 0℃以上的各类机床的轴承箱、齿轮箱、低压循环系统或类似机械设备循环系统的润滑。它的使用时间比机械油可延长一倍以上。该产品具有较好的橡胶密封适应性，其最高使用温度为 80℃。

(3) HM 液压油（抗磨液压油）　HM 液压油是从防锈、抗氧液压油基础上发展而来的，它有碱性高锌型、碱性低锌型、中性高锌型及无灰型等系列产品，它们均按 40℃运动黏度分为 15、22、32、46、68、100、150 共七个牌号。

抗磨液压油主要用于重负荷、中压、高压的叶片泵、柱塞泵和齿轮泵的液压系统中的 YB-D25 叶片泵、PF15 柱塞泵、CBN-E306 齿轮泵、YB-E80/40 双联泵等液压系统。

(4) HR、HG 液压油　HR 液压油是在环境温度变化大的中低压液压系统中使用的液压油。该油具有良好的防锈、抗氧性能，并在此基础上加入了黏度指数改进剂，使油品具有较好的黏温特性。

HG 液压油原为普通液压油中的 32G 和 68G，曾用名为液压导轨油。该产品是在 HM

液压油基础上添加油性剂或减摩剂构成的一类液压油。该油不仅具有优良的防锈、抗氧、抗磨性能，而且具有优良的抗黏滑性，主要适用于各种机床液压和导轨合用的润滑系统或机床导轨润滑系统及机床液压系统。在低速情况下，防爬效果良好。目前的液压导轨油属这一类产品。

（5）HV、HS液压油（低温液压油） 这是两种不同档次的液压油，在GB 7631.2—87中均属宽温度变化范围下使用的液压油。这两类油都有低的倾点、优良的抗磨性、优良的低温流动性和低温泵送性。HV、HS液压油按基础油分为矿油型与合成油型两种；按40℃运动黏度，HV油一等品设有10、15、22、32、46、68、100、150共八个牌号，HS油分为15、32、32、46四个牌号。

HV低温液压油主要用于寒区或温度变化范围较大和工作条件苛刻的工程机械、引进设备和车辆的中压或高压液压系统。如数控机床、电缆井泵，以及船舶起重机、挖掘机、大型吊车等液压系统。使用温度在－30℃以上。

HS低温液压油主要用于严寒地区上述各种设备。使用温度为－30℃以下。

3. 液压油的添加剂构成

（1）石油基液压油 HL液压油是以适当精制的中性油为基础油，加入抗氧剂、防锈剂和消泡剂等添加剂制成。抗氧剂为T501或二烷基二硫代磷酸锌。常用的防锈剂有十二烯基丁二酸、石油磺酸钡、苯并三氮唑等。一般要求的液压油的消泡剂为甲基硅油，若空气释放值不合格，则应选用非硅型的消泡剂。HL液压油的总加剂量为0.5%～0.9%。

HM液压油是以石蜡基或中间基原油经深度精制后作为基础油，加入抗氧剂、抗磨剂和防锈剂等制成。抗氧防腐蚀剂多采用水解安定好的碱性T203，抗磨剂为硫磷型配方。由于含锌液压油对银铜部件有腐蚀作用，在水解安定性、抗乳化能力、油品可滤性等方面的性能不尽如人意，因此开发了低锌或无灰的液压油。以磷酸酯和含硫抗磨剂替代二烷基二硫代磷酸锌，其他添加剂与含锌液压油基本相同。HM液压油总加剂量为2%～3%。

HV液压油是低凝、高黏度指数（＞130）液压油，是在HM液压油的基础上加入黏度指数改进剂、降凝剂制成的。

HS液压油以合成油或合成油与精制矿物油的混合油为基础油，与HV液压油相比，低温性能更优良。

HG液压油是机床液压系统及导轨润滑系统共用油，称为液压导轨油。它是以精制矿物油为基础油，加入抗氧剂、防锈剂和具有黏滑特性的油性剂制成的，能降低静摩擦系数与动摩擦系数之差，改善了液压油的防黏滑（爬行）性能。常用长链脂肪酸、醇、酯、磷化合物等摩擦改进剂，总剂量约3%。

（2）水包油乳化液和油包水乳化液 HFAE水包油乳化液由乳化油与水冲调而成，使用时含90%～95%的水。乳化油的主要成分是基础油、乳化剂和防锈剂，根据需要一般还添加助溶剂、防霉剂和消泡剂等。

基础油的含量一般占乳化油的50%～80%。为了使乳化油流动性好，易于在水中分散乳化，通常选用低黏度润滑油作基础油。

乳化油中所用的防锈剂有各种油溶性防锈剂和水溶性防锈剂，如石油磺酸盐、环烷酸锌、羊毛脂、烯基丁二酸、山梨糖醇油酸酯（司本80）、有机磷酸酯、三乙醇胺、苯并三氮唑等。防锈剂的使用应视液压系统中各种阀件所用的金属材质，以及橡胶密封材料的性能而定。

所用的助溶剂有酒精、丁醇、乙二醇、异丙醇、苯乙醇、三乙醇胺、二乙二醇醚等。使用这些助溶剂，可以帮助乳化油含有各种皂和一些盐类等。

当用水调配成乳化液后，使用温度高或使用时间较长，会引起霉菌生长，造成乳化液变质发臭。因此，根据使用要求有时添加防霉剂，以抑制细菌滋长。

常用的防霉剂有苯酚、四氯苯酚、硫酸汞、硫代水杨酸钠、2,4-二硝基酚、苯基醋酸汞、丙酸银等。但是这些药品毒性高、气味大，使用范围受到一定限制。一般使用甲基硅油作消泡剂，将其配成分散性较好的乳液后再用，加入量为乳化油的 50×10^{-6}。

油包水乳化液是应用较广的抗燃液压油，是一种外相是油，内向是水的白色乳状液。约60%为油相，40%为水相。由于是非牛顿液体，所以黏度随不同的剪切速率而暂时变化。油包水乳化液是用黏度、凝点合适的基础油和水，加入乳化剂、极压抗磨剂、防锈剂、抗氧剂等调合而成。油包水乳化剂的 HLB 值为 3～6。由于是两相乳化，所以必须先将油相、水相分别调好。油相添加剂加入油中，水相添加剂加入水中。然后再将水相缓缓加入油中进行乳化，使水成为小于 1.5μm 的微粒稳定地分散在油中。

(3) 水-乙二醇液压油　在水-乙二醇液压油中约含 55%～75%的水，25%～45%乙二醇、丙二醇或其聚合物，再加入水溶性增稠剂、抗磨剂、防锈剂、消泡剂、气相抑制剂、燃烧抑制剂等各种添加剂。保证黏度的水溶性增稠剂有聚甲基丙烯酸钠，还有由三份氧化乙烯和二份氧化丙烯作用生成的聚烷撑乙二醇共聚物等，抗磨剂有磺基琥珀酸酯。

水-乙二醇液压油是牛顿液体，所以黏度不随剪切速率变化。黏度随水含量变化而变化，水含量减少，液体黏度就增大。调节增稠剂类型和加入量可以制得各种机械所需的不同黏度液体。水-乙二醇溶液的可燃性主要决定于其中的水含量。如液体长期在高于 65℃的温度下工作，水有可能蒸发，从而液体黏度上升，而且水蒸发后残留的液体就能变成可燃的。因此，可添加适量水来恢复原有黏度。但需注意，必须添加蒸馏水、去离子水或冷凝水，不能加硬水，如加硬水，添加剂有可能发生沉淀。

(4) 磷酸酯液压油　通常只有叔磷酸酯即 $(RO)_3PO$ 才能作液压油，常分为三芳基磷酸酯、三烷基磷酸酯和烷基芳基磷酸酯。其性能在很大程度上取决于酯上有机基团的化学结构，工业用的磷酸酯液压油主要是三芳基磷酸酯和三烷基磷酸酯，烷基芳基磷酸酯主要用作航空液压油。

三芳基磷酸酯黏度较大，黏度指数较大，黏度指数差，液体温度范围窄，低温性能差，但具有挥发性低、抗燃性高的优点。三烷基磷酸酯，黏度较低，热安定性差，但黏温性好，凝点低。烷基芳基磷酸酯性能一般居中。当芳环上引入适当的烷基时，可以提高酯的抗水解安定性，降低凝点。

磷酸酯液压油以三甲苯基磷酸酯、二甲苯基磷酸酯、叔丁基苯基磷酸酯、二正丁基苯基磷酸酯等为基础油，加入黏度指数改进剂、抗氧剂、抗腐蚀剂和消泡剂等制成。

第六章
环境和基础油对添加剂的影响

第一节　环境要求和法规制定

一、概况

近年来，大量润滑油和工业液体进入环境，使人们逐渐认识到这些液体对环境的影响，特别是对水生植物和动物的影响。在当今社会，人们对环境的保护意识越来越强，尤其是在工业发达国家，不仅政府对环境问题高度重视，而且社会上也自发地成立了很多环境保护组织。

由于渗透、泄漏、溢出和对润滑剂处理不当，润滑剂随时都可能进入环境，可能造成对环境的污染，特别是对环境敏感的地区，如森林、矿山或靠近水源的地方。循环系统的液压油和一次性通过的润滑剂，如链锯油、二冲程发动机油、铁路轨道润滑剂、开式齿轮油和钢丝绳润滑脂等润滑剂使用后直接进入环境，这也会引起环境问题如链锯油在使用时油品直接加到高速运动的链锯上，由锯屑吸附带走流入到环境中。

二、环境友好润滑剂的定义

环境友好润滑剂目前还没有严格的定义，大多数人认为生物降解润滑剂就是环境友好润滑剂；但也有一些学者认为不能笼统地把生物降解润滑剂称为环境友好润滑剂，因为有的润滑剂在生物降解后，增强了毒性，而那些生物降解性差，但稳定性好、使用寿命长、能不断循环使用的润滑剂对环境更有利。

在西方国家中，“生物降解润滑剂”这一概念包含了这个产品既是润滑油，同时又具有对环境影响最小的双重意义。即润滑油必须有一定环境适应性：油品是可更新的资源；加工过程是环境接受的（低能耗、低废物、低排放）；无毒（新鲜的或用过的油）；生态适合的；用后容易生物降解的；无处理和回收循环的问题。

就润滑油而言，要符合该种油品的规格性能要求；就环境来说，该油品又是可生物降解的。非常概括地定义生物降解性的话就是通过微生物活性使化合物分解成 CO_2 和水。实际上分解作用比这复杂得多，润滑剂通过微生物（细菌、酵母和真菌），对有机化合物进行酶分解（引起大范围的分子断裂），若润滑剂完全分解，最后分解成 CO_2、水和新的微生物，则是生物降解的，如图 6-1 所示。温度对微生物繁殖起促进作用，在较冷的条件下，化合物的生物降解作用进行得非常缓慢，例如在深水的底部，矿物油润滑剂通过微生物降解要花很长时间，因此该矿物油是不能被称为生物降解润滑剂的。

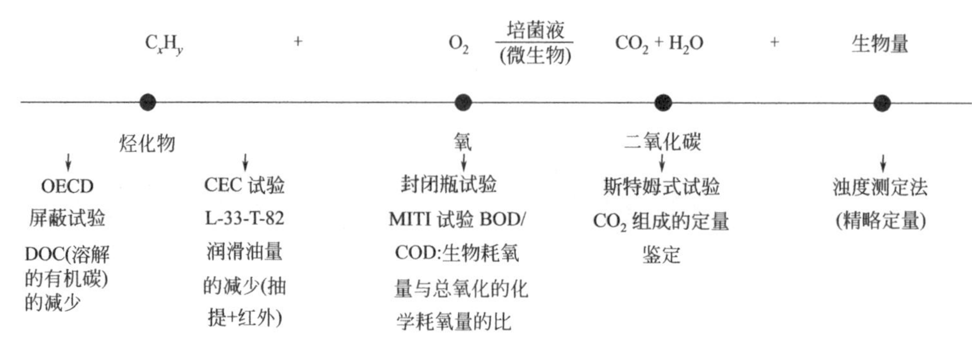

图 6-1 生物降解作用的方法

环境合格润滑剂不仅包括生物降解能力，而且还包括润滑剂的生态毒性，这两个是不同的概念，有些有毒物质也可生物降解，降解后生成非毒物质；有些物质降解后的产物比原物质有更强的毒性。因此，环境合格润滑剂要求生物降解性要好，而且生态毒性及毒性累积性要小。目前环境满意润滑剂的名称有环境意识润滑剂（Environmental Awareness Lubricants，简称 EAL)、环境友好产品（Environmental Friendly Products)、生物降解润滑剂（Biodegradabe Lubricats)、环境无害润滑剂（Environmentally Harmless Lubricants）和环境兼容润滑剂（Environmentally Compatible Lubricants）等。

三、生物降解润滑剂的标志

为了区别生物降解润滑剂与普通润滑剂，一些国家的环境管理部门制定了生态标志图。图 6-2～图 6-6 分别是德国的“蓝色天使”（Blue Angel)、加拿大的“环境选择程序”（Environmental Choice Program)、日本的“生态记号”（EcoMark)、美国的“绿色十字”（Green Cross）和欧洲的“危险物质”产品标志（“Dangerous Substances” Product label）的生态标志图。

图 6-2 德国的“Blue Angel”

图 6-3 加拿大的“Environmental Choice Program”

图 6-4 日本的“EcoMark”

图 6-5 美国的“Green Cross”

图 6-6 欧洲的“Dangerous Substances”

四、环境和法规对油品添加剂的影响

1. 环境和法规促进了添加剂的发展

环境和法规不仅给添加剂带来挑战，而且带来发展的机遇。1968 年美国公布汽车排气法，控制排气中的烃、CO 及 NO_x，随着年代的推移，控制指标在不断提高。20 世纪 40～50 年代国外的汽车增多，特别是美国的小汽车急剧增加，其后果是使环境污染加重、城市交通阻塞。城市中行驶的汽车经常低速运转和停停开开，处于这种情况下的汽车曲轴箱油的温度低，使燃料烃和湿气（水分）不易从润滑剂中排出去，使漆膜和油泥沉积物有所增加。为了降低排气中的烃及 CO，首先增设了 PCV（Positive Crankcase Ventilation）止压曲轴箱通风系统，这样更加造成了润滑油中的漆状物与淤渣沉积物生成的趋势增加。产生的大量水汽部分被冷凝下来生成大量乳化油泥，造成了阻塞管道及滤网，严重影响曲轴箱油的正常使用。对这种油泥，以前使用的硫代磷酸盐、磺酸盐、酚盐等金属清净剂几乎没有效果，因此急需开发对这种低温油泥有效的添加剂，从而开发出丁二酰亚胺无灰分散剂，这才满意地解决了低温油泥问题。

硫化鲸鱼油作为油性剂和极压剂在齿轮油、导轨油、蒸汽汽缸油、汽油机磨合油和润滑脂中得到了广泛应用，产量迅速增加。由于对鲸鱼油需求增加（1970 年达 7500t），世界的捕鲸量在增长，使鲸鱼面临绝种的危险。从环境资源考虑，1970 年 6 月美国政府通过法令，禁止捕鲸，禁止使用鲸鱼油及鲸鱼副产品。时代要求改变制造添加剂的原料和制备工艺，于是掀起需要鲸鱼油的各公司争先寻找鲸鱼代用品的热潮。经过几年的研究工作，人们研究出了很多不同的硫化鲸鱼代用品，出现了一系列代用品的商品牌号。

2. 环境和法规将使一些添加剂在可生物降解液中受到限制或禁用

汽车排气法是为了降低排气中的有害物质（烃、CO、NO_x），于 1977 年在汽车上开始使用三效催化转化器（把烃转化为 CO_2和水，把 CO 转化为 CO_2，把 NO_x 转化为 N_2）。为了适应催化转化器的需要，保护贵金属催化剂不致中毒，于 1980 年开始使用无铅汽油，同时要求润滑油中的磷含量≤0.14%（目前美国 API SJ 和 SL 汽油机油要求磷含量≤0.10%）和灰分小于 1.0%，这实际上是禁止了烷基铅抗爆剂的使用和控制润滑油中磷与硫以及灰分含量（限制了 ZDDP 的加入量及一些含金属的添加剂）。

又如美国的环保局采用的毒性和废液处理条例，要求对一些常用有毒添加剂要取缔，促进一些新添加剂组分的复合剂的开发。德国的“蓝色天使”规章的生物降解润滑脂的要求是低毒和无氯、氮，这样就禁止了在润滑脂中使用含氯及氮的化合物。

3. 添加剂对环境的影响

（1）提高燃料经济性及降低二氧化碳的排放　为了降低排气中 NO_x 的含量，采取了延迟点火和降低压缩比的措施，使发动机的热效率大大下降，动力消耗增加。在世界能源危机冲击下，美国颁布了节能法，规定了汽车油耗指标，达不到要罚款，油耗指标逐年下降。

（2）延长换油期减少废油量　润滑油在常温下的氧化是很慢的，即温度在 94℃以下时和在正常大气下氧化是不明显的。当温度超过 94℃时，氧化速率变得比较明显。一般温度的影响是每升高 10℃，氧化速率增加一倍。温度越高，润滑油的氧化就越剧烈。抗氧剂就是抑制自由基的生成，来减少和延缓润滑油的氧化降解，延长润滑油换油期的添加剂。发动机油长寿命化，延长换油期，可以减少废油量，是添加剂对环境保护的直接贡献。

第二节 润滑剂基础油与生物降解性

润滑剂的基础油有矿物油、合成油和植物油，一般基础油在润滑剂中占95%左右，目前矿物油占90%左右，合成油和植物油占10%左右。

一、矿物油与生物降解性

原油的类别不同，矿物油基础油的结构和性质有很大的差别。加工方法不同其性能也有差异，用传统的物理方法生产的基础油，其生物降解性差，一般是10%～45%，而加氢裂解油达到25%～80%；另外基础油的馏分不同，生物降解性也有差异，白油的生物降解性为25%～40%，而光亮油只有5%～15%。

以矿物油作基础油的润滑油已经达到很高的技术水平，在成本、低温性能、抗氧性和与添加剂配伍性能方面性能都较好。但在消耗润滑系统中，润滑油直接污染水和土壤，而矿物油基的润滑剂生物降解性差（一般小于40%），长期留在水和土壤中对环境造成不良影响，不宜作为环境兼容润滑剂的基础油。

二、合成油与生物降解性

合成油的种类很多，常用的有合成烃（聚α-烯烃）、合成酯、聚乙二醇等。合成油具有高闪点、高燃点、高黏度指数、热稳定性好、氧化稳定性好和低倾点及低挥发性等优点。

1. 合成烃（聚-烯烃）

聚α-烯烃（PAO）的合成油除了具有高闪点、高燃点、高黏度指数、热稳定性好、氧化稳定性好和低倾点及低挥发性等优点以外，同时还具有水解稳定性好的特点，在润滑油中得到了广泛的应用。

一般认为PAO是不易生物降解的，有资料报道，合成烃（PAO）生物降解是较差的（5%～30%）。这种笼统的说法是不确切的，因为2～4mm^2/s（100℃）低黏度的PAO2基础油是很容易生物降解的。可见，PAO基础油的生物降解性与黏度之间有一定的关系，其生物降解性是随黏度的增加而降低的。

（1）生物降解性 PAO由高支链、全饱和、无环状的烃组成，是由癸烯-1（也有用蜡裂解的烯烃）在催化剂作用下进行齐聚后，再加氢和蒸馏成不同黏度级别的馏分。最低黏度等级的商品PAO 100℃黏度为2mm^2/s（PAO2），它主要由二聚物（20个碳）组成，高黏度的PAO是由三聚物（30个碳）和四聚物（40个碳）及带有痕量的高齐聚物组成。

PAO基础油的生物降解性：由PAO基础油配制的油品应用于液压油、钻井液和轿车发动机油。PAO基础油具有高闪点、高燃点、低倾点、高黏度指数和低挥发性等优良的物理性质，不同于许多合成酯和天然酯。PAO基础油还具有优异的热、氧化稳定性和水解稳定性。材料对环境的影响是非常重要的，特别是在环境敏感地区。毒性和生物降解性是评价生态毒性的关键。低黏度的PAO基础油（100℃黏度2～4mm^2/s）是容易生物降解的。图6-7比较了100℃黏度为2～4mm^2/s的PAO2、PAO4基础油和环烷基及石蜡基矿物油基础油，在CEC-33-T 82试验条件下的生物降解性。

从图6-7可看出：100℃黏度2mm^2/s的PAO2基础油是容易生物降解的，而等黏度的

MVI-2 和 HVI-2 矿物油基础油其生物降解率只有 20%左右，100℃黏度 4mm²/s 的 PAO 4 基础油也有 65%的生物降解率，而 LVI-4 矿物油基础油约 30%，PAO 基础油生物降解率明显的优于传统矿物油基础油。还有资料报道 PAO2 基础油的 28 天和 56 天的快速生物降解数据（见图 6-8）。

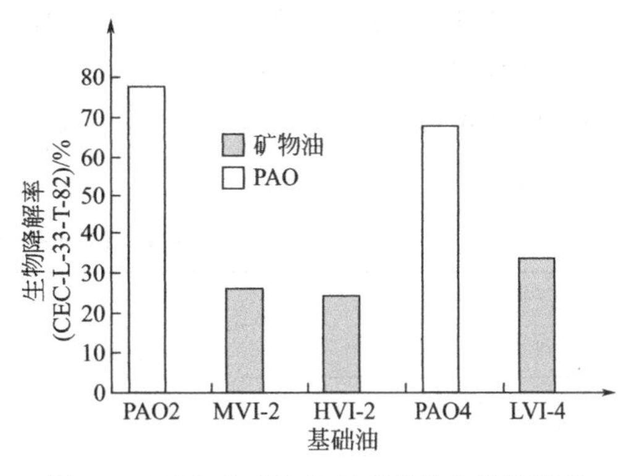

图 6-7　PAO 和矿物油基础油的生物降解性

图 6-8 中初级生物降解定义是损失母体物质的百分数，一般通过标准是大于 70%；终级生物降解定义是把母体物质转化成 CO_2 和水的百分数，一般通过标准是大于 60%。从图 6-8 可看出，28 天的 PAO2 初级生物降解达到了生物降解的试验标准，但终级生物降解没有达到试验标准；然而，两个月内的终级生物降解大于 70%，已达到试验标准，这也证明 PAO2 在需氧环境中能相当快速地生物降解。

图 6-9 是不同黏度的 PAO 基础油在一年内不同时间和不同的试验室重复测定生物降解率的平均结果。从结果可看出 PAO 基础油的生物降解率随黏度的增加而降低，高黏度的 PAO 基础油（6mm²/s 和以上）是不能快速生物降解的。高黏度的 PAO 基础油之所以降低了生物降解率，因为黏度增加时，平均分子量和侧支链增加，这些化学性质降低了生物降解率（被认为是极低的水溶性和极低的生物利用率所致）。

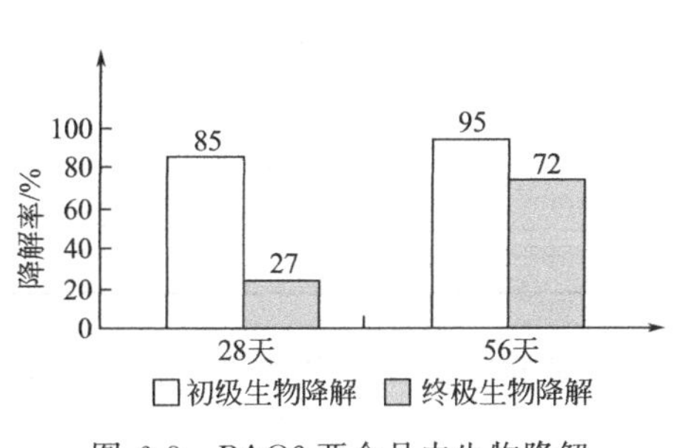

图 6-8　PAO2 两个月内生物降解

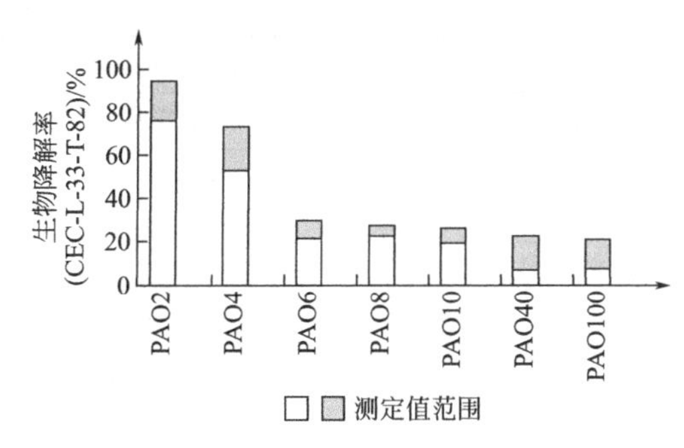

图 6-9　PAO 基础油的生物降解

图 6-10 是 PAO2、PAO4 和 PAO6 三个样品在延长时间的 CEC-L-33-T-82 试验得到的结果。从数据看出，三个样品在超过 21 天后仍在继续生物降解。

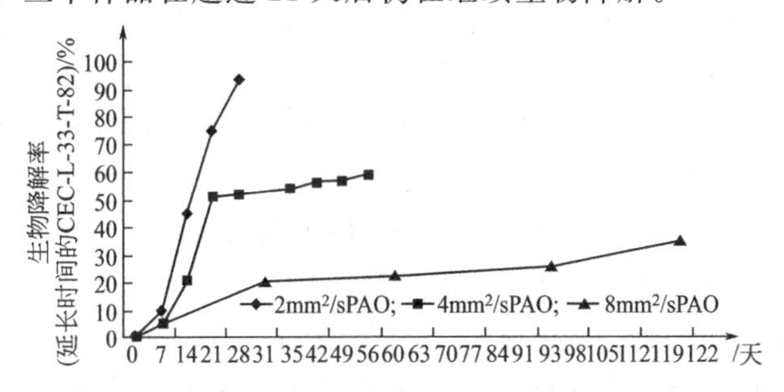

图 6-10　延长时间的 PAO 基础油的生物降解性

（2）PAO的毒性　毒性是指毒物引起机体损伤的能力，它总是同进入体内的量相联系的。毒性计算所用的单位一般以化学物质引起实验动物某种毒性反应所需剂量表示，半致死量或半致死浓度（LD_{50}或LC_{50}）是主要表示的一种。几种黏度的PAO基础油对哺乳动物的毒性见表6-1。

表6-1　PAO基础油对哺乳动物的毒性

PAO基础油(100℃)	口服,LD_{50}	对皮肤刺激①	对眼睛刺激①
2mm²/s	>5μg/kg	阴性	阴性
4mm²/s	>5μg/kg	阴性	阴性
6mm²/s	>5μg/kg	阴性	阴性
8mm²/s	>5μg/kg	阴性	阴性
10mm²/s	>5μg/kg	阴性	阴性

① 根据美国联邦危险物质法规（FHSA，16CFR 1500）。

对水生动物：在Microtox试验中，PAO基础油的水溶性馏分WSF（Water-soluble fraction）浓度在49000mg/kg时，对水生动物无毒性影响。一般PAO基础油是不容易被水生微生物利用的，这主要是由于PAO基础油是低水溶性的。因此，PAO基础油在水生系统中是相对惰性的。

PAO基础油的水溶性馏分是用合成海水抽提烃液体来制备的，然后在标准的Microtox试验中评价水的抽提物，这个方法一般用来评价水不溶物的性质。各种PAO基础油的结果见表6-2。

表6-2　用方法评价PAO液的WSF对水生动物毒性

PAO基础油(100℃)	EC_{50}(5min)	PAO基础油(100℃)	EC_{50}(5min)
2mm²/s	没有影响	10mm²/s	没有影响
4mm²/s	没有影响	40mm²/s	没有影响
6mm²/s	没有影响	100mm²/s	没有影响
8mm²/s	没有影响		

所以，2～4mm²/s的PAO基础油在CEC-L-33-82试验中是容易生物降解的，低黏度及高黏度的PAO基础油，在延长时间的CEC-L-33-82试验中将继续生物降解；同时对哺乳动物是无毒和无刺激作用的，预测对水生微生物也是无毒的。因此，2～4mm²/s的PAO是可以作为环境友好润滑剂的基础油的。

2. 合成酯

合成酯的生物降解性取决于结构，多羟基酯、双酯和聚环氧乙烷乙二醇的生物降解性好，而苯三酸酯是非常抗生物降解的。由聚环氧乙烷与聚环氧丙烷共聚的聚亚烷二醇，聚环氧丙烷在共聚物中的比例越大其生物降解性越差。通常，易生物降解的化合物是线性、非芳烃和无支链的短链分子；但大多数合成酯生物降解性较好，且毒性较小。

合成酯作为高性能的润滑剂的基础液已经应用了很长时间，一些类型的酯有很好的热稳定性，部分酯有极好的低温性能，非常高的黏度指数，较好的抗磨性及较低的摩擦性能以及低的挥发性，但价格较高。所以就环境而言，酯是被广泛接受的液体，可通过水解使酯产生降解作用（通过水解使酯分解成酸和醇）。一般酯的分子链长度增加和结构的支链增多，其生物降解能力降低，浊点升高。表6-3为其CEC试验结果及WGK值。

表 6-3 合成酯的生物降解性

酯的类型	21d 的生物降解能力/%	WGK 等级
单酯	90～100	0
二元酯	75～100	0
多元醇酯	70～100	0
复合多元醇酯	70～100	0
聚合油酸酯	80～100	—
邻苯二甲酸酯	45～90	1
二聚酸酯	20～80	0

表 6-3 表明，除邻苯二甲酸酯和二聚酸酯（C_{36}聚酯）两个酯的生物降解性波动外，其他酯的生物降解性均在 70%以上，WGK 值为 0。因此，作为环境友好润滑剂的基础油的合成酯一般是双酯、多元醇酯、复合酯和混合酯。

尽管合成酯用作环境友好润滑剂基础油有很多优点，但合成酯水解安定性较差，而且相对价格较高，与天然植物油相比，其相对成本比较高，这在很大程度上限制了其进一步的推广使用。

同时，人们对酯液体进行了大量的环境试验，表明其毒性很低。通常酯类造成极小的呼吸和皮肤吸收的毒性，矿物油和酯对皮肤都没有刺激性，但是长期接触矿物油会因脱脂而产生轻度皮炎，而酯有极性因而溶解性比矿物油强，因此反应更快。

3. 聚乙二醇

聚乙二醇（PG）具有优良的润滑油使用性能，往往也显示高的可生物降解性，但大多数可与水互溶。因此在土壤中流动性相当高，可迅速达到地下水面，这对环境不利。同时还有一定毒性（1.4mL/kg），因此不太适合作可生物降解润滑油的基础油。

其他合成润滑油，如聚异丁烯（PIB）、聚丙二醇、硅杂烃、硅油和氯氟乙烯等是抗生物降解的。

4. 植物油

植物油黏度指数高，黏温性能好，抗磨性好，无毒，易生物降解，对环境没有不良影响，但热氧化稳定性、水解稳定性和低温流动性不好，价格比矿物油高。植物油之所以有这些特性，是由其组成和结构决定的。

植物油主要由脂肪酸甘油酯组成，其脂肪酸有油酸（一个双键）、亚油酸（二个双键）和亚麻酸（三个双键）。一般来说，油酸含量越高，亚油酸和亚麻酸含量越低，其热氧化越好，而不同的植物油脂肪酸的含量也不同。植物油的组成结构和植物油的性质及消耗量见表 6-4 和表 6-5。碘值是不饱和酸含量的量度，碘值越大，氧化安定性越差；浊度表示低温特性，浊度越高，其低温性能越差。

表 6-4 植物油的组成结构

植物油	含油量/%	黏度/(mm^2/s)		黏度指数	油酸/%	亚油酸/%	亚麻酸/%
		40℃	100℃				
棉籽油	14～16	24	—	—	22～35	10～52	痕量
椰子油	60～70	27	5	132	—	—	—
亚麻油	32～43	24	6	207	20～36	14～20	51～54

续表

植物油	含油量/%	黏度/(mm²/s)		黏度指数	油酸/%	亚油酸/%	亚麻酸/%
		40℃	100℃				
玉米油	3～6	30	6	162	26～40	40～55	<1
橄榄油	38～49	34	6	123	64～86	4～5	<1
棕榈油	35～40	37	7	171	38～41	8～12	—
菜籽油	35～40	35	8	210	59～60	19～20	7～8
蓖麻油	50～60	23.3	17	72	2～3	2～5	80～90
豆油	18～20	27.5	6	175	22～31	49～55	6～11
葵花油	42～63	28	7	188	14～35	30～75	<0.1

表 6-5 主要植物油的性质及消耗量

种类	稳定性	碘值/(gI/100mL)	浊点/℃	全世界消耗量/Mt
可可油	由好到差	10	25	3
棕榈油		60	30	15
橄榄油		90	0～10	—
花生油		90	25	—
菜籽油		120	0～10	10
大豆油		130	0～10	19
葵花籽油		140	−5～5	8
亚麻油		190	−10	—

从表 6-4 及表 6-5 中可看出，菜籽油的油酸含量达 60%，黏度指数 210，碘值 120gI/100mL，浊点 0～10℃，相对来说是比较好的基础油，但不理想，需要进一步改进。因此，可通过精制处理菜籽油来提高氧化稳定性，如普通的菜籽油在 100℃通空气氧化聚合时间为 100h，而处理后则提高到 410h；直链菜籽油的操作温度的最高极限只有 80℃，而高油酸的菜籽油就大大提高，见表 6-6。

表 6-6 润滑油的操作温度

润滑剂的来源	操作温度范围/℃
标准菜籽油	−20～80
高油酸菜籽油	−30～130
合成多元酯	−65～250

几种菜籽油的组成见表 6-7。

表 6-7 几种菜籽油的组成

菜籽油类型	单不饱和脂肪酸(油酸)/%	长链单不饱和脂肪酸/%	多不饱和脂肪酸/%	饱和脂肪酸/%
老的高芥酸菜籽油	12	60	24	4
一般低芥酸菜籽油	58	—	36	6
新的高油酸菜籽油	75	—	19	6

植物油可通过精制及化学改质来提高其质量，如菜籽油（三甘油脂）可连续改进成→油酸→甘油酯→三经甲基丙烷三油酸酯→三羟甲基丙烷三硬脂酸酯。通过对菜籽油的改进，性能大大提高，但成本也增加了，见表6-8。

表 6-8 天然植物油和经过化学处理后的成本比较

天然油		化学改进的油		
植物油	高油酸植物油	三油酸甘油酯	三羟甲基丙烷三油酸酯	三羟甲基丙烷三硬脂酸酯
价格系数				
1	2	2.5	3	6

欧洲润滑剂基础油成本比较见表6-9。

表 6-9 欧洲润滑剂基础油成本比较

	矿物油	酯	低芥酸菜籽油	Lubrizol 7600 系列 高油酸菜籽油
目前	1.0	5～10	2	3.0
预测	1.2	6～10	2	2.2

应当指出的是，不同地区生长的同种类的植物油，其组成也是有差异的，而不同的国家应用的植物油种类也不完全相同。英国植物油的一半是菜籽油，其次是大豆油和葵花籽油；在美国大豆油是生产的主要植物油；法国更喜欢葵花籽油；在远东棕榈油占主要地位。

三种基础油的生物降解性能比较见表6-10。

表 6-10 三种基础油的生物降解性能

基础油	化合物类型	化合物	40℃黏度/(mm^2/s)	生物降解性/%
矿物油	烷烃	加氢精制：样品 A	16.3	73
		样品 B	45.1	50
		溶剂精制：样品 C	25.8	58
		样品 D	55.5	47
	环烷烃	样品 B	8.78	0
合成油	酯类	三羟基甲基丙烷三庚酯	14.0	100
		季戊四醇四酯	33.5	99
		壬二酸二异癸酯	12.5	97
		双十三烷基己二酸酯	26.1	84
		双异癸基己二酸酯	14.1	90
		双十三烷基邻苯二甲酸酯	81.6	18
	聚烷撑二醇	聚乙二醇	—	＞70
		聚丙二醇	—	＜15
	碳氢化合物	聚 α-烯烃	32	10
天然油脂		菜籽油	32～50	98

几种基础油的性质比较见表6-11。

表 6-11 几种基础油的性质比较

项目		150SN	350SN	菜籽油	精制菜籽油	葵花籽油	三羟甲基丙烷油酸酯	合成有机酯
密度/(g/mL)			0.86	0.915		0.925		
黏度/(mm^2/s)	40℃	32	65	36	35	40	47	32
	100℃		8.2	8.7		8.4		
黏度指数		100	97	211	214	206	191	170
倾点/℃		−12	18	−12～−8	−15	−18～−12	−42	−55
酸值/(mgKOH/g)		<0.01			0.1		0.1	0.05
碘值/(gI/100mL)				113		132		
闪点/℃		225	250	340	315	250	320	260
颜色		0.5			0.5		1.0	0.5
生物降解性		35		>95	>95		>90	>90
价格		1			1.5		4	2

从表 6-10 及表 6-11 中的数据来看，矿物油中环烷烃性能最差，生物降解性为 0；在烷烃中，因加工工艺不同而有差异，加氢精制的基础油比溶剂精制基础油好，40℃黏度为 16.3mm^2/s 的加氢精制的基础油，其生物降解性高达 73%，可认为是可生物降解的；而且，矿物油黏度越小，其生物降解性越好。合成油中，合成酯的生物降解性取决于结构，通常易生物降解的化合物是线性、非芳烃和无支链的短链分子，多羟基酯、双酯的生物降解性好，但是双十三烷基邻苯二甲酸酯的生物降解性较差。

总的来说，大多数合成酯生物降解性较好，且毒性较小，是环境上被广泛接受的液体，但价格较贵。

聚醇类，因结构不同而有所差异，聚环氧乙烷与聚环氧丙烷共聚的聚亚烷二醇，聚环氧丙烷在共聚物中的比例越大，其生物降解性越差。因为聚乙二醇的生物降解性，大于 70%，而聚环氧丙二醇只有 18%。

合成烃中的聚 α-烯烃，高黏度的生物降解性差，生物降解性随黏度增加而下降。

植物油的生物降解性好，黏度指数高，毒性小，但它的热氧化稳定性不好，需要进行进一步精制和改进。

三、可生物降解润滑油基础油存在的问题和发展方向

1. 可生物降解润滑油基础油存在问题

① 国际上没有统一的产品标准，各公司产品的性能、质量相差较大，限制了选择使用及该类油品的推广应用。

② 可生物降解润滑油基础油的性能试验方法还不够完善，使用较多的 CEC 生物降解试验法还存在着试验结果再现性差及不能反映出降解产物的生态毒性等缺点。许多国家也正开展这方面的研究工作。

③ 据欧洲 NECC 机构的生物降解试验结果表明，各类有机物质的分解率分别为矿物油 20%～40%，聚烯烃 10%～45%，合成油 10%～95%，天然植物油 70%～90% 。所以目前生产的可生物降解润滑油的主要基础油是天然植物油和合成油，这两种基础油产量相对较

小，成本较高，一定程度上影响了可生物降解润滑油的发展。

2. 可生物降解润滑油基础油的发展方向

可生物降解润滑油基础油今后的研究方向主要集中在以下方面。

① 对润滑油基础油进行科学的摩擦学设计，通过合理的分子设计进行新型、高效环保型润滑添加剂的研究与开发；

② 加强植物油的改性研究，改善其氧化安定性的研究，改进合成油生产工艺，降低生产成本；

③ 积极开展环保型润滑油基础油的生物降解试验方法研究，建立一套完善的、统一的生物降解试验方法，是可生物降解润滑油基础油发展要解决的关键问题之一。

第三节　添加剂的毒性和生物降解性

一、概况

现代润滑剂中加有各种各样的添加剂，可以说，没有添加剂也就没有现代润滑剂。但添加剂对环境的不利影响及其毒性要比基础油大，对生物降解性有不利的影响。因此，生物降解润滑剂对添加剂要求的最重要特性是毒性及其对环境的影响，通常添加剂对生物降解性好的天然基础油有不良影响，选择添加剂的标准通常要考虑下列因素：

① 水污染基准小于1（德国化学法）；

② 不含氯和亚硝酸盐；

③ 除钾和钙外，不含其他金属；

④ 潜在生物降解性（OECD 302B法，＞20％）；

⑤ 毒性低，无致癌物、无致基因诱变、畸变物。

二、添加剂的毒性

有害性的判断标准是根据EEC危险物质的命令及US OSHA危险信息标准，是否是急性有害性的判断标准见表6-12。

表6-12　急性有害性的判断标准

有害性项目	判断标准
急性口服毒性	LD_{50}＜2g/kg
急性皮肤毒性	LD_{50}＜2g/kg
眼刺激性(24～72h危险记录)	角膜混浊≥2.0
	虹彩≥1.0
	结膜发红≥2.5
	结膜浮肿≥2.0
皮肤刺激性(24～72h危险记录)	红斑≥2.0
	浮肿≥2.0
皮肤敏感性(Buehler试验)	敏感发生率≥15％

1. 丁二酰亚胺分散剂

无灰分散剂在汽车曲轴箱油配方中约占50%，除汽车外，无灰分散剂还用在船用及铁路柴油机、天然气发动机和二冲程发动机润滑剂中。其中丁二酰亚胺分散剂是用得最多的一种，约占分散剂总量的80%。

丁二酰亚胺分散剂是用聚异丁烯（Polyisobutylene PIB)(相对分子质量800～2200)、马来酸酐和多烯多胺制备得到的，有单丁二酰亚胺、双丁二酰亚胺和多丁二酰亚胺。为了提高性能，还有用硼酸或有机酸进行改性的丁二酰亚胺分散剂。

丁二酰亚胺分散剂不是有害物质，经口服及皮肤吸收均无危险性，对眼睛及皮肤无刺激性。使用豚鼠进行的Buehler试验结果表明也没有皮肤敏感性。

关于诱变性，单丁二酞亚胺及硼酸改性的丁二酰亚胺在Buehler试验中显示阴性。有机物改性的丁二酰亚胺在Buehler试验中显示阳性，但在CHO细胞的染色体异常试验中显示阴性，没有大的问题。

即使在亚慢性毒性试验中，单丁二酰亚胺及有机物改性的丁二酸亚胺对生物体也没有大的影响。

2. 磺酸钙

磺酸盐既可由润滑油磺化（天然磺酸盐），也可由合成的烷基苯磺化（合成磺酸盐）来制备。磺酸盐有钙盐、镁盐和不重要的钡盐和钠盐。磺酸盐有低碱值（LOB）和高碱值（HOB）的产品，高碱值的碱性碳酸金属盐存在于高碱值磺酸盐中作为可逆的胶体粒子。

磺酸钙一般来说不是有害物质，见表6-13，但皮肤敏感性有点令人担心。经日服及皮肤吸收也无害，对眼睛及皮肤无刺激性，诱变性及重要的亚慢性毒性也没有发现问题。亚慢性毒性试验中，关于皮肤敏感性的豚鼠试验结果是阳性，引起商界在1997年以后的强烈关注。

表6-13 磺酸钙的有害性

危险性	低碱值磺酸盐（天然系）	高碱值磺酸盐（天然系）	低碱值磺酸盐（合成系）
急性经口服毒性，LD_{50}	＞5g/kg	＞5g/kg	＞5g/kg
急性经皮肤毒性，LD_{50}	＞5g/kg	＞5g/kg	＞2g/kg
眼睛刺激性			
角膜混浊	0	0	0
虹彩	0	0	0
结膜发红	0.2	1.1	0
结膜红肿	0	0	0
皮肤刺激性			
红肿	0.2	0	0
浮肿	0	0	0.1
诱变性			
Ames试验	—	阴性	阴性
小鼠淋巴瘤试验	—	阴性	阴性
CHO细胞染色体异常试验	—	—	—
亚慢性毒性			
经皮28天反复投药	—	＞250mg/g	—
经口28天反复投药	—	—	＞500mg/g

从 Buehler 试验结果看，低碱值磺酸钙与高碱值磺酸钙不同。低碱值磺酸钙的皮肤敏感性强，人类反复伤害接触试验（Repeated-Insult Patch Test，HRIPT）也得到确认。使用合成磺酸钙进行的 HRIPT 的结果没有看到皮肤敏感性迹象。为了确认低碱值磺酸钙的实际皮肤敏感性，采用含 7.5%的低碱值磺酸钙的铁路柴油机油配方，及含 0.9%低碱值磺酸钙的汽车柴油机油配方进行 HRIPT 的结果为阴性。从最近的数据及添加剂商界的数据看，40 多年使用于润滑油中的实践表明，含低碱值磺酸钙的油品不产生过敏性皮肤反应。

3. 烷基酚钙

烷基酚钙是由 C_{12}或更大烷基酚制备的。制备过程包括硫化反应、金属化反应和碳酸化反应三个步骤。即首先是烷基酚与氧化钙之间的中和反应，以及在催化剂存在下发生硫化和钙化反应；其次在醇或胺类促进剂存在下，氧化钙先与醇生成醇钙，再与二氧化碳发生碳酸化反应。

一般认为烷基酚钙没有短期暴露毒性，见表 6-14。

表 6-14 烷基酚钙的有毒性

危险性	低碱值烷基酚钙	高碱值烷基酚钙	Mannich 烷基酚钙
急性经口服毒性,LD_{50}	>5g/kg	>5g/kg	>5g/kg
急性经皮肤毒性,LD_{50}	>5g/kg	>5g/kg	>2g/kg
眼睛刺激性			
角膜混浊	0	0	0
虹彩	0	0	0
结膜发红	0.7	1.6	0.5
结膜红肿	0	0.4	0.1
皮肤刺激性			
红斑	1.8	0.8	0
浮肿	1.1	0.2	0
皮肤敏感性	—	阴性	阴性
诱变性			
Ames 试验	—	阴性	阳性
小鼠淋巴瘤试验	—	阴性	—
CHO 细胞染色体异常试验	—	—	阴性
亚慢性毒性			
经皮 28 天反复投药	—	>250mg/g	1000mg/g
经口 28 天反复投药	—	>1000mg/g	—

由表 6-14 可知，烷基酚钙经口服及皮肤吸收均不产生急性毒性，眼睛刺激性和皮肤刺激性也较低。Buehler 试验显示出皮肤敏感性为阴性。

在诱变性试验的结果中，曼尼希型烷基酚盐与高碱硫化烷基酚钙不同，曼尼希型烷基酚盐由 Ames 试验结果显示阳性，而 CHO 细胞染色体异常试验显示阴性，表明无大的问题。

关于烷基酚钙的口服及皮肤暴露的亚慢性毒性也没有较大的影响。但是，在经皮亚慢性试验中，观察到其对兔的雄性生殖器官产生影响。

4. 二烷基二硫代磷酸锌（ZDDP）

ZDDP 是具有抗氧、抗腐和抗磨性能的多功能添加剂，用于内燃机油和工业润滑油中。ZDDP 由醇、五硫化二磷和 ZnO 反应制得。制备 ZDDP 的醇，用于汽车润滑剂的多用 C_3～C_6的仲醇，在低温下分解具有非常好的抗磨性能；用于工业润滑油的 ZDDP，多用 C_4～C_8

的伯醇，相对于仲醇的 ZDDP，增强了抗氧性能。

ZDDP 对眼睛刺激的可能性有些令人担心，见表 6-15。但对皮肤的刺激性低，没有皮肤的敏感性，即使经皮肤吸收也无害。动物试验中急性口服毒性的 LD_{50} 值比上述几种添加剂低，毒性高。

关于诱变性，CMA（Chemical Manufactures Association）在添加剂商界进行大量研究工作，暗示了 ZDDP 是诱变性物质。进一步研究表明 ZDDP 的诱变性依赖于锌的存在。锌广泛存在于研究中，是必须的营养物，不是有害的。

表 6-15　二烷基二硫代磷酸锌的有害性

危险性	仲烷基 C_4/C_6	伯烷基 C_4/C_6	伯烷基 C_8
急性经口服毒性，LD_{50}	2.9g/kg	0.5～5g/kg	3.1g/kg
急性经皮肤毒性，LD_{50}	>5g/kg	>5g/kg	>2g/kg
眼睛刺激性			
角膜混浊	2.0	1.9	1.1
虹彩	0.7	0	0.8
结膜发红	2.3	2.4	3.0
结膜红肿	1.4	1.8	1.7
皮肤刺激性			
红斑	1.3	1.2	1.4
浮肿	0.5	0.3	0.4/0.4
皮肤敏感性	—	—	阴性

5. **抗氧剂**

烷基化芳香胺、硫化链烯、乙氧基化 C_{12} 烷基酚不是有害物质，见表 6-16。这些化合物经皮肤摄入或经口吸收均没有伤害，也没有眼睛和皮肤的刺激性。烷基化芳香胺没有皮肤敏感性，诱变性试验也是阴性。硫化链烯的诱变性试验也是阴性。

受阻酚型抗氧剂对眼睛和皮肤有刺激性，经口摄取的情况下是有害的，但是通常的暴露试验，如经皮肤吸收是无害的。Ames 试验结果显示阴性。

表 6-16　抗氧剂的有害性

危险性	烷基化芳香胺	受阻酚	乙氧化烷基酚	硫化链烯
急性经口服毒性，LD_{50}	>5g/kg	1.3g/kg	>5g/kg	>5g/kg
急性经皮肤毒性，LD_{50}	>5g/kg	>2g/kg	>5g/kg	>5g/kg
眼睛刺激性				
角膜混浊	0	1.4	0	0
虹彩	0	0.3	0	0
结膜发红	0.8	2.3	1.8	0.9
结膜红肿	0.3	2.2	0	—
皮肤刺激性				
红斑	0.4	3.8	1.5	0
浮肿	0.5	0.3	0.4/0.4	0.1
皮肤敏感性	—	—	—	—
诱变性：Ames 试验	阴性	阴性	—	阴性

6. 抗磨剂

很大一部分抗磨剂是由有机化合物组成的。有机抗磨剂是由各种有机化合物与含硫磷、烷基氮和氯化物反应而制得。特别重要的是用于齿轮油中的硼酸盐添加剂，是三硼酸钾的稳定分散液体。另外还有用于汽车、铁路和二冲程发动机油中的含钼添加剂，它在抗氧和抗磨性能方面都优于传统的非钼添加剂。

硼酸盐系和钼系抗磨剂是无害的，见表 6-17。

表 6-17　抗磨剂和 PAO 的毒性

危险性	钼-氮复合物	硼酸盐分散体	PAO($2mm^2/s$)
急性经口服毒性，LD_{50}	＞5g/kg	＞5g/kg	＞5g/kg
急性经皮肤毒性，LD_{50}	＞5g/kg	＞4g/kg	＞2g/kg
眼睛刺激性			
角膜混浊	0	0	0
虹彩	0	0	0
结膜发红	0.2	1.5	0.1
结膜红肿	0	0.7	0.1
皮肤刺激性			
红斑	0.9	0.8	0.6
浮肿	0.1	0	0
皮肤敏感性	阴性	阴性	—
诱变性			
Ames 试验	阴性	—	阴性
小鼠淋巴瘤试验	—	—	阴性
CHO 细胞染色体异常试验	阴性	—	—
亚慢性毒性			
经皮 28 天反复投药	500 mg/g	—	1000mg/g

由表 6-17 可知，这两类添加剂经口服或皮肤吸收都是无害的，也没有眼睛和皮肤刺激性，没有皮肤敏感性。钼-氮复合物没有诱变性，且慢性毒性也没有大的问题。

三、添加剂的生态毒性

对生态毒性评价应该分为水栖及陆栖两类进行，但是水栖生物对化学物质敏感，因此通常以水栖生物进行试验。有代表性的水栖生物检测体（鱼、水栖无脊椎动物及藻）的毒性基准见表 6-18。

表 6-18　相对急性水性毒性

添加剂类型	EL_{50}/(mg/L)				
	＞1000	100～1000	10～100	1～10	＜1
双丁二酰亚胺	F/M/S	A			
有机改性双丁二酰亚胺	F/M				
硼酸改性丁二酰亚胺	F/M/S	A			
低碱合成磺酸钙	F/M/A/S				
高碱合成磺酸钙	F/M/S	A			

续表

添加剂类型	EL_{50}/(mg/L)				
	>1000	100～1000	10～100	1～10	<1
低碱天然磺酸钙	M/S	A	F		
高碱天然磺酸钙	M				
高碱性硫化物烷基酚钙	F/M/S	A			
碱性硫化物烷基酚钙	F/M/S/A				
曼尼希型烷基酚盐	M				
C_3～C_6仲烷基 ZDDP		S	A	F/M	
C_8伯烷基 ZDDP			A	F/M	
受阻酚					F
硫化碳氢化合物	F/M	A/S			
钼氮复合体	M				
硼酸盐分散体	F	A			
聚 α-烯烃	M/A/S	F			

注：1. EL_{50}定义为在暴露期间影响50%有机体的浓度，EL_{50}越大毒性越小。

2. A：单细胞绿色藻类；F：淡水鱼，无脊椎动物类；M：海水鱼，无脊椎动物类；S：活性污泥微生物。

表6-18展示出润滑油添加剂对水栖生物及活性污泥微生物的相对毒性。该数据是根据Chevron Chemical Company及CMA的石油添加剂小组、EEC的有害物质与环境研究工作水性试验程序而来的。

从表6-18还看出，除了ZDDP及受阻酚之外，其他润滑油添加剂对水栖试验生物实际上是无毒的。认为ZDDP是中等程度的毒性，而受阻酚是高毒性。但是，实际上在润滑油产品中受阻酚的含量是在1%以下的低浓度使用的。

从活性污泥微生物的结果看，试验的添加剂对环境中微生物没有坏的影响。

几种添加剂的一般毒性见表6-19。

表6-19 几种添加剂的一般毒性

添加剂类型	添加剂名称	口服，LD_{50}/(mg/kg)	经皮，LD_{50}/(mg/kg)	眼睛刺激性	皮肤刺激性	皮肤过敏性
EP剂	硫化植物油	>5000	>2000	无	无	未确认(数据不足)
	硫化烯烃	>5000	>2000	无	无	未确认(数据不足)
腐蚀抑制剂	烷基胺	>5000	>2000	无	无	未确认(数据不足)
清净剂	低碱磺酸钙	>5000	>2000	有	有	有过敏性的可能性
	高碱磺酸钙	>5000	>2000	无	无	无过敏性
分散剂	丁二酰亚胺	>5000	>2000	无	无	估计无过敏性
	丁二酰亚胺硼化物	>5000	>2000	有	有	未确认(数据不足)
FM	磷酸酯铵盐	>5000	>2000	有	无	未确认(数据不足)
抗氧剂	ZDDP	2000～5000	>2000	有，腐蚀	有	估计无过敏性
清净剂	烷基酚钙(S交联)	>5000	>2000	有	有	未确认
抗氧剂	羧酸酯硫化处理物	>5000	>2000	无	无	估计无过敏性

从表 6-19 也可看出低碱磺酸钙、ZDDP、丁二酰亚胺硼化物及烷基酚钙（S 交联）等添加剂对眼睛和皮肤都有刺激性，与前面的数据基本一致。

表 6-19 还表明了添加剂的一般毒性情况，从口服、经皮肤看都是无毒的；低硫磺酸钙、丁二酰亚胺硼化物、ZDDP 和烷基酚钙（S 交联）对眼睛和皮肤都有刺激性，磷酸酯铵盐对眼睛有刺激性，而对皮肤没有。

四、添加剂的生物降解性

如果润滑剂添加剂（或成品润滑剂）没有在发动机中燃烧消耗掉或再循环使用，我们就必须关心其对环境的影响。一个非常重要的影响因素是这些物质是否生物降解，是否去污染水源和土壤。早期人们采用的在水系环境中测定物质耗氧的生物降解试验方法，并不适用于润滑剂添加剂这类相对非水溶性的石油产品，表 6-20 列出了现有的适合评价较差溶解性及挥发性产品试验方法。

表 6-20 现有的生物降解试验方法

试验方法	分析项目	差的水溶性物	挥发物	吸附
DOC Die-Away OECD 301A 40 CFR 796.3108	溶解的有机碳	—	—	+/—
CO_2的释放 OECD 301B 40 CFR 796.3260	呼吸，CO_2的释放	+	—	+
MITI OECD 301B 40 CFR 796.3220	呼吸，O_2的消耗	+	+/—	+
封闭瓶 OECD 301D 40 CFR 796.3220	呼吸，溶解氧	+/—	+	+
改良的 OECD 筛选 OECD 301E 40 CFR 796.3240	溶解有机碳	—	—	+/—
压差分析 OECD 301F	氧的消耗	+	+/—	+
二冲程舷外润滑油 CEC L-33 T-82	母体化合物的损失 CH_3-CH_2的 IR 吸收	+	—	+

注：+表示可接受的方法；—表示不能接受的方法；+/—表示方法的接受取决于石油产品。

对大多数润滑剂添加剂，降解率通常是非常低的，因为润滑剂添加剂水溶性非常小，一般小于 1%。这就限制了添加剂对微生物的生化利用，增加了降解时间。此外，添加剂一般有非常大的相对分子质量，使得它倾向于把水与土壤和微生物分开，这样使添加剂就不容易接近微生物而发生降解作用。

五、可生物降解的润滑剂添加剂

生物降解的润滑剂是 20 世纪 80 年代兴起的，与之配套的添加剂品种不多，因为其添加剂技术不同于矿物基础油现有的添加剂技术。二冲程发动机油中的溶剂、无灰分分散剂、抗磨剂都有抑制生物活性的作用，能够降低生物降解性。

可生物降解润滑油的添加剂本身也应该具有低毒性、低污染、可生物降解的特点。研究表明，含过渡金属的添加剂不利于生物降解，含 N 和 P 元素的添加剂因为能够提供有利于微生物生长的养分，可提高生物降解性。抗磨/极压添加剂中的硫化脂肪酸酯具有较高抗磨、极压等承载能力，但不利于润滑油的生物降解。

目前，生物降解润滑油添加剂主要有胺类、苯酚类的抗氧剂；二硫代氨基甲酸盐（无灰）、硫化脂肪的抗磨剂（如脂肪酸衍生物），以及大于 C_{10} 的长链羧酸、胺、酰胺、亚酰胺及其衍生物的抗磨剂；咪唑啉类的缓蚀剂；聚硅氧烷类、异丁烯酸盐类的抗泡剂；聚异丁烯酰酯、天然树脂聚合物黏度指数的改进剂。

添加剂在润滑油的生物降解中起着极其重要的作用，开发生物降解润滑油添加剂是开发生物降解润滑油主要内容之一。

1. 极压抗磨剂

硫化天然脂肪酸酯的生物降解性优异，对于以抗磨和极压性为主要性能的润滑油最适用。一些硫化脂肪酸酯在不饱和脂肪酸酯基础油中的极压抗磨效果优于矿物基础油，因此，最适合作为以脂肪酸为基础油的极压抗磨剂。

硫化物中最重要的问题是硫对铜金属活性度，单硫或二硫化物对铜是无活性的或通过使用金属减活剂可以减少对铜的影响。但五硫化物能分解成单纯的硫，是非常富有反应性硫化物。每种硫化物的硫含量及活性硫含量见表 6-21。

表 6-21 每种硫化物的硫含量及活性硫含量

硫化物	硫含量/%	活性硫含量/%	硫化物	硫含量/%	活性硫含量/%
硫化物-10	10	1	硫化物-18	18	9
硫化物-15	15	5	硫化物-26	26	15

用四球机评价的其极压和抗磨性能见图 6-11 和图 6-12。

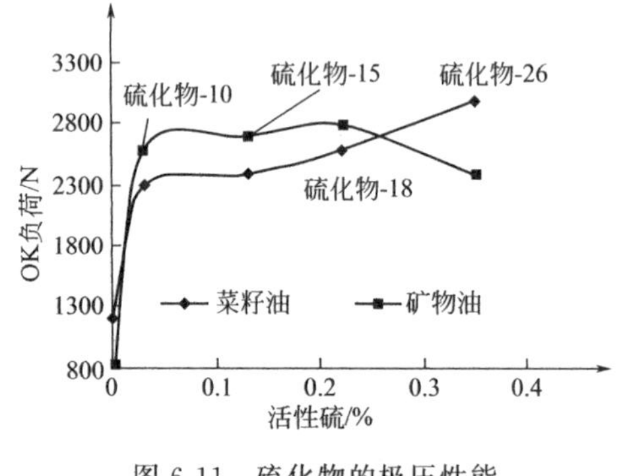

图 6-11 硫化物的极压性能

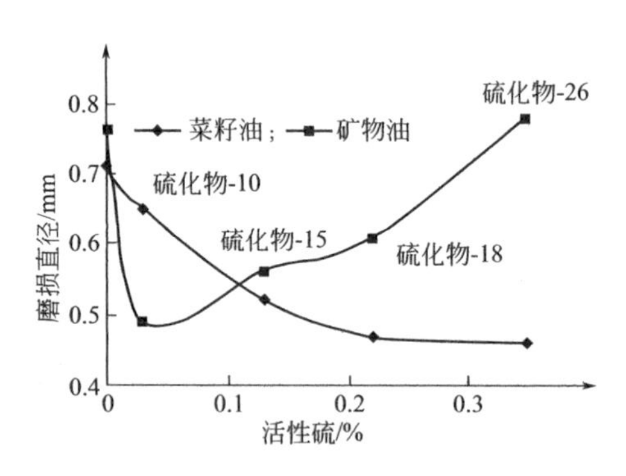

图 6-12 硫化物的抗磨性能

由图 6-11 和图 6-12 可知，硫化天然的甘油三酸酯，不论在矿物油中或者在不饱和酯基础油中均表示出同样的结果。但是在抗磨性能方面，在矿物油中是随硫化物的硫含量及活性硫含量增加而增加；而在三羟甲基丙烷油酸酯及菜籽油中显示相反的结果。活性最高的硫化物显示出最好的抗磨性能，但对铜的腐蚀也最强。

综合考虑极压性抗磨性、铜系金属腐蚀及对环境的影响，硫化物-15 是脂肪酸酯（三羟甲基丙烷油酸酯、菜籽油）基础油最适合的极压抗磨剂。这些硫化物主要用于金属加工液、链锯油、润滑脂、齿轮油和液压油等。

抗磨剂和极压剂的生物降解能力，列于表 6-22 中。

表 6-22　抗磨剂和极压剂的生物降解性

添加剂类型	主要成分	CEC-L33-T82
极压剂(硫-载体)	天然油和脂肪	>80%
	甲基酯	>80%
	天然油和烃的复合物	>80%
抗磨剂	三甲基丙烷酯	>80%

由表 6-22 中数据表明，硫化天然脂及合成酯的生物降解性都在 80%以上。

2. 防锈剂

标准防锈试验方法 ASTM D-665A（蒸馏水）与 D-665B（盐水）评价结果表明，无灰型生物降解性丁二酸衍生物防锈剂，要满足菜籽油的防锈性能比在三羟甲基丙烷油酸酯基础油中要困难得多。为使菜籽油的防锈性能合格于 ASTM D-665A，需成倍提高防锈剂的用量。研究表明，最适合的防锈剂用量因菜籽油产地不同而异。为了达到较好的防锈性能，最好用三羟甲基丙烷油酸酯作基础油。

低碱性磺酸钙是脂肪酸酯基础油的优良防锈剂，能够保持低的碱值，以减少碱值对酯的加水分解稳定性产生的影响。常用的防锈剂有磺酸钙及丁二酸单酯，其生物降解性见表 6-23。

表 6-23　腐蚀抑制剂的生物降解性

添加剂	化合物	CEC-L33-T82
腐蚀抑制剂	丁二酸部分酯	>80%
	磺酸钙	>80%

3. 抗氧剂

对菜籽油及三羟甲基丙烷油酸酯进行各种氧化试验，评价各种抗氧剂的效果。结果表明，作为液压油、链锯油和齿轮油的抗氧剂，酚系抗氧剂的抗氧化性能比胺系抗氧剂好。酚系抗氧剂中的丁基化羟基甲苯（BHT）适合作为菜籽油及三羟甲基丙烷油酸酯的抗氧剂，BHT 毒性低。由于 BHT 相对分子质量小，在 100℃以上易挥发，因此双酚型抗氧剂将成为代替 BHT 的高温抗氧剂。抗氧剂 2,6-二叔丁基酚油基丙酸酯挥发性低，但分子中含有油基，使抗氧性变弱。对于脂肪酸酯型基础油的最适合的抗氧剂期待今后进行开发。

四种酚型抗氧剂对菜籽油的抗氧性能见表 6-24，评价时复合 1%的防锈剂。

表 6-24　四种酚型抗氧剂对菜籽油的抗氧性能

项目	酚系-1	酚系-2	酚系-3	酚系-4	未加
结构	BHT	2,6-二叔丁基酚油基丙酸酯	2,6-二叔丁基酚	甲撑双酚	—
添加量/%	2	2	1	2	—
ASTM D 2272 寿命/min	30	15	50	20	4
ASTM D 2272 40℃黏度变化/%	33	194	15	50	>4000

抗氧剂在菜籽油中的生物降解情况，见表6-25。

表 6-25 抗氧剂在菜籽油中的生物降解情况

温度/℃	80～110				
时间/h	0	600		1000	
生物降解情况	原始	剩余量	降解率	剩余量	降解率
酚型抗氧剂	1.4%	0.4%	71.4%	0	100%
含铜抑制剂	0.1%	0.05%	<50%	0	100%
胺型抗氧剂	0.65%	0.65%	0%	0.38%	41.5%

由表6-24和表6-25可知，酚型抗氧剂的生物降解性最好，在600h时已经降解了75%，到1000h时已完全降解；含铜化合物也较好，在600h时降解了50 %，到1000h时也完全降解；而胺型抗氧剂的生物降解性较差，到600h时一点也没有降解，到1000h时也只降解了41.5%。

4. 黏度指数改进剂

为了改进润滑油的黏温性能，需加黏度指数改进剂，在选择黏度指数改进剂时，应考虑黏度指数改进剂的生物化学分解性能，一般采用易分解的由植物油反应生成的聚甲基丙烯酸甲酯。这种酯具有化学分解性和耐热性，可用于内燃机油中。称为种子基的聚甲基丙烯酸酯广泛用于齿轮油、液压油、拖拉机液压油等，可用来提高润滑油的黏度指数并改善其黏温性能。

六、环境友好的润滑剂添加剂

1. 链锯润滑油

在德国，80%的链锯油从矿物油转为脂肪酸酯系的生物降解性链锯润滑油，年使用量约6000t。高性能的链锯油是以菜籽油为基础油，添加2%的生物降解型硫化物-15，提高其极压和抗磨性能，添加1%的BHT，防止基础油的聚合和氧化。添加聚合物及高黏度酯类提高黏度（40℃为100～200mm^2/s）。

2. 润滑脂

润滑脂用的一般添加剂配方因增稠剂种类、润滑脂生产方式不同而不同，不能一概而论。如膨润土系润滑脂与锂基润滑脂相比，为了满足DIN 50021规定的EMCOR防锈试验，必须加二倍量的铁用防锈剂。表6-26列出一些生物降解型润滑脂配方用的添加剂。

表 6-26 一些生物降解型润滑脂配方用的添加剂

润滑脂	底盘润滑脂 NLGI 0 -00	EP-润滑脂	EP-润滑脂	EP-润滑脂
基础油	合成酯	菜籽油	菜籽油	矿物油
稠化剂	羟基硬脂酸锂	锂基皂	膨润土	锂基皂
添加剂	3%～5%含硫载体(12%硫) 0.05%DMTD衍生物 0.7%磺酸钙	6%含硫载体(12%S) 0.7%磺酸钙	6%含硫载体 4%丁二酸酯 1%DMTD衍生物	4%ZDDP 1%DTC衍生物 0.7%磺酸钙
Timken OK 负荷/lb	没有要求	60	50	50
四球机烧结负荷/N	2600	2600	2400	2600

续表

擦伤痕迹/mm				
1h/300N	0.55	0.63	0.55	0.40
1min/1000N		0.73	0.80	0.60
铜腐蚀				
3h/100℃	lb	lb	lb	lb
24h/100℃	lb	lb	lb	lb
Emcor 试验(蒸馏水)	通过	通过	通过	通过

七、未来环境兼容的润滑剂

综合上述，环境兼容的润滑剂与普通的润滑剂一样，也是由基础油和添加剂两部分组成的。现有的基础油有矿物油、合成油和植物油三种，矿物油性能虽好，但生物降解性差，达不到环保的要求；合成油的性能和生物降解性都好，但价格较贵，用户难以接受；植物油的生物降解性好，但抗氧化性能和低温性能较差。

理想的高性能环境兼容的基础油应该具有：高生物降解性和低毒性；优良的氧化稳定性；良好的低温性能；改进了的菜籽油的性能；成本比合成酯低；使用性能可与矿物油和合成酯相匹敌。

目前几种基础油都达不到以上要求，但可通过生物技术改进植物油达到。

目前的添加剂在生物降解性和毒性方面离环境要求还有的一定的距离，要达到要求需要做很多工作。因此润滑剂工业和添加剂公司，通过生物技术，利用大量的研究和开发工作来尝试生产高性能的环境兼容的基础油和添加剂，其过程见图 6-13。

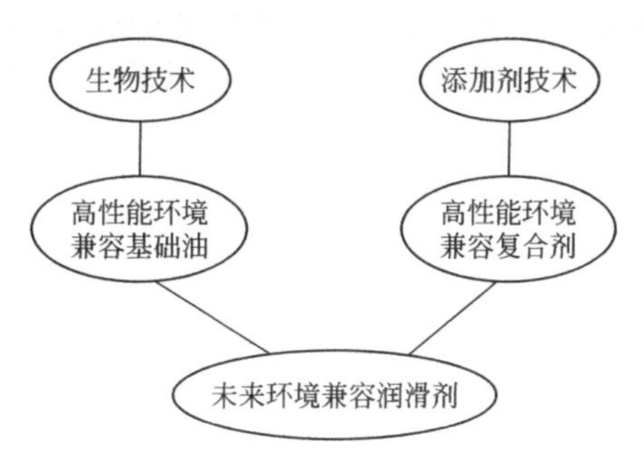

图 6-13 未来环境兼容润滑剂

参考文献

[1] 万鑫主编．燃料添加剂基础与应用技术［M］．北京：化学工业出版社，2012.

[2] 汪多仁主编．燃油添加剂生产与应用技术［M］．北京：化学工业出版社，2014.

[3] 吕涯主编．石油产品添加剂［M］．上海：华东理工大学出版社，2011.

[4] 王九，方建华，董玲主编．石油产品添加剂基础知识［M］．北京：中国石化出版社，2009.

[5] 黄文轩主编．润滑剂添加剂性质及应用［M］．北京：中国石化出版社，2012.

[6] 李东光主编．润滑油脂配方与生产［M］．北京：化学工业出版社，2012.

[7] 王先会主编．工业润滑油生产与应用［M］．北京：中国石化出版社，2011.

[8] 钱祥麟，陈耕主编．润滑剂与添加剂［M］．北京：高等教育出版社，1993.

[9] 郑发正，谢凤主编．润滑剂性质与应用［M］．北京：中国石化出版社，2006.08.

[10] Leslie R. Rudnick 主编．李华峰，李春风，赵立涛译．润滑剂添加剂化学与应用［M］．北京：中国石化出版社，2006.

[11] 蔡智，黄维秋，李伟民，徐燕平主编．油品调合技术［M］．北京：中国石化出版社，2005.

[12] 王毓民，王恒编著．润滑材料与润滑技术［M］．北京：化学工业出版社，2005，1.

[13] 程丽华主编．石油产品基础知识［M］．北京：中国石化出版社，2009.

[14] 张远欣，王晓路主编．润滑剂生产与应用［M］．北京：中国石化出版社，2012.

[15] 林世雄．石油炼制工程．第3版［M］．北京：石油工业出版社，2000，7.

[16] 钱伯章．润滑油添加剂发展现状与扩能进展［J］．润滑油与燃料，2015，25（1）：1-6.

[17] 张月霞，董忠杰等．柴油稳定剂的研究进展［J］．化工进展，2005，24（8）：833-836.

[18] 邓广勇，刘红辉，李纯录．润滑油抗泡剂的类型和机理探讨［J］．润滑油，2010，25（3）：41-46.

[19] 高永建，陈国需，秦敏，董俊．燃油助燃剂研究进展［J］．内燃机，2002，4：3-5.

[20] 张希兵，申元鹏．调和柴油添加稳定剂效果评价［J］．炼油与化工，2010，21（2）：22-24.

[21] 张蒙蒙，谢凤，李斌．无灰型抗静电剂在喷气燃料中的应用研究现状［J］．化工中间体，2014，6：6-9.

[22] 杨浩，熊 云等．喷气燃料中微生物污染的研究概况［J］．当代化工，2015，44（6）：1377-1380.

[23] 李性毅，赵崇智，熊崇翔等．丁二酰亚胺无灰分散剂与 ZDDP 的相互作用［J］．石油炼制与化工，2000，30（2）：32-39.

[24] 张志娥．国内外润滑油基础油生产技术及发展趋势［J］．当代石油石化，2005，13（4）：25-30.

[25] 刘永青，刘月娥，张金龙等．降凝剂对中哈管输阿拉山口口岸多蜡原油流变性的影响［J］．石油炼制与化工，2011，42（11）：70-74.